崧燁文化

著

Arduino RFID
門禁管制機設計

The Design of an Entry Access Control Device based on RFID Technology

自序

記得自己在大學資訊工程系修習電子電路實驗的時候，自己對於設計與製作電路板是一點興趣也沒有，然後又沒有天分，所以那是苦不堪言的一堂課，還好當年有我同組的好同學，努力的照顧我，命令我做這做那，我不會的他就自己做，如此讓我解決了資訊工程學系課程中，我最擅長的課。

當時資訊工程學系對於設計電子電路課程，大多數都是專攻軟體的學生去修習時，系上的用意應該是要大家軟硬兼修，尤其是在台灣這個大部分是硬體為主的產業環境，但是對於一個軟體設計，但是缺乏硬體專業訓練，或是對於眾多機械機構與機電整合原理不太有概念的人，在理解現代的許多機電整合設計時，學習上都會有很多的困擾與障礙，因為專精於軟體設計的人，不一定能很容易就懂機電控制設計與機電整合。懂得機電控制的人，也不一定知道軟體該如何運作，不同的機電控制或是軟體開發常常都會有不同的解決方法。

除非您很有各方面的天賦，或是在學校巧遇名師教導，否則通常不太容易能在機電控制與機電整合這方面自我學習，進而成為專業人員。

而自從有了 Arduino 這個平台後，上述的困擾就大部分迎刃而解了，因為 Arduino 這個平台讓你可以以不變應萬變，用一致性的平台，來做很多機電控制、機電整合學習，進而將軟體開發整合到機構設計之中，在這個機械、電子、電機、資訊、工程等整合領域，不失為一個很大的福音，尤其在創意掛帥的年代，能夠自己創新想法，從 Original Idea 到產品開發與整合能夠自己獨立完整設計出來，自己就能夠更容易完全了解與掌握核心技術與產業技術，整個開發過程必定可以提供思維上與實務上更多的收穫。

Arduino 平台引進台灣自今，雖然越來越多的書籍出版，但是從設計、開發、製作出一個完整產品並解析產品設計思維，這樣產品開發的書籍仍然鮮見，尤其是能夠從頭到尾，利用範例與理論解釋並重，完完整整的解說如何用 Arduino 設計出一個完整產品，介紹開發過程中機電控制與軟體整合相關技術與範例，如此的書籍更是付之闕如。永忠、英德兄與敝人計畫撰寫駭客系列，就是基於這樣對市場需要的觀察，開發出這樣的書籍。所以希望所有的讀者能夠享受與珍惜這個完整的學習經驗，本書主題是運用 Arduino 來讀取無線射頻卡 (RFID)來當作門禁管制的產品開發，進而將學習的知識與技能延伸到商業門禁管理的產品開發，是本書最大的希望。

另外本書的撰寫方式會讓您體會到許多更複雜的機電控制、機電整合跟軟體工程的整合其實都可以跟隨本書的寫作與理解流程，能讓讀者由淺入深，達到真正宛如愛迪生當年透過自修而發明許多有用之物的些許情境。這就是我們作者對這本書的深切期許。

許智誠　　於中壢雙連坡中央大學

自序

隨著資通技術(ICT)的進步與普及，取得資料不僅方便快速，傳播資訊的管道也多樣化與便利。然而，在網路搜尋到的資料卻越來越巨量，如何將在眾多的資料之中篩選出正確的資訊，進而萃取出您要的知識？如何獲得同時具廣度與深度的知識？如何一次就獲得最正確的知識？相信這些都是大家共同思考的問題。

為了解決這些困惱大家的問題，永忠、智誠兄與敝人計畫製作一系列「駭客系列」書籍來傳遞兼具廣度與深度的軟體開發知識，希望讀者能利用這些書籍迅速掌握正確知識。首先規劃「運用駭客觀點、相關技術進行產品設計與開發」的系列書籍，運用現有的產品或零件，透過駭入產品的逆向工程的手法，拆解後並重製其控制核心，並使用 Arduino 相關技術進行產品設計與開發等過程，讓電子、機械、電機、控制、軟體、工程進行跨領域的整合。

近年來 Arduino 異軍突起，在許多大學，甚至高中職、國中，甚至許多出社會的工程達人，都以 Arduino 為單晶片控制裝置，整合許多感測器、馬達、動力機構、手機、平板...等，開發出許多具創意的互動產品與數位藝術。由於 Arduino 的簡單、易用、價格合理、資源眾多，許多大專院校及社團都推出相關課程與研習機會來學習與推廣。

以往介紹 ICT 技術的書籍大部份以理論開始、為了深化開發與專業技術，往往忘記這些產品產品開發背後所需要的背景、動機、需求、環境因素等，讓讀者在學習之間，不容易了解當初開發這些產品的原始創意與想法，基於這樣的原因，一般人學起來特別感到吃力與迷惘。

本書為了讀者能夠深入了解產品開發的背景，本系列採用駭客技術，直接引入產品開發技術核心，進而開發產品，只要讀者跟著本書一步一步研習與實作，在完成之際，回頭思考，就很容易了解開發產品的整體思維。透過這樣的思路，讀者就可以輕易地轉移學習經驗至其他相關的產品實作上。

所以本書是能夠自修的書，讀完後不僅能依據書本的實作說明準備材料來製作，盡情享受 DIY(Do It Yourself)的樂趣，還能了解其原理並推展至其他應用。有興趣的讀者可再利用書後的參考文獻繼續研讀相關資料。

本書的發行有新的創舉，就是以電子書型式發行，在國家圖書館、國立公共資訊圖書館與許多電子書網路商城、Google Books 與 Google Play 都可以下載與閱讀。希望讀者能珍惜機會閱讀及學習，繼續將知識與資訊傳播出去，讓有興趣的眾人都受益。希望這個拋磚引玉的舉動能讓更多人響應與跟進，一起共襄盛舉。

本書可能還有不盡完美之處，非常歡迎您的指教與建議。近期還將推出其他 Arduino 相關應用與實作的書籍，敬請期待。

最後，請您立刻行動翻書閱讀。

蔡英德 於台中沙鹿靜宜大學主顧樓

目 錄

駭客系列

駭客一詞曾經指的是那些聰明的程式撰寫人員。但今天，許多人認為『駭客』是指利用電腦安全漏洞，入侵電腦系統的人。本系列不是讓您成為一位入侵別人電腦的罪犯，而是回到最早『駭客初衷』，讓您擁有駭客的觀點、技術、能力，駭入每一個產品設計思維，並且成功的重製、開發、超越原有的產品設計，這才是一位對社會有貢獻的『駭客』。

在這知識經濟時代，也該有個知識創新革命。本系列『駭客系列』由此概念而生。面對越來越多的知識學子，為了追趕最新的技術潮流，往往沒有往下紮根，去了解許多知識背後所必須醞釀的知識基礎，追求到許多最新的技術邊緣，往往忘記了如果沒有配套的基礎科技知識，所學到的知識與科技，在失去這些基礎科技資源的支持之下，往往無法產生實際生產技術與創造能力。

如許多學習程式設計的學子，為了最新的科技潮流，使用著最新的科技工具與軟體元件，當他們面對許多原有的軟體元件沒有支持的需求或軟體架構下沒有直接直持的開發工具，此時就產生了莫大的開發瓶頸，這些都是為了追求最新的科技技術而忘卻了學習原有基礎科技訓練所致。

筆著鑒於這樣的困境，思考著『如何快速轉化眾人技術為我的知識』的思維，如果我們可以駭入產品結構與設計思維，那麼了解產品的機構運作原理與方法就不是一件難事了。更進一步我們可以將原有產品改造、升級、創新，並可以將學習到的技術運用其他技術或新技術領域，透過這樣學習思維與方法，可以更快速的掌握研發與製造的核心技術，相信這樣的學習方式，會比起在已建構好的開發模組或學習套件中學習某個新技術或原理，來的更踏實的多。

目前許多學子在學習程式設計之時，恐怕最不能了解的問題是，我為何要寫九九乘法表、為何要寫遞迴程式，為何要寫成函式型式…等等疑問，只因為在學校的學子，學習程式是為了可以了解『撰寫程式』的邏輯，並訓練且建立如何運用程式邏輯的能力，解譯現實中面對的問題。然而現實中的問題往往太過於複雜，授課的老師無法有多餘的時間與資源去解釋現實中複雜問題，期望能將現實中複雜問題淬鍊成邏輯上的思路，加以訓練學生其解題思路，但是眾多學子宥於現實問題的困惑，無法單純用純粹的解題思路來進行學習與訓練，反而以現實中的複雜來反駁老師教學太過學理，沒有實務上的應用為由，拒絕深入學習，這樣的情形，反而自己造成了學習上的障礙。

本系列的書籍，針對目前學習上的盲點，希望讀者當一位產品駭客，將現有產品的產品透過逆向工程的手法，進而了解核心控制系統之軟硬體，再透過簡單易學的 Arduino 單晶片與 C 語言，重新開發出原有產品，進而改進、加強、創新其原有產品固有思維與架構。如此一來，因為學子們進行『重新開發產品』過程之中，可以很有把握的了解自己正在進行什麼，對於學習過程之中，透過實務需求導引著開發過程，可以讓學子們讓實務產出與邏輯化思考產生關連，如此可以一掃過去陰霾，更踏實的進行學習。

這本書以市面常見的 RFID 門禁管制機為主要開發標的，透過無線射頻讀寫模組，可以應用 RFID 卡於門禁管制上。所以本書要以『Arduino RFID 門禁管制機』來進行產品設計，相信整個研發過程會更加了解。

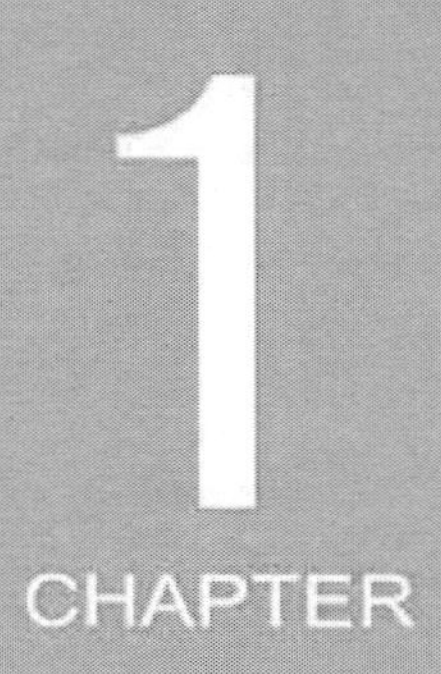

CHAPTER

Arduino 起源

Massimo Banzi 之前是義大利 Ivrea 一家高科技設計學校的老師，他的學生們經常抱怨找不到便宜好用的微處理機控制器。西元 2005 年，Massimo Banzi 跟 David Cuartielles 討論了這個問題，David Cuartielles 是一個西班牙籍晶片工程師，當時是這所學校的訪問學者。兩人討論之後，決定自己設計電路板，並引入了 Banzi 的學生 David Mellis 為電路板設計開發用的語言。兩天以後，David Mellis 就寫出了程式碼。又過了幾天，電路板就完工了。於是他們將這塊電路板命名為『Arduino』。

當初 Arduino 設計的觀點，就是希望針對『不懂電腦語言的族群』，也能用 Arduino 做出很酷的東西，例如：對感測器作出回應、閃爍燈光、控制馬達…等等。

隨後 Banzi，Cuartielles，和 Mellis 把設計圖放到了網際網路上。他們保持設計的開放源碼(Open Source)理念，因為版權法可以監管開放原始碼軟體，卻很難用在硬體上，他們決定採用創用 CC 許可(Creative_Commons, 2013)。

創用 CC(Creative_Commons, 2013)是為保護開放版權行為而出現的類似 GPL[1]的一種許可（license），來自於自由軟體[2]基金會 (Free Software Foundation) 的 GNU 通用公共授權條款 (GNU GPL)：在創用 CC 許可下，任何人都被允許生產電路板的複製品，且還能重新設計，甚至銷售原設計的複製品。你還不需要付版稅，甚至不用取得 Arduino 團隊的許可。

然而，如果你重新散佈了引用設計，你必須在其產品中註解說明原始 Arduino 團隊的貢獻。如果你調整或改動了電路板，你的最新設計必須使用相同或類似的創用 CC 許可，以保證新版本的 Arduino 電路板也會一樣的自由和開放。

---

[1] GNU 通用公眾授權條款（英語：GNU General Public License，簡稱 GNU GPL 或 GPL），是一個廣泛被使用的自由軟體授權條款，最初由理察·斯托曼為 GNU 計劃而撰寫。

[2]「自由軟體」指尊重使用者及社群自由的軟體。簡單來說使用者可以自由運行、複製、發佈、學習、修改及改良軟體。他們有操控軟體用途的權利。

唯一被保留的只有 Arduino 這個名字:『Arduino』已被註冊成了商標[3]『Arduino®』。如果有人想用這個名字賣電路板,那他們可能必須付一點商標費用給『Arduino®』(Arduino, 2013)的核心開發團隊成員。

『Arduino®』的核心開發團隊成員包括：Massimo Banzi，David Cuartielles，Tom Igoe，Gianluca Martino，David Mellis 和 Nicholas Zambetti。(Arduino, 2013)，若讀者有任何不懂 Arduino 的地方，都可以訪問 Arduino 官方網站：http://www.arduino.cc/

『Arduino®』，是一個開放原始碼的單晶片控制器，它使用了 Atmel AVR 單晶片 (Atmel_Corporation, 2013)，採用了基於開放原始碼的軟硬體平台，構建於開放原始碼 Simple I/O 介面版，並且具有使用類似 Java，C 語言的 Processing[4]/Wiring 開發環境(B. F. a. C. Reas, 2013; C. Reas & Fry, 2007, 2010)。Processing 由 MIT 媒體實驗室美學與計算小組(Aesthetics & Computation Group)的 Ben Fry(http://benfry.com/)和 Casey Reas 發明，Processing 已經有許多的 Open Source 的社群所提倡，對資訊科技的發展是一個非常大的貢獻。

讓您可以快速使用 Arduino 語言作出互動作品，Arduino 可以使用開發完成的電子元件：例如 Switch、感測器、其他控制器件、LED、步進馬達、其他輸出裝置…等。Arduino 開發 IDE 介面基於開放原始碼，可以讓您免費下載使用，開發出更多令人驚豔的互動作品(Banzi, 2009) 。

---

[3] 商標註冊人享有商標的專用權，也有權許可他人使用商標以獲取報酬。各國對商標權的保護期限長短不一，但期滿之後，只要另外繳付費用，即可對商標予以續展，次數不限。

[4] Processing 是一個 Open Source 的程式語言及開發環境，提供給那些想要對影像、動畫、聲音進行程式處理的工作者。此外，學生、藝術家、設計師、建築師、研究員以及有興趣的人，也可以用來學習，開發原型及製作

Arduino 特色

- 開放原始碼的電路圖設計，程式開發介面
- http://www.arduino.cc/免費下載，也可依需求自己修改!!
- Arduino 可使用 ISCP 線上燒入器，自我將新的 IC 晶片燒入「bootloader」(http://arduino.cc/en/Hacking/Bootloader?from=Main.Bootloader) 。
- 可依據官方電路圖(http://www.arduino.cc/)，簡化 Arduino 模組，完成獨立運作的微處理機控制模組
- 感測器可簡單連接各式各樣的電子元件 (紅外線,超音波,熱敏電阻,光敏電阻,伺服馬達,…等)
- 支援多樣的互動程式程式開發工具
- 使用低價格的微處理控制器(ATMEGA8-16)
- USB 介面，不需外接電源。另外有提供 9VDC 輸入
- 應用方面，利用 Arduino，突破以往只能使用滑鼠，鍵盤，CCD 等輸入的裝置的互動內容，可以更簡單地達成單人或多人遊戲互動

Arduino 硬體-Duemilanove

Arduino Duemilanove 使用 AVR Mega168 為微處理晶片，是一件功能完備的單晶片開發板，Duemilanove 特色為：(a).開放原始碼的電路圖設計，(b).程序開發免費下載，(c).提供原始碼可提供使用者修改，(d).使用低價格的微處理控制器(ATmega168)，(e).採用 USB 供電，不需外接電源，(f).可以使用外部 9VDC 輸入，(g).支持 ISP 直接線上燒錄，(h).可使用 bootloader 燒入 ATmega8 或 ATmega168 單晶片。

系統規格

- 主要溝通介面:USB
- 核心: ATMEGA328
- 自動判斷並選擇供電方式（USB/外部供電）
- 控制器核心：ATmega328
- 控制電壓：5V
- 建議輸入電(recommended)：7-12 V
- 最大輸入電壓 (limits)：6-20 V
- 數位 I/O Pins：14 (of which 6 provide PWM output)
- 類比輸入 Pins：6 組
- DC Current per I/O Pin：40 mA
- DC Current for 3.3V Pin：50 mA
- Flash Memory：32 KB (of which 2 KB used by bootloader)
- SRAM：2 KB
- EEPROM：1 KB
- Clock Speed：16 MHz

具有 bootloader[5]能夠燒入程式而不需經過其他外部電路。此版本設計了『自動回復保險絲[6]』，在 Arduino 開發板搭載太多的設備或電路短路時能有效保護 Arduino 開發板的 USB 通訊埠，同時也保護了您的電腦，並且故障排除後能自動恢復正常。

---

[5] 啟動程式（boot loader）位於電腦或其他計算機應用上，是指引導操作系統啟動的程式。

[6]自恢復保險絲是一種過流電子保護元件，採用高分子有機聚合物在高壓、高溫，硫化反應的條件下，攙加導電粒子材料後，經過特殊的生產方法製造而成。Ps. PPTC(PolyerPositiveTemperature Coefficent)也叫自恢復保險絲。嚴格意義講：PPTC 不是自恢復保險絲，ResettableFuse 才是自恢復保險絲。

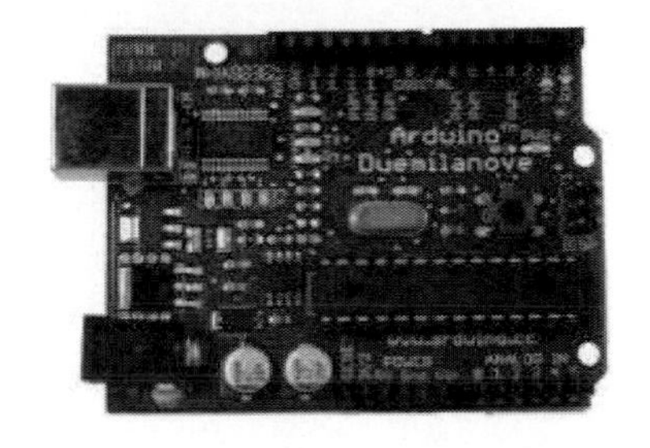

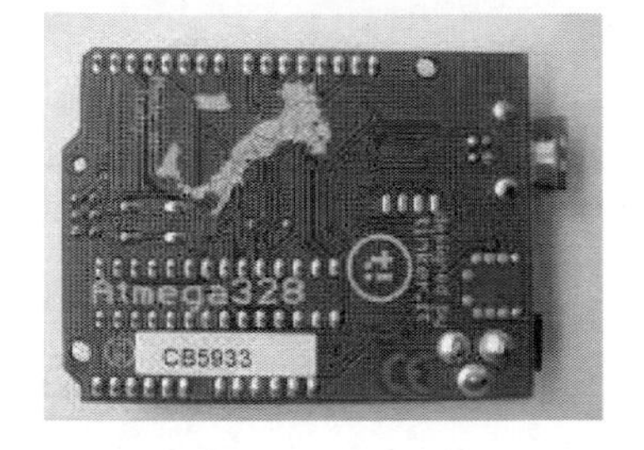

圖 1 Arduino Duemilanove 開發板外觀圖

Arduino 硬體-UNO

UNO 的處理器核心是 ATmega328，使用 ATMega 8U2 來當作 USB-對序列通訊，並多了一組 ICSP 給 MEGA8U2 使用：未來使用者可以自行撰寫內部的程式~也因為捨棄 FTDI USB 晶片~ Arduino 開發板需要多一顆穩壓 IC 來提供 3.3V 的電源。

Arduino UNO 是 Arduino USB 介面系列的最新版本，作為 Arduino 平臺的參考標準範本： 同時具有 14 路數位輸入/輸出口（其中 6 路可作為 PWM 輸出），6 路模擬輸入， 一個 16MHz 晶體振盪器，一個 USB 口，一個電源插座，一個 ICSP header 和一個重定按鈕。

UNO 目前已經發佈到第三版，與前兩版相比有以下新的特點： (a).在 AREF 處增加了兩個管腳 SDA 和 SCL，(b).支援 I2C 介面，(c).增加 IOREF 和一個預留管腳，將來擴展板將能相容 5V 和 3.3V 核心板，(d).改進了 Reset 重置的電路設計，(e).USB 介面晶片由 ATmega16U2 替代了 ATmega8U2。

系統規格

- 控制器核心：ATmega328
- 控制電壓：5V
- 建議輸入電(recommended)：7-12 V
- 最大輸入電壓 (limits)：6-20 V
- 數位 I/O Pins：14 (of which 6 provide PWM output)
- 類比輸入 Pins：6 組
- DC Current per I/O Pin：40 mA
- DC Current for 3.3V Pin：50 mA
- Flash Memory：32 KB (of which 0.5 KB used by bootloader)
- SRAM：2 KB
- EEPROM：1 KB
- Clock Speed：16 MHz

圖 2 Arduino UNO 開發板外觀圖

Arduino 硬體-Mega 2560

可以說是 Arduino 巨大版： Arduino Mega2560 REV3 是 Arduino 官方最新推出的 MEGA 版本。功能與 MEGA1280 幾乎是一模一樣，主要的不同在於 Flash 容量從 128KB 提升到 256KB，比原來的 Atmega1280 大。

Arduino Mega2560 是一塊以 ATmega2560 為核心的微控制器開發板，本身具有 54 組數位 I/O input/output 端（其中 14 組可做 PWM 輸出），16 組模擬比輸入端，4 組 UART（hardware serial ports），使用 16 MHz crystal oscillator。由於具有 bootloader，因此能夠通過 USB 直接下載程式而不需經過其他外部燒入器。供電部份可選擇由 USB 直接提供電源，或者使用 AC-to-DC adapter 及電池作為外部供電。

由於開放原代碼，以及使用 Java 概念（跨平臺）的 C 語言開發環境，讓 Arduino 的周邊模組以及應用迅速的成長。而吸引 Artist 使用 Arduino 的主要原因是可以快速使用 Arduino 語言與 Flash 或 Processing…等軟體通訊，作出多媒體互動作品。Arduino 開發 IDE 介面基於開放原代碼原則，可以讓您免費下載使用於專題製作、學校教學、電機控制、互動作品等等。

電源設計

Arduino Mega2560 的供電系統有兩種選擇，USB 直接供電或外部供電。電源供應的選擇將會自動切換。外部供電可選擇 AC-to-DC adapter 或者電池，此控制板的極限電壓範圍為 6V~12V，但倘若提供的電壓小於 6V，I/O 口有可能無法提供到 5V 的電壓，因此會出現不穩定；倘若提供的電壓大於 12V，穩壓裝置則會有可能發生過熱保護，更有可能損壞 Arduino MEGA2560。因此建議的操作供電為 6.5~12V，推薦電源為 7.5V 或 9V。

系統規格

- 控制器核心：ATmega2560
- 控制電壓：5V
- 建議輸入電(recommended)：7-12 V
- 最大輸入電壓 (limits)：6-20 V
- 數位 I/O Pins：54 (of which 14 provide PWM output)
- UART:4 組
- 類比輸入 Pins：16 組
- DC Current per I/O Pin：40 mA
- DC Current for 3.3V Pin：50 mA
- Flash Memory：256 KB of which 8 KB used by bootloader
- SRAM：8 KB
- EEPROM：4 KB
- Clock Speed：16 MHz

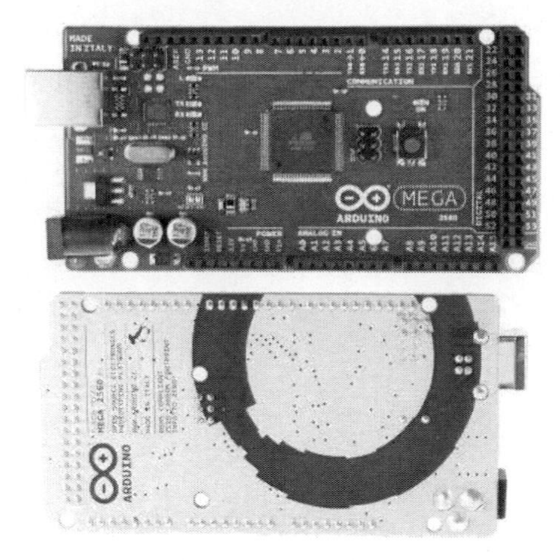

圖 3 Arduino Mega2560 開發板外觀圖

程式設計

讀者若對本章節程式結構不了解之處，請參閱 Arduino 官方網站的 Language Reference (http://arduino.cc/en/Reference/HomePage)，或參閱相關書籍(Anderson & Cervo, 2013; Boxall, 2013; Faludi, 2010; Margolis, 2011, 2012; McRoberts, 2010; Minns, 2013; Monk, 2010, 2012; Oxer & Blemings, 2009; Warren, Adams, & Molle, 2011; Wilcher, 2012)，相信會對 Arduino 程式碼更加了解與熟悉。

程式結構

- setup()
- loop()

一個 Arduino 程式碼(Sketch)由兩部分組成

程式初始化

void setup()

在這個函式範圍內放置初始化 Arduino 開發板的程式 - 在重複執行的程式(loop())之前執行，主要功能是將所有 Arduino 開發板的 pin 腳設定，元件設定，需要初始化的部分設定等等。

迴圈重複執行

void loop()

在此放置你的 Arduino 程式碼。這部份的程式會一直重複的被執行，直到 Arduino 開發板被關閉。

區塊式結構化程式語言

C 語言是區塊式結構的程式語言， 所謂的區塊是一對大括號：『{}』所界定的範圍， 每一對大括號及其涵括的所有敘述構成 C 語法中所謂的複合敘述(Compound Statement)， 這樣子的複合敘述不但對於編譯器而言，構成一個有意義的文法單位， 對於程式設計者而言，一個區塊也應該要代表一個完整的程式邏輯單元， 內含的敘述應該具有相當的資料耦合性 (一個敘述處理過的資料會被後面的敘述拿來使用)， 及控制耦合性 (CPU 處理完一個敘述後會接續處理另一個敘述指定的動作)， 當看到程式中一個區塊時， 應該要可以假設其內所包含的敘述都是屬於某些相關功能的， 當然其內部所使用的資料應該都是完成該種功能所必需的， 這些資料應該是專屬於這個區塊內的敘述， 是這個區塊之外的敘述不需要的。

命名空間 (naming space)

C 語言中區塊定義了一塊所謂的命名空間 (naming space)，在每一個命名空間內，程式設計者可以對其內定義的變數任意取名字，稱為區域變數 (local variable)，這些變數只有在該命名空間 (區塊) 內部可以進行存取，到了該區塊之外程式就不能在藉由該名稱來存取了，如下例中 int 型態的變數 z。由於區塊是階層式的，大區塊可以內含小區塊，大區塊內的變數也可以在內含區塊內使用，例如：

```
{
    int x, r;
    x=10;
    r=20;
    {
        int y, z;
        float r;
        y = x;
        x = 1;
        r = 10.5;
    }
    z = x; // 錯誤，不可使用變數 z
}
```

上面這個例子裡有兩個區塊，也就有兩個命名空間，有任一個命名空間中不可有兩個變數使用相同的名字，不同的命名空間則可以取相同的名字，例如變數 r，因此針對某一個變數來說，可以使用到這個變數的程式範圍就稱為這個變數的作用範圍 (scope)。

變數的生命期 (Lifetime)

變數的生命始於定義之敘述而一直延續到定義該變數之區塊結束為止，變數的作用範圍：意指程式在何處可以存取該變數，有時變數是存在的，但是程式卻無法藉由其名稱來存取它，例如，上例中內層區塊內無法存取外層區塊所定義的變數 r，因為在內層區塊中 r 這個名稱賦予另一個 float 型態的變數了。

縮小變數的作用範圍

利用 C 語言的區塊命名空間的設計， 程式設計者可以儘量把變數的作用範圍縮小， 如下例：

```
{
int tmp;
	for (tmp=0; tmp<1000; tmp++)
		doSomeThing();
}
{
	float tmp;
	tmp = y;
	y = x;
	x = y;
}
```

上面這個範例中前後兩個區塊中的 tmp 很明顯地沒有任何關係， 看這個程式的人不必擔心程式中有藉 tmp 變數傳遞資訊的任何意圖。

特殊符號

; (semicolon)
{} (curly braces)
// (single line comment)
/* */ (multi-line comment)

Arduino 語言用了一些符號描繪程式碼，例如註解和程式區塊。

; //(分號)

Arduino 語言每一行程序都是以分號為結尾。這樣的語法讓你可以自由地安排代碼，你可以將兩個指令放置在同一行，只要中間用分號隔開（但這樣做可能降低程式的可讀性）。

範例：

```
delay(100);
```

{}(大括號)

大括號用來將程式代碼分成一個又一個的區塊，如以下範例所示，在 loop() 函式的前、後，必須用大括號括起來。

範例：

```
void loop(){
        Serial.pritln("Hello !! Welcome to Arduino world");
}
```

註解

程式的註解就是對代碼的解釋和說明，編寫註解有助於程式設計師(或其他人)了解代碼的功能。

Arduino 處理器在對程式碼進行編譯時會忽略註解的部份。

Arduino 語言中的編寫註解有兩種方式

```
//單行註解：這整行的文字會被處理器忽略
/*多行註解：
        在這個範圍內你可以
        寫　一篇　小說
  */
```

變數

程式中的變數與數學使用的變數相似，都是用某些符號或單字代替某些數值，從而得以方便計算過程。程式語言中的變數屬於識別字 (identifier) ， C 語言對於識別字有一定的命名規則，例如只能用英文大小寫字母、數字以及底線符號

其中，數字不能用作識別字的開頭，單一識別字裡不允許有空格，而如 int 、 char 為 C 語言的關鍵字 (keyword) 之一，屬於程式語言的語法保留字，因此也不能用為自行定義的名稱。通常編譯器至少能讀取名稱的前 31 個字元，但外部名稱可能只能保證前六個字元有效。

變數使用前要先進行宣告 (declaration) ，宣告的主要目的是告訴編譯器這個變數屬於哪一種資料型態，好讓編譯器預先替該變數保留足夠的記憶體空間。宣告的方式很簡單，就是型態名稱後面接空格，然後是變數的識別名稱

常數

- HIGH | LOW
- INPUT | OUTPUT
- true | false
- Integer Constants

資料型態

- boolean
- char
- byte
- int
- unsigned int
- long
- unsigned long
- float
- double
- string
- array
- void

常數

在 Arduino 語言中事先定義了一些具特殊用途的保留字。HIGH 和 LOW 用來表示你開啟或是關閉了一個 Arduino 的腳位(pin)。INPUT 和 OUTPUT 用來指示這個 Arduino 的腳位(pin)是屬於輸入或是輸出用途。true 和 false 用來指示一個條件或表示式為真或是假。

變數

變數用來指定 Arduino 記憶體中的一個位置，變數可以用來儲存資料，程式人員可以透過程式碼去不限次數的操作變數的值。

因為 Arduino 是一個非常簡易的微處理器，但你要宣告一個變數時必須先定義他的資料型態，好讓微處理器知道準備多大的空間以儲存這個變數值。

Arduino 語言支援的資料型態:

布林 boolean

布林變數的值只能為真(true)或是假(false)

字元 char

單一字元例如 A，和一般的電腦做法一樣 Arduino 將字元儲存成一個數字，即使你看到的明明就是一個文字。

用數字表示一個字元時，它的值有效範圍為 -128 到 127。

PS：目前有兩種主流的電腦編碼系統 ASCII 和 UNICODE。

- ASCII 表示了 127 個字元， 用來在序列終端機和分時計算機之間傳輸文字。
- UNICODE 可表示的字量比較多，在現代電腦作業系統內它可以用來表示多國語言。

在位元數需求較少的資訊傳輸時，例如義大利文或英文這類由拉丁文，阿拉伯數字和一般常見符號構成的語言，ASCII 仍是目前主要用來交換資訊的編碼法。

位元組 byte

儲存的數值範圍為 0 到 255。如同字元一樣位元組型態的變數只需要用一個位元組(8 位元)的記憶體空間儲存。

整數 int

整數資料型態用到 2 位元組的記憶體空間，可表示的整數範圍為 －32,768 到 32,767; 整數變數是 Arduino 內最常用到的資料型態。

整數 unsigned int

無號整數同樣利用 2 位元組的記憶體空間，無號意謂著它不能儲存負的數值，因此無號整數可表示的整數範圍為 0 到 65,535。

長整數 long

長整數利用到的記憶體大小是整數的兩倍，因此它可表示的整數範圍從 －2,147,483,648 到 2,147,483,647。

長整數 unsigned long

無號長整數可表示的整數範圍為 0 到 4,294,967,295。

浮點數 float

浮點數就是用來表達有小數點的數值，每個浮點數會用掉四位元組的 RAM，注意晶片記憶體空間的限制，謹慎的使用浮點數。

雙精準度 浮點數 double

雙精度浮點數可表達最大值為 1.7976931348623157 x 10308。

字串 string

字串用來表達文字信息，它是由多個 ASCII 字元組成(你可以透過序串埠發送一個文字資訊或者將之顯示在液晶顯示器上)。字串中的每一個字元都用一個組元組空間儲存，並且在字串的最尾端加上一個空字元以提示 Ardunio 處理器字串的結束。下面兩種宣告方式是相同的。

```
char word1 = "Arduino world"; // 7 字元 + 1 空字元
char word2 = "Arduino is a good developed kit"; // 與上行相同
```

陣列 array

一串變數可以透過索引去直接取得。假如你想要儲存不同程度的 LED 亮度時，你可以宣告六個變數 light01，light02，light03，light04，light05，light06，但其實你有更好的選擇，例如宣告一個整數陣列變數如下：

```
int light = {0, 20, 40, 65, 80, 100};
```

"array" 這個字為沒有直接用在變數宣告，而是[]和{}宣告陣列。

控制指令

string(字串)

範例

```
char Str1[15];
char Str2[8] = {'a', 'r', 'd', 'u', 'i', 'n', 'o'};
char Str3[8] = {'a', 'r', 'd', 'u', 'i', 'n', 'o', '\0'};
char Str4[ ] = "arduino";
char Str5[8] = "arduino";
char Str6[15] = "arduino";
```

解釋如下：

- 在 Str1 中 聲明一個沒有初始化的字元陣列
- 在 Str2 中 聲明一個字元陣列(包括一個附加字元)，編譯器會自動添加所需的空字元
- 在 Str3 中 明確加入空字元
- 在 Str4 中 用引號分隔初始化的字串常數，編譯器將調整陣列的大小，以適應字串常量和終止空字元
- 在 Str5 中 初始化一個包括明確的尺寸和字串常量的陣列
- 在 Str6 中 初始化陣列，預留額外的空間用於一個較大的字串

空終止字元

一般來說，字串的結尾有一個空終止字元（ASCII 代碼 0）， 以此讓功能函數（例如 Serial.prinf()）知道一個字串的結束， 否則，他們將從記憶體繼續讀取後續位元組，而這些並不屬於所需字串的一部分。

這表示你的字串比你想要的文字包含更多的個字元空間， 這就是為什麼 Str2 和 Str5 需要八個字元， 即使 "Arduino" 只有七個字元 - 最後一個位置會自動填充空字元， str4 將自動調整為八個字元，包括一個額外的 null， 在 Str3 的，我們自己已經明確地包含了空字元(寫入'\0')。

使用符號：單引號?還是雙引號?

- 定義字串時使用雙引號(例如“ABC”)，
- 定義一個單獨的字元時使用單引號(例如'A')

範例

字串測試範例(stringtest01)

```
char* myStrings[]={
  "This is string 1", "This is string 2", "This is string 3",
  "This is string 4", "This is string 5","This is string 6"};

void setup(){
  Serial.begin(9600);
}

void loop(){
  for (int i = 0; i < 6; i++){
    Serial.println(myStrings[i]);
    delay(500);
  }
}
```

char* 在字元資料類型 char 後跟了一個星號'*'表示這是一個“指標”陣列，所有的陣列名稱實際上是指標，所以這需要一個陣列的陣列。

指標對於 C 語言初學者而言是非常深奧的部分之一， 但是目前我們沒有必要瞭解詳細指標，就可以有效地應用它。

型態轉換

- char()
- byte()

- int()
- long()
- float()

char()

指令用法

將資料轉程字元形態：

語法：char(x)

參數

x: 想要轉換資料的變數或內容

回傳

字元形態資料

unsigned char()

一個無符號資料類型佔用 1 個位元組的記憶體:與 byte 的資料類型相同，無符號的 char 資料類型能編碼 0 到 255 的數位，為了保持 Arduino 的程式設計風格的一致性，byte 資料類型是首選。

指令用法

將資料轉程字元形態：

語法：unsigned char(x)

參數

x: 想要轉換資料的變數或內容

回傳

字元形態資料

```
unsigned char myChar = 240;
```

byte()

指令用法

將資料轉換位元資料形態：

語法：byte(x)

參數

x: 想要轉換資料的變數或內容

回傳

位元資料形態的資料

int(x)

指令用法

將資料轉換整數資料形態：

語法：int(x)

參數

x: 想要轉換資料的變數或內容

回傳

整數資料形態的資料

unsigned int(x)

unsigned int(無符號整數)與整型資料同樣大小，佔據 2 位元組: 它只能用於存儲正數而不能存儲負數，範圍 0~65,535 (2^16) - 1)。

指令用法

將資料轉換整數資料形態：

語法：unsigned int(x)

參數

x: 想要轉換資料的變數或內容

回傳

整數資料形態的資料

```
unsigned int ledPin = 13;
```

long()

指令用法

將資料轉換長整數資料形態：

語法：int(x)

參數

x: 想要轉換資料的變數或內容

回傳

長整數資料形態的資料

unsigned long()

無符號長整型變數擴充了變數容量以存儲更大的資料，它能存儲 32 位元(4 位元組)資料:與標準長整型不同無符號長整型無法存儲負數， 其範圍從 0 到 4,294,967,295 (2^32-1) 。

指令用法

將資料轉換長整數資料形態：

語法：unsigned int(x)

參數

x: 想要轉換資料的變數或內容

回傳

長整數資料形態的資料

```
unsigned long time;

void setup()
{
	Serial.begin(9600);
}

void loop()
{
  Serial.print("Time: ");
  time = millis();
  //程式開始後一直列印時間
  Serial.println(time);
  //等待一秒鐘，以免發送大量的資料
  delay(1000);
}
```

float()

指令用法

將資料轉換浮點數資料形態：

語法：float(x)

參數

x: 想要轉換資料的變數或內容

回傳

浮點數資料形態的資料

邏輯控制

控制流程

if
if...else
for
switch case
while
do... while
break
continue
return

Ardunio 利用一些關鍵字控制程式碼的邏輯。

if … else

If 必須緊接著一個問題表示式(expression)，若這個表示式為真，緊連著表示式後的代碼就會被執行。若這個表示式為假，則執行緊接著 else 之後的代碼. 只使用 if 不搭配 else 是被允許的。

範例：

```
#define LED 12
void setup()
{
  int val =1;
  if (val == 1) {
  digitalWrite(LED,HIGH);
}
```

```
}
void loop()
{
}
```

for

用來明定一段區域代碼重覆指行的次數。

範例：

```
void setup()
{
  for (int i = 1; i < 9; i++) {
    Serial.print("2 * ");
    Serial.print(i);
    Serial.print(" = ");
    Serial.print(2*i);

  }
}
void loop()
{
}
```

switch case

if 敘述是程式裡的分叉選擇，switch case 是更多選項的分叉選擇。swith case 根據變數值讓程式有更多的選擇，比起一串冗長的 if 敘述，使用 swith case 可使程式代碼看起來比較簡潔。

範例：

```
void setup()
{
  int sensorValue;
    sensorValue = analogRead(1);
  switch (sensorValue) {

  case 10:
    digitalWrite(13,HIGH);
    break;

case 20:
  digitalWrite(12,HIGH);
  break;

default: // 以上條件都不符合時，預設執行的動作
    digitalWrite(12,LOW);
    digitalWrite(13,LOW);
}
}
void loop()
{
  }
```

while

當 while 之後的條件成立時，執行括號內的程式碼。

範例：

```
void setup()
{
  int sensorValue;
  // 當 sensor 值小於 256，閃爍 LED 1 燈
  sensorValue = analogRead(1);
  while (sensorValue < 256) {
    digitalWrite(13,HIGH);
    delay(100);
```

```
      digitalWrite(13,HIGH);
      delay(100);
      sensorValue = analogRead(1);
   }
}
void loop()
{
   }
```

do … while

和 while 相似，不同的是 while 前的那段程式碼會先被執行一次，不管特定的條件式為真或為假。因此若有一段程式代碼至少需要被執行一次，就可以使用 do…while 架構。

範例：

```
void setup()
{
   int sensorValue;
   do
   {
      digitalWrite(13,HIGH);
      delay(100);
      digitalWrite(13,HIGH);
      delay(100);
      sensorValue = analogRead(1);
   }
   while (sensorValue < 256);
}
void loop()
{
}
```

break

Break 讓程式碼跳離迴圈，並繼續執行這個迴圈之後的程式碼。此外，在 break 也用於分隔 switch case 不同的敘述。

範例：

```
void setup()
{
}
void loop()
{
   int sensorValue;
   do {
      // 按下按鈕離開迴圈
      if (digitalRead(7) == HIGH)
               break;
            digitalWrite(13,HIGH);
            delay(100);
            digitalWrite(13,HIGH);
            delay(100);
            sensorValue = analogRead(1);
   }
   while (sensorValue < 512);
}
```

continue

continue 用於迴圈之內，它可以強制跳離接下來的程式，並直接執行下一個迴圈。

範例：

```
#define PWMpin 12
#define Sensorpin 8
void setup()
{
}
void loop()
```

```
{
   int light;
   int x ;
   for (light = 0; light < 255; light++)
   {
      // 忽略數值介於 140 到 200 之間
         x = analogRead(Sensorpin) ;

     if ((x > 140) && (x < 200))
        continue;

     analogWrite(PWMpin, light);
     delay(10);

   }
}
```

return

函式的結尾可以透過 return 回傳一個數值。

例如，有一個計算現在溫度的函式叫 computeTemperature()，你想要回傳現在的溫度給 temperature 變數，你可以這樣寫：

```
#define PWMpin 12
#define Sensorpin 8

void setup()
{
}
void loop()
{
   int light;
   int x ;
   for (light = 0; light < 255; light++)
   {
     // 忽略數值介於 140 到 200 之間
```

```
    x = computeTemperature() ;
    if ((x > 140) && (x < 200))
        continue;

        analogWrite(PWMpin, light);
        delay(10);
  }
}
int computeTemperature() {

  int temperature = 0;
  temperature = (analogRead(Sensorpin) + 45) / 100;
      return temperature;
}
```

算術運算

算術符號

= (給值)

+ (加法)

- (減法)

* (乘法)

/ (除法)

% (求餘數)

你可以透過特殊的語法用 Arduino 去做一些複雜的計算。 + 和 - 就是一般數學上的加減法，乘法用*示，而除法用 /表示。

另外餘數除法(%)，用於計算整數除法的餘數值: 一個整數除以另一個數，其餘數稱為模數，它有助於保持一個變數在一個特定的範圍(例如陣列的大小)。

語法：

result = dividend % divisor

參數：

- dividend：一個被除的數字
- divisor：一個數字用於除以其他數

{}括號

你可以透過多層次的括弧去指定算術之間的循序。和數學函式不一樣，中括號和大括號在此被保留在不同的用途(分別為陣列索引，和宣告區域程式碼)。

範例 :

```
#define PWMpin 12
#define Sensorpin 8

void setup()
{
        int sensorValue;
        int light;
        int remainder;

        sensorValue = analogRead(Sensorpin) ;
        light = ((12 * sensorValue) - 5 ) / 2;
        remainder = 3 % 2;

}
void loop()
{
}
```

比較運算

== (等於)

!= (不等於)

< (小於)

> (大於)

<= (小於等於)

>= (大於等於)

當你在指定 if,while, for 敘述句時，可以運用下面這個運算符號：

符號	意義	範例
==	等於	a==1
!=	不等於	a!=1
<	小於	a<1
>	大於	a>1
<=	小於等於	a<=1
>=	大於等於	a>=1

布林運算

- && (and)
- || (or)
- ! (not)

當你想要結合多個條件式時，可以使用布林運算符號。

例如你想要檢查從感測器傳回的數值是否於 5 到 10，你可以這樣寫：

```
#define PWMpin 12
#define Sensorpin 8
void setup()
```

```
{
}
void loop()
{
   int light;
   int sensor ;
   for (light = 0; light < 255; light++)
   {
           // 忽略數值介於 140 到 200 之間
             sensor = analogRead(Sensorpin) ;

   if ((sensor >= 5) && (sensor <=10))
           continue;

           analogWrite(PWMpin, light);
         delay(10);
   }
}
```

這裡有三個運算符號: 交集(and)用 **&&** 表示; 聯集(or)用 **||** 表示; 反相(finally not)用 **!**表示。

複合運算符號：有一般特殊的運算符號可以使程式碼比較簡潔，例如累加運算符號。

例如將一個值加 1，你可以這樣寫:

```
Int value = 10 ;
value = value + 1 ;
```

你也可以用一個複合運算符號累加(++)：

```
Int value = 10 ;
value ++;
```

複合運算符號

- ++ (increment)
- -- (decrement)
- += (compound addition)
- -= (compound subtraction)
- *= (compound multiplication)
- /= (compound division)

累加和遞減 (++ 和 --)

當你在累加 1 或遞減 1 到一個數值時。請小心 i++和++i 之間的不同。如果你用的是 i++，i 會被累加並且 i 的值等於 i+1；但當你使用++i 時，i 的值等於 i，直到這行指令被執行完時 i 再加 1。同理應用於－－。

+= , －=, *= and /=

這些運算符號可讓表示式更精簡，下面二個表示式是等價的：

```
Int value = 10 ;
value   = value +5 ;      // (此兩者都是等價)
value   += 5 ;            // (此兩者都是等價)
```

輸入輸出腳位設定

數位訊號輸出/輸入

- pinMode()
- digitalWrite()
- digitalRead()

類比訊號輸出/輸入

- analogRead()
- analogWrite() - PWM

Arduino 內含了一些處理輸出與輸入的切換功能，相信已經從書中程式範例略知一二。

pinMode(pin, mode)

將數位腳位(digital pin)指定為輸入或輸出。

範例

```
#define sensorPin 7
#define PWNPin 8
void setup()
{
pinMode(sensorPin,INPUT); // 將腳位 sensorPin (7) 定為輸入模式
}
void loop()
{
}
```

digitalWrite(pin, value)

將數位腳位指定為開或關。腳位必須先透過 pinMode 明示為輸入或輸出模式 digitalWrite 才能生效。

範例：

```
#define PWNPin 8
#define sensorPin 7
void setup()
```

```
{
digitalWrite (PWNPin,OUTPUT); // 將腳位 PWNPin (8) 定為輸入模式
}
void loop()
{}
```

int digitalRead(pin)

將輸入腳位的值讀出，當感測到腳位處於高電位時時回傳 HIGH，否則回傳 LOW。

範例：

```
#define PWNPin 8
#define sensorPin 7
void setup()
{
    pinMode(sensorPin,INPUT); // 將腳位 sensorPin (7) 定為輸入模式
    val = digitalRead(7); // 讀出腳位 7 的值並指定給 val
}
void loop()
{
}
```

int analogRead(pin)

讀出類比腳位的電壓並回傳一個 0 到 1023 的數值表示相對應的 0 到 5 的電壓值。

範例：

```
#define PWNPin 8
#define sensorPin 7
void setup()
```

```
{
    pinMode(sensorPin,INPUT); // 將腳位 sensorPin (7) 定為輸入模式
    val = analogRead (7); // 讀出腳位 7 的值並指定給 val
}
void loop()
{
}
```

analogWrite(pin, value)

改變 PWM 腳位的輸出電壓值，腳位通常會在 3、5、6、9、10 與 11。value 變數範圍 0-255，例如：輸出電壓 2.5 伏特（V），該值大約是 128。

範例：

```
#define PWNPin 8
#define sensorPin 7
void setup()
{
analogWrite (PWNPin,OUTPUT); // 將腳位 PWNPin (8) 定為輸入模式
}
void loop()
{   }
```

進階 I/O

- tone()
- noTone()
- shiftOut()
- pulseIn()

tone(Pin)

使用 Arduino 開發板，使用一個 Digital Pin(數位接腳)連接喇叭，請參考圖 4 所示，將喇叭接在您想要的腳位，並參考表 1 所示，可以產生想要的音調。

範例：

```
#include <Tone.h>

Tone tone1;

void setup()
{
  tone1.begin(13);
  tone1.play(NOTE_A4);
}

void loop()
{
}
```

表 1 Tone 頻率表

常態變數	頻率(Frequency (Hz))
NOTE_B2	123
NOTE_C3	131
NOTE_CS3	139
NOTE_D3	147
NOTE_DS3	156
NOTE_E3	165
NOTE_F3	175
NOTE_FS3	185
NOTE_G3	196

常態變數	頻率(Frequency (Hz))
NOTE_GS3	208
NOTE_A3	220
NOTE_AS3	233
NOTE_B3	247
NOTE_C4	262
NOTE_CS4	277
NOTE_D4	294
NOTE_DS4	311
NOTE_E4	330
NOTE_F4	349
NOTE_FS4	370
NOTE_G4	392
NOTE_GS4	415
NOTE_A4	440
NOTE_AS4	466
NOTE_B4	494
NOTE_C5	523
NOTE_CS5	554
NOTE_D5	587
NOTE_DS5	622

常態變數	頻率(Frequency (Hz))
NOTE_E5	659
NOTE_F5	698
NOTE_FS5	740
NOTE_G5	784
NOTE_GS5	831
NOTE_A5	880
NOTE_AS5	932
NOTE_B5	988
NOTE_C6	1047
NOTE_CS6	1109
NOTE_D6	1175
NOTE_DS6	1245
NOTE_E6	1319
NOTE_F6	1397
NOTE_FS6	1480
NOTE_G6	1568
NOTE_GS6	1661
NOTE_A6	1760
NOTE_AS6	1865
NOTE_B6	1976

常態變數	頻率(Frequency (Hz))
NOTE_C7	2093
NOTE_CS7	2217
NOTE_D7	2349
NOTE_DS7	2489
NOTE_E7	2637
NOTE_F7	2794
NOTE_FS7	2960
NOTE_G7	3136
NOTE_GS7	3322
NOTE_A7	3520
NOTE_AS7	3729
NOTE_B7	3951
NOTE_C8	4186
NOTE_CS8	4435
NOTE_D8	4699
NOTE_DS8	4978

資料來源：https://code.google.com/p/rogue-code/wiki/ToneLibraryDocumentation#Ugly_Details

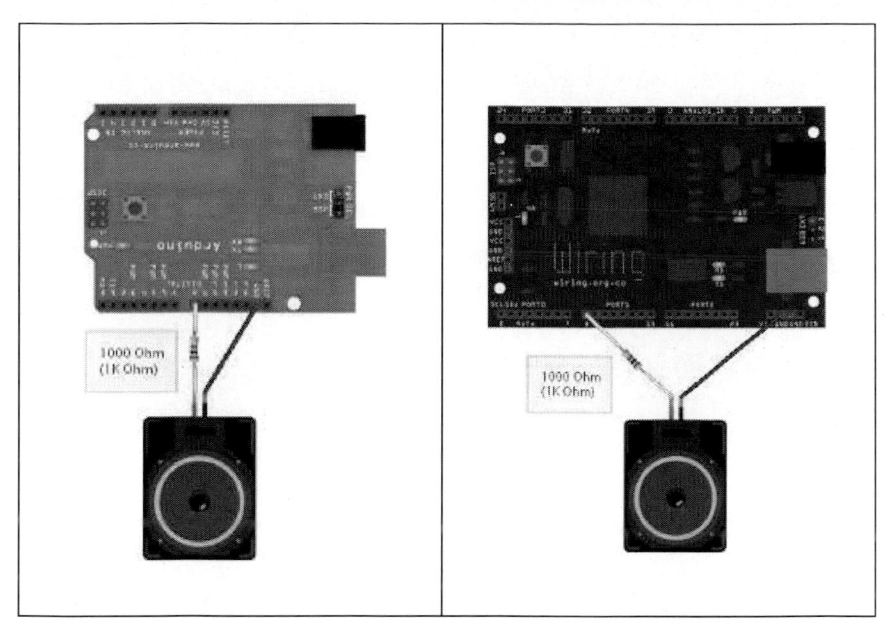

圖 4 Tone 接腳圖

資料來源：https://code.google.com/p/rogue-code/wiki/ToneLibraryDocumentation#Ugly_Details

shiftOut(dataPin, clockPin, bitOrder, value)

把資料傳給用來延伸數位輸出的暫存器，函式使用一個腳位表示資料、一個腳位表示時脈。bitOrder 用來表示位元間移動的方式（LSBFIRST 最低有效位元或是 MSBFIRST 最高有效位元），最後 value 會以 byte 形式輸出。此函式通常使用在延伸數位的輸出。

範例：

```
#define dataPin 8
#define clockPin 7
void setup()
```

```
{
shiftOut(dataPin, clockPin, LSBFIRST, 255);
}
void loop()
{   }
```

unsigned long pulseIn(pin, value)

設定讀取腳位狀態的持續時間，例如使用紅外線、加速度感測器測得某一項數值時，在時間單位內不會改變狀態。

範例：

```
#define dataPin 8
#define pulsein 7
void setup()
{
Int time ;
time = pulsein(pulsein,HIGH); // 設定腳位 7 的狀態在時間單位內保持為 HIGH
}
void loop()
{   }
```

時間函式

- millis()
- micros()
- delay()
- delayMicroseconds()

控制與計算晶片執行期間的時間

unsigned long millis()

回傳晶片開始執行到目前的毫秒

範例:

```
int    lastTime ,duration;
void setup()
{
   lastTime = millis() ;
}
void loop()
{
   duration = -lastTime; //  表示自"lastTime"至當下的時間
}
```

delay(ms)

暫停晶片執行多少毫秒

範例:

```
void setup()
{
   Serial.begin(9600);
}
void loop()
{
   Serial.print(millis()) ;
   delay(500); //暫停半秒（500 毫秒）
}
```

「毫」是 10 的負 3 次方的意思，所以「毫秒」就是 10 的負 3 次方秒，也就是 0.001 秒，參考表 2

表 2 常用單位轉換表

符號	中文	英文	符號意義
p	微微	pico	10 的負 12 次方
n	奈	nano	10 的負 9 次方
u	微	micro	10 的負 6 次方
m	毫	milli	10 的負 3 次方
K	仟	kilo	10 的 3 次方
M	百萬	mega	10 的 6 次方
G	十億	giga	10 的 9 次方
T	**兆**	**tera**	10 的 12 次方

delay Microseconds(us)

暫停晶片執行多少微秒

範例:

```
void setup()
{
  Serial.begin(9600);
}
void loop()
{
  Serial.print(millis()) ;
  delayMicroseconds (1000); //暫停半秒（500 毫秒）
}
```

數學函式

- min()
- max()
- abs()
- constrain()
- map()
- pow()
- sqrt()

三角函式以及基本的數學運算

min(x, y)

回傳兩數之間較小者

範例：

```
#define sensorPin1 7
#define sensorPin2 8
void setup()
{
  int val;
    pinMode(sensorPin1,INPUT); // 將腳位 sensorPin1 (7) 定為輸入模式
    pinMode(sensorPin2,INPUT); // 將腳位 sensorPin2 (8) 定為輸入模式
      val = min(analogRead (sensorPin1), analogRead (sensorPin2)) ;
}
void loop()
{    }
```

max(x, y)

回傳兩數之間較大者

範例：

```
#define sensorPin1 7
#define sensorPin2 8
void setup()
{
  int val;
  pinMode(sensorPin1,INPUT); // 將腳位 sensorPin1 (7) 定為輸入模式
  pinMode(sensorPin2,INPUT); // 將腳位 sensorPin2 (8) 定為輸入模式
  val = max (analogRead (sensorPin1), analogRead (sensorPin2)) ;
}
void loop()
{   }
```

abs(x)

回傳該數的絕對值，可以將負數轉正數。

範例：

```
#define sensorPin1 7
void setup()
{
  int val;
   pinMode(sensorPin1,INPUT); // 將腳位 sensorPin (7) 定為輸入模式
      val = abs(analogRead (sensorPin1)-500);
         // 回傳讀值-500 的絕對值
}
void loop()
{    }
```

constrain(x, a, b)

判斷 x 變數位於 a 與 b 之間的狀態。x 若小於 a 回傳 a；介於 a 與 b 之間回傳 x 本身；大於 b 回傳 b

範例：

```
#define sensorPin1 7
#define sensorPin2 8
#define sensorPin 12
void setup()
{
  int val;
  pinMode(sensorPin1,INPUT); // 將腳位 sensorPin1 (7) 定為輸入模式
  pinMode(sensorPin2,INPUT); // 將腳位 sensorPin2 (8) 定為輸入模式
  pinMode(sensorPin,INPUT); // 將腳位 sensorPin (12) 定為輸入模式
  val = constrain(analogRead(sensorPin), analogRead (sensorPin1), analogRead
(sensorPin2)) ;
  // 忽略大於 255 的數
}
void loop()
{
}
```

map(value, fromLow, fromHigh, toLow, toHigh)

將 value 變數依照 fromLow 與 fromHigh 範圍，對等轉換至 toLow 與 toHigh 範圍。時常使用於讀取類比訊號，轉換至程式所需要的範圍值。

例如：

```
#define sensorPin1 7
#define sensorPin2 8
#define sensorPin 12
void setup()
{
  int val;
  pinMode(sensorPin1,INPUT); // 將腳位 sensorPin1 (7) 定為輸入模式
  pinMode(sensorPin2,INPUT); // 將腳位 sensorPin2 (8) 定為輸入模式
  pinMode(sensorPin,INPUT); // 將腳位 sensorPin (12) 定為輸入模式
```

```
  val = map(analogRead(sensorPin), analogRead (sensorPin1), analogRead
(sensorPin2),0,100) ;
 // 將 analog0 所讀取到的訊號對等轉換至 100 – 200 之間的數值
}
void loop()
{      }
```

double pow(base, exponent)

回傳一個數(base)的指數(exponent)值。

範例：

```
int y=2;
double x = pow(y, 32); // 設定 x 為 y 的 32 次方
```

double sqrt(x)

回傳 double 型態的取平方根值。

範例：

```
int y=2123;
double x = sqrt (y);   // 回傳 2123 平方根的近似值
```

三角函式

- sin()
- cos()
- tan()

double sin(rad)

回傳角度（radians）的三角函式 sine 值。

範例：

```
int y=45;
double sine = sin (y);    // 近似值 0.70710678118654
```

double cos(rad)

回傳角度（radians）的三角函式 cosine 值。

範例：

```
int y=45;
double cosine = cos (y);    // 近似值 0.70710678118654
```

double tan(rad)

回傳角度（radians）的三角函式 tangent 值。

範例：

```
int y=45;
double tangent = tan (y);    // 近似值 1
```

亂數函式

- randomSeed()
- random()

本函數是用來產生亂數用途：

randomSeed(seed)

事實上在 Arduino 裡的亂數是可以被預知的。所以如果需要一個真正的亂數，可以呼叫此函式重新設定產生亂數種子。你可以使用亂數當作亂數的種子，以確保數字以隨機的方式出現，通常會使用類比輸入當作亂數種子，藉此可以產生與環境有關的亂數。

範例：

```
#define sensorPin 7
void setup()
{
randomSeed(analogRead(sensorPin)); // 使用類比輸入當作亂數種子
}
void loop()
{
}
```

long random(min, max)

回傳指定區間的亂數，型態為 long。如果沒有指定最小值，預設為 0。

範例：

```
#define sensorPin 7
long randNumber;
void setup(){
  Serial.begin(9600);
  // if analog input pin sensorPin(7) is unconnected, random analog
  // noise will cause the call to randomSeed() to generate
```

```
  // different seed numbers each time the sketch runs.
  // randomSeed() will then shuffle the random function.
  randomSeed(analogRead(sensorPin));
}
void loop() {
  // print a random number from 0 to 299
  randNumber = random(300);
  Serial.println(randNumber);

  // print a random number from   0 to 100
  randNumber = random(0, 100);   // 回傳 0 – 99 之間的數字
  Serial.println(randNumber);
  delay(50);
}
```

通訊函式

你可以在許多例子中，看見一些使用序列埠與電腦交換資訊的範例，以下是函式解釋。

Serial.begin(speed)

你可以指定 Arduino 從電腦交換資訊的速率，通常我們使用 9600 bps。當然也可以使用其他的速度，但是通常不會超過 115,200 bps（每秒位元組）。

範例：

```
void setup() {
  Serial.begin(9600);          // open the serial port at 9600 bps:
}
void loop() {
 }
```

Serial.print(data)

Serial.print(data, 格式字串(encoding))

經序列埠傳送資料，提供編碼方式的選項。如果沒有指定，預設以一般文字傳送。

範例：

```
int x = 0;        // variable

void setup() {
  Serial.begin(9600);          // open the serial port at 9600 bps:
}

void loop() {
  // print labels
  Serial.print("NO FORMAT");              // prints a label
  Serial.print("\t");                     // prints a tab
  Serial.print("DEC");
  Serial.print("\t");
  Serial.print("HEX");
  Serial.print("\t");
  Serial.print("OCT");
  Serial.print("\t");
  Serial.print("BIN");
  Serial.print("\t");
}
```

Serial.println(data)

Serial.println(data, ,格式字串(encoding))

與 Serial.print()相同，但會在資料尾端加上換行字元（ ）。意思如同你在鍵盤上打了一些資料後按下 Enter。

範例：

```
int x = 0;        // variable
void setup() {
  Serial.begin(9600);           // open the serial port at 9600 bps:
}
void loop() {
  // print labels
  Serial.print("NO FORMAT");            // prints a label
  Serial.print("\t");                   // prints a tab
  Serial.print("DEC");
  Serial.print("\t");
  Serial.print("HEX");
  Serial.print("\t");
  Serial.print("OCT");
  Serial.print("\t");
  Serial.print("BIN");
  Serial.print("\t");

  for(x=0; x< 64; x++){        // only part of the ASCII chart, change to suit
    // print it out in many formats:
    Serial.print(x);            // print as an ASCII-encoded decimal - same as "DEC"
    Serial.print("\t");        // prints a tab
    Serial.print(x, DEC);   // print as an ASCII-encoded decimal
    Serial.print("\t");        // prints a tab
    Serial.print(x, HEX);   // print as an ASCII-encoded hexadecimal
    Serial.print("\t");        // prints a tab
    Serial.print(x, OCT);   // print as an ASCII-encoded octal
    Serial.print("\t");        // prints a tab
    Serial.println(x, BIN);   // print as an ASCII-encoded binary
    //                        then adds the carriage return with "println"
    delay(200);                    // delay 200 milliseconds
  }
  Serial.println("");          // prints another carriage return
}
```

格式字串(encoding)

Arduino 的 print()和 println()，在列印內容時，可以指定列印內容使用哪一種格式列印，若不指定，則以原有內容列印。

列印格式如下：

1. BIN(二進位，或以 2 為基數)，
2. OCT(八進制，或以 8 為基數)，
3. DEC(十進位，或以 10 為基數)，
4. HEX(十六進位，或以 16 為基數)。

使用範例如下：

- Serial.print(78,BIN)輸出為 “1001110”
- Serial.print(78,OCT)輸出為 “116”
- Serial.print(78,DEC)輸出為 “78”
- Serial.print(78,HEX)輸出為 “4E”

對於浮點型數位，可以指定輸出的小數數位。例如

- Serial.println(1.23456,0)輸出為 “1”
- Serial.println(1.23456,2)輸出為 “1.23”
- Serial.println(1.23456,4)輸出為 “1.2346”

Print & Println 列印格式(printformat01)
/* 使用 for 迴圈列印一個數字的各種格式。 */

```
int x = 0;      // 定義一個變數並賦值

void setup() {
  Serial.begin(9600);        // 打開串口傳輸，並設置串列傳輸速率為 9600
}

void loop() {
  ///列印標籤
  Serial.print("NO FORMAT");          // 列印一個標籤
  Serial.print("\t");                 // 列印一個轉義字元

  Serial.print("DEC");
  Serial.print("\t");

  Serial.print("HEX");
  Serial.print("\t");

  Serial.print("OCT");
  Serial.print("\t");

  Serial.print("BIN");
  Serial.print("\t");

  for(x=0; x< 64; x++){      // 列印 ASCII 碼表的一部分, 修改它的格式得到需
要的內容

    //  列印多種格式：
    Serial.print(x);          // 以十進位格式將 x 列印輸出 - 與 "DEC"相同
    Serial.print("\t");      // 橫向跳格

    Serial.print(x, DEC);  // 以十進位格式將 x 列印輸出
    Serial.print("\t");      // 橫向跳格

    Serial.print(x, HEX);  // 以十六進位格式列印輸出
    Serial.print("\t");      // 橫向跳格

    Serial.print(x, OCT);  // 以八進制格式列印輸出
    Serial.print("\t");      // 橫向跳格
```

```
    Serial.println(x, BIN);  // 以二進位格式列印輸出
    //                                      然後用 "println"列印一個回車
    delay(200);                  // 延時 200ms
  }
  Serial.println("");          // 列印一個空字元，並自動換行
}
```

int Serial.available()

回傳有多少位元組（bytes）的資料尚未被 read()函式讀取，如果回傳值是 0 代表所有序列埠上資料都已經被 read()函式讀取。

範例：

```
int incomingByte = 0;      // for incoming serial data
 void setup() {
        Serial.begin(9600);        // opens serial port, sets data rate to 9600 bps
 }
 void loop() {
        // send data only when you receive data:
        if (Serial.available() > 0) {
                // read the incoming byte:
                incomingByte = Serial.read();
                // say what you got:
                Serial.print("I received: ");
                Serial.println(incomingByte, DEC);
        }
 }
```

int Serial.read()

以 byte 方式讀取 1byte 的序列資料

範例：

```
int incomingByte = 0;      // for incoming serial data
void setup() {
  Serial.begin(9600);         // opens serial port, sets data rate to 9600 bps
}
void loop() {
  // send data only when you receive data:
  if (Serial.available() > 0) {
    // read the incoming byte:
    incomingByte = Serial.read();
    // say what you got:
    Serial.print("I received: ");
    Serial.println(incomingByte, DEC);
  }
}
```

int Serial.write()

以 byte 方式寫入資料到序列

範例：

```
void setup(){
  Serial.begin(9600);
}
void loop(){
  Serial.write(45); // send a byte with the value 45
    int bytesSent = Serial.write("hello Arduino , I am a beginner in the Arduino
world");
}
```

Serial.flush()

有時候因為資料速度太快，超過程式處理資料的速度，你可以使用此函式清除緩衝區內的資料。經過此函式可以確保緩衝區(buffer)內的資料都是最新的。

範例：

```
void setup(){
  Serial.begin(9600);
}
void loop(){
  Serial.write(45); // send a byte with the value 45
     int bytesSent = Serial.write("hello Arduino , I am a beginner in the Arduino world");
        Serial.flush();
     }
```

章節小結

本章節概略的介紹本書開發工具：『Arduino 開發板』，接下來就是介紹本書主要的內容，讓我們視目以待。

2
CHAPTER

RFID 簡介

RFID 無線射頻辨視（Radio Frequency IDentification，縮寫：RFID），又稱電子標簽,射頻識別技術是 20 世紀 90 年代開始興起的一種自動識別技術，射頻識別技術是一項利用射頻信號通過空間耦合(交變磁場或電磁場)實現無接觸資訊傳遞並通過所傳遞的資訊達到識別之目的所衍生出來的技術。

無線射頻發展歷史

從資訊傳遞的基本原理來說,無線射頻識別技術在低頻段基於變壓器耦合模型(初級與次級之間的能量傳遞及信號傳遞)，在高頻段基於雷達探測目標的空間耦合模型 (雷達發射電磁波信號碰到目標後攜帶目標信息返回雷達接收機)。1948 年 Harry Stockinan 發表的" Communication by Means of Reflected Power "(Stockman, 1948) 奠定了無線射頻識別技術的理論基礎。

無線射頻識別技術的發展歷史歸納如下：

- 1940-1950 年：雷達的改進和應用催生了無線射頻識別技術，1948 年奠定了無線射頻識別技術的理論基礎(Stockman, 1948)。
- 1950-1960 年：早期無線射頻識別技術的探索階段，主要處於實驗室實驗研究。
- 1960-1970 年：無線射頻識別技術的理論得到了發展，開始了一些應用嘗試。
- 1970-1980 年：無線射頻識別技術與產品研發處於一個大發展時期，各種無線射頻識別技術測試加速發展,並出現了一些早期的無線射頻識別應用。
- 1980-1990 年：無線射頻識別技術及產品進入商業應用階段，各種規模應用開始出現。

- 1990-2000 年：無線射頻識別技術標準化問題日趨得到重視，無線射頻識別產品得到廣泛採用，無線射頻識別產品逐漸成為人們生活中的一部分。
- 2000 年後：標準化問題日趨為人們所重視，無線射頻識別產品種類更加豐富，主動式電子標簽(Active RFID Tag)、被動式電子標簽(Passive RFID Tag)及半被動式電子標簽(Semi-Passive RFID Tag)均得到發展，電子標簽(RFID Tag)成本不斷降低，規模應用行業擴大。

資料來源：MBA Library(http://wiki.mbalib.com/zh-tw/%E5%B0%84%E9%A2%91%E8%AF%86%E5%88%AB)

RFID 系統的特點

無線射頻技術的特點

無線射頻識別系統最重要的優點是非接觸識別，它能穿透雪、霧、冰、塗料、塵垢和條形碼無法使用的惡劣環境閱讀電子標簽，並且閱讀速度極快，大多數情況下不到 100 毫秒(ms)。主動式電子標簽(Active RFID Tag)之射頻識別系統的速寫能力也是重要的優點。可用於流程跟蹤和維修跟蹤等互動式業務。

物流管理

物流管理是透過對物流過程的管理，達到降低成本和提高服務水準兩個目的。如何以合理的成本和合適的條件，提供客戶如何在正確的時間、正確的地點，得到正確的產品，成為企業追求的物流管理最終目標。因此，掌握庫存數量、產品種類和儲存架位，提高庫存的流動率就成為物流管理的關鍵要素。

運輸管理

在運輸管理方面採用無線射頻識別技術，只需要在貨物的外包裝上的安裝電子標簽(RFID Tag)，在運輸檢查站或轉運站設置無線射頻閱讀機，就可以記錄、追蹤、查詢可達到貨物管理。在運輸過程中，無線射頻閱讀機將電子標簽的資訊通過網路傳輸到運輸部門的資料庫，電子標簽每通過一個運輸檢查站，就更新資料庫得到，當電子標簽到達終點時，並計錄與回傳所有資料到資料庫。如此，貨物寄送者與貨物收件者可以透過資訊系統，隨時追蹤、查詢貨物運輸狀況與收件狀況，進而提高企業物流服務水準。

資料來源：

Wiki(http://zh.wikipedia.org/wiki/%E7%99%BC%E5%85%89%E4%BA%8C%E6%A5%B5%E7%AE%A1)

無線射頻優缺點

傳統的條碼是利用光電效應，利用條碼讀取機(由圖 6 所示)將光訊號轉換成電氣訊號，進而讀出條碼(由圖 5 所示)所表示的資訊。傳統的條碼可說是「近視眼」，因為只有在靠近條碼讀取機時，條碼才能被正確解讀。

而電子標簽(RFID Tag)則不同，它可以不斷地主動或者被動地發射無線電波，只要處於無線射頻閱讀機(RFID Reader)的接收範圍之內，就能被感應並且正確地被辨識出來，且無線射頻閱讀機的收發距離可長可短，根據它本身的輸出功率和使用頻率的不同，從幾公分到幾十公尺不等。由於無線電波有著強大的穿透能力，即使隔著一段距離，或隔著箱子或其它包裝容器，裡面的電子標簽(RFID Tag)都可掃瞄，而無需拆開商品的包裝。另外，無線射頻閱讀機(RFID Reader)的掃描速度之快也是傳統條碼(由圖 5 所示)所不能與之相提並論的，無線射頻閱讀機(RFID Reader)每 250 毫秒(ms)便可從電子標簽(RFID Tag)中讀出電子標簽(RFID Tag)內容中的相關資訊。同時，無線射頻閱讀機(RFID Reader)甚至可以同時處理 200 個以上的電子標簽(RFID Tags)，而條碼標籤則需一個一個讀取、識別，在處理數據方面，電子標簽(RFID Tag)

的優勢十分明顯。

(a).EAN 13 碼　(b).QR Code　(c). 39 碼

圖 5 條碼一覽圖

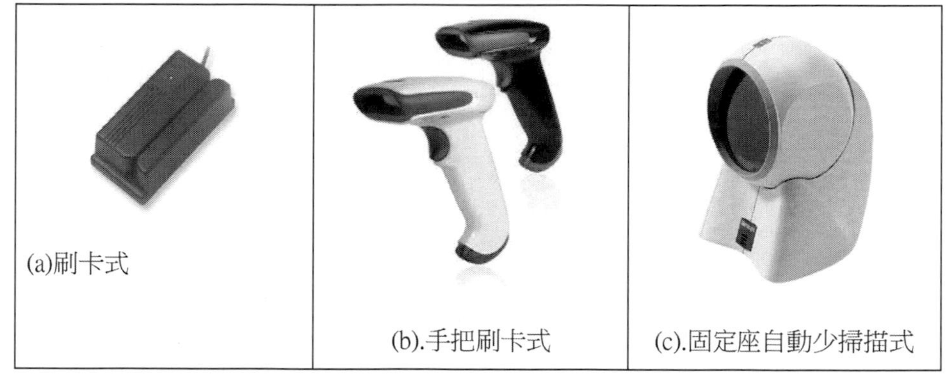

(a)刷卡式　(b).手把刷卡式　(c).固定座自動少掃描式

圖 6 條碼讀取機(掃瞄器)

雖然電子標簽(RFID Tag)優點相當多，但仍存在著一些障礙，使得電子標簽(RFID Tag)的還不能完全被市場廣泛應用，首先是居高不下的成本，電子標簽(RFID Tag)成本原本就較高，若再加上無線射頻閱讀機(RFID Reader)等設備成本，資訊基礎建置資費用甚鉅。

其次，電子標簽(RFID Tag)無法對無線射頻閱讀機(RFID Reader)進行身份驗証：電子標簽(RFID Tag)一旦接近讀取器，就會無條件自動發出內容訊息，基本上電子標簽(RFID Tag)的卡號不會加密，所以基本卡號資訊是無法無法辨識無線射頻閱讀機(RFID Reader)是否合法。

資料來源：Yahoo 知識網

(https://tw.knowledge.yahoo.com/question/question?qid=1405122804931)

無線射頻運作原理

RFID 系統的組成

無線射頻識別系統至少應包括以下兩個部分，一是無線射頻讀寫器(RFID Reader/Writer)，二是電子標簽(RFID Tag)。

另外還應包括天線，主機等：無線射頻識別系統(RFID System)在實務上的應用過程中，根據不同的應用目的和應用環境，系統的組成內容與方式會有所不同，但從無線射頻識別系統(RFID System)的工作原理來看，系統一般都由信號發射機、信號接收機、發射接收天線幾部分組成：

一、信號發射機

在無線射頻識別系統(RFID System)中，信號發射機為了不同的應用目的，會以不同的形式存在，一般標準的形式是電子標簽(RFID Tag)。電子標簽(RFID Tag)相當於條碼技術中的條碼符號(Bar Code)，用來存儲需要識別的資訊，此外，與條碼(Bar Code)不同的是，電子標簽(RFID Tag)必須能夠自動或在外力的作用下，把存儲的資訊主動發射出去。

二、信號接收機

在無線射頻識別系統中，信號接收機一般叫做無線射頻閱讀機(RFID Reader)。根據支持的電子標簽(RFID Tag)類型不同與完成的功能不同，無線射頻閱讀機(RFID Reader)的複雜程度是顯著不同的。無線射頻閱讀機(RFID Reader)基本的功能就是提供與電子標簽(RFID Tag)進行數據資料讀取、傳輸的途徑。另外，無線射頻閱讀機(RFID Reader)還提供相當複雜的信號狀態控制、奇偶錯誤校驗與更正功能等；電子標簽(RFID Tag)中除了存儲需要傳輸的資料外，還必須含有一定的附加資料，如錯誤校驗資料等、識別數據資料和附加資料。且依照一定的標準編製在一起，並按照特定的順序向外發送。

無線射頻閱讀機(RFID Reader)通過接收到的附加資料來控制資料數據的發送：一旦到達無線射頻閱讀機(RFID Reader)的資訊被正確的接收和譯解後，無線射頻閱讀機(RFID Reader)透過特定的演算法決定是否需要針對無線射頻閱讀機(RFID Reader)對發送的信號重發一次，或停止發信號，所以即使在很短的時間、很小的空間中，無線射頻閱讀機(RFID Reader)同時讀取多個電子標簽(RFID Tags)，也可以有效地預防讀取錯誤、欺騙資料等問題產生。

三、無線射頻讀寫機(RFID Reader/Writer)

無線射頻讀寫機(RFID Reader/Writer)是向電子標簽(RFID Tag)寫入資料的裝置。

四、天線

天線是電子標簽(RFID Tag)與無線射頻閱讀機(RFID Reader)之間，資料傳輸中：電氣訊號的發射、接收裝置。在實際應用中，除了系統功率，天線的形狀和相對位置也會影響電氣訊號的發射和接收，需要專業人員對系統的天線進行設計、安裝。

資料來源：MBA Library(http://wiki.mbalib.com/zh-tw/%E5%B0%84%E9%A2%91%E8%AF%86%E5%88%AB)

章節小結

本章節內容主要是介紹讀者無線射頻識別技術的一般常識，希望讀者能夠反覆閱讀本章之後，直到了解後才繼續往下實作，繼續進行我們的實驗。

3
CHAPTER

門禁管制機

何謂門禁系統

門禁系統指的是管制非特定人員進出某通道所使用的軟硬體系統。例如一般公寓大廈必須是住在該公寓的人員才可以進入此公寓大門、社區地下室停車場等等。門禁系統通常被使用在：辦公室大門、電梯、工廠以及倉庫，或是捷運入口、機場特定入口、醫院特定地區等。

門禁系統普遍的被使用於任何場所及地方。例如：一家企業公司擁有上千名員工，員工每天打卡的方式，如果不是透過門禁系統的讀卡機來管制的話，員工在打卡的過程中可能造成堵塞的情況發生。管理人員在管控出勤、薪資，也會顯得沒效率。

門禁系統的架構

門禁系統架構所需要設備，一般最基本的器材包含以下四類裝置:「辨識系統」、「電控鎖」、「電源供應」以及「開鎖裝置」。

- 辨識系統

  辨識系統就是處理使用者的「開鎖裝置」（例如鑰匙、密碼、開鎖卡片，或是指紋、掌紋、視網膜或聲音等生物特徵）後，在辨識完成後，判斷使用者的身分正確後，若可允許進出者即刻起動電氣線路，通電（或斷電）電控鎖開門。若不允許進出者可不做任何動作，或是經過幾次錯誤嘗試後啟動警報電氣線路，或是關閉電氣線路一段時間，防止有心人擅闖。

  一般辨識系統有分為：「單機型」的辨識系統，在辨識與控制過程透過單一機器或系統獨立運作，無須透過其它控制器或是相關週邊或電腦設備。「連線型」

的辨識系統，只把使用者提供『開鎖裝置』的特徵、資訊傳至輸至總控制系統(機器)，再由總控制系統內部的資料比對判別使用者的『開鎖裝置』是否合乎進入資格，合乎者則允許使用者進出，即刻起動迴路，通電（或斷電）電控鎖開門。

- 電控鎖

一般門禁系統進出入口大部份為門，所以門閉合與開合的關鍵裝置大部份為鎖(如圖 7 所示)，但是人力鎖閉合與開合的關鍵裝置大部份透過人的開鎖行為來運作，需要聯接門禁系統之辨識系統來閉合與開合，該『鎖』必須為電力裝置方能達到需求。所以一般都為電力控制之電控鎖，方能在「開鎖裝置」（例如鑰匙、密碼、開鎖卡片，或是指紋、掌紋、視網膜或聲音等生物特徵）後，在辨識完成後，判斷使用者的身分正確後，啟動迴路通電（或斷電）至電控鎖開門。

- 電源供應器

門禁系統是屬於弱電工程，使用電壓大都為 12V 或是 24V。基於安全的考量，有 UPS 不斷電系統的電源供應器是門禁弱電工程不可或缺的配件。當外部輸入電源 110VAC（或是 220VAC）停電時，如何維持門禁自動化系統正常運作，不會因為供電失調或是不穩定而造成安全上的考量是非常關鍵的要素。

- 開鎖裝置

人員在管制區域內，外出時一般不必管制(也可管制)，則可以按個開關即可開門，省事又方便。但是在進入管制區域則必需擁有可以辨視身份的裝置，如鑰匙、密碼、開鎖卡片，或是指紋、掌紋、視網膜或聲音等生物特徵，方能辨視該人員的合法性，且該『開鎖裝置』必需為電子、電氣、電路等可以辨視的裝置，一般不需再透過人力、人員辨視的裝置為主。

(a). 俞氏牌電鎖

(b). 電磁鎖

(c). 陽極鎖

(d). 陰極鎖系列

(e). 磁力鎖

(f). 電控鎖

圖 7 電控鎖

研究主題

由上面介紹，本書控制主題部份為 RFID 門禁管制機，主要研究主題歸納如下：

1. 介紹 RFID 模組。
2. 讀取、辨視電子標簽(RFID Tag)
3. 連接、控制無線射頻閱讀機(RFID Reader)模組。
4. 如何控制門禁管制
5. 繼電器控制模組。
6. 設計與開發 RFID 門禁管制機：整合 RFID 模組來進行門禁管制。

章節小結

本章主要介紹之本書主題『門禁管制機』，主要是讓讀者對於門禁管制內容、組成要素、組立結構等有較深切的認識，進而在後續開發過程，有更深入的了解與體認。

CHAPTER

電力開關控制

繼電器

一般而言，電子電路需要控制大電壓、大電流的通路閉合，使用繼電器 (Relay) 是一個簡單、低成本、方便、整合性強的解決方案。繼電器 (Relay) 是一種可以讓小電力控制大電力的開關。例如，小電壓的電池或者是微控制器，只要用繼電器就可以切換馬達 (Motors)、變壓器 (transformers)、電風扇 (Electronic Fan)、燈泡 (Light Bulbs) 等大電流設備的開關。

由圖 8 與圖 9 所示，為松樂繼電器公司(Ningbo songle relay co.,ltd)(Ningbo_songle_relay_corp._ltd., 2013)製造的繼電器，本實驗會使用此繼電器。

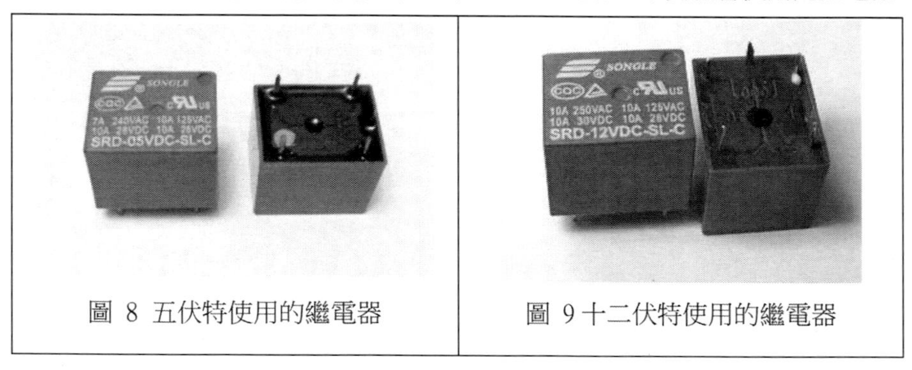

圖 8 五伏特使用的繼電器

圖 9 十二伏特使用的繼電器

有時候我們需要同時監控制多組電路之開關同時閉合或開啟，但是這些線路的電源(電壓或電流)無法合併在同一條線路當中，這時候我們就會使用圖 10 類型的繼電器，此種類型的繼電器有四組獨立控制的開關，彼此線路分開，但是其控制開關又是同時閉合或開啟，可以達到上述的需求。

在工業上因為維護電路的關係，我們常使用圖 11 的繼電器模組，其外部接點可以是用螺絲起子接線，其繼電器採用可插拔得繼電器底座，非常適用於工業上的使用。

圖 10 多組式繼電器

圖 11 工業用繼電器

由表 3 所示,根據繼電器的輸入信號的性質可以將繼電器分類為:電壓繼電器、電流繼電器、時間繼電器、溫度繼電器、速度繼電器。另外一種分類，則由繼電器的工作原理來分類，可以分為：電磁式繼電器、感應式繼電器、電動式繼電器、電子式繼電器、熱繼電器、光繼電器。

表 3 繼電器常見分類表

輸入信號的性質	工作原理
電壓繼電器	電磁式繼電器
電流繼電器	感應式繼電器
時間繼電器	電動式繼電器
溫度繼電器	電子式繼電器
速度繼電器	熱繼電器
壓力繼電器	光繼電器

資料來源：(維基百科-繼電器, 2013)

電磁繼電器的工作原理和特性

電磁式繼電器一般由鐵芯、線圈、銜鐵、觸點簧片等組成的。如圖 12.(a)所示，只要在線圈兩端加上一定的電壓，線圈中就會流過一定的電流，從而產生電磁效應，銜鐵就會在電磁力吸引的作用下克服返回彈簧的拉力吸向鐵芯，從而帶動銜鐵的動觸點與靜觸點（常開觸點）吸合(如圖 12.(b)所示)。當線圈斷電後，電磁的吸力也隨之消失，銜鐵就會在彈簧的反作用力下返回原來的位置，使動觸點與原來的靜觸點（常閉觸點）吸合(如圖 12.(a)所示)。這樣吸合、釋放，從而達到了在電路中的導通、切斷的目的。對於繼電器的「常開、常閉」觸點，可以這樣來區分：繼電器線圈未通電時處於斷開狀態的靜觸點，稱為「常開觸點」(如圖 12.(a)所示)。；處於接通狀態的靜觸點稱為「常閉觸點」(如圖 12.(a)所示)。

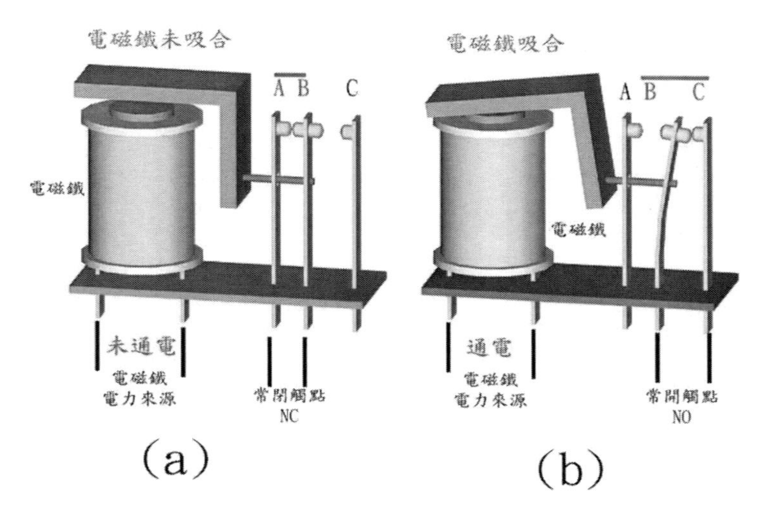

圖 12 電磁鐵動作

資料來源：(維基百科-繼電器, 2013)

由上述圖 12 電磁鐵動作之中，可以了解到，繼電器中的電磁鐵因為電力的輸入，產生電磁力，而將可動電樞吸引，而可動電樞在 NC 接典與Ｎ Ｏ接點兩邊擇一閉合。由圖 13.(a)所示，因電磁線圈沒有通電，所以沒有產生磁力，所以沒有將可動電樞吸引，維持在原來狀態，就是共接典與常閉觸點(NC)接觸；當繼電器通電時，由圖 13.(b)所示，因電磁線圈通電之後，產生磁力，所以將可動電樞吸引，往下移動，使共接典與常開觸點(NO)接觸，產生導通的情形。

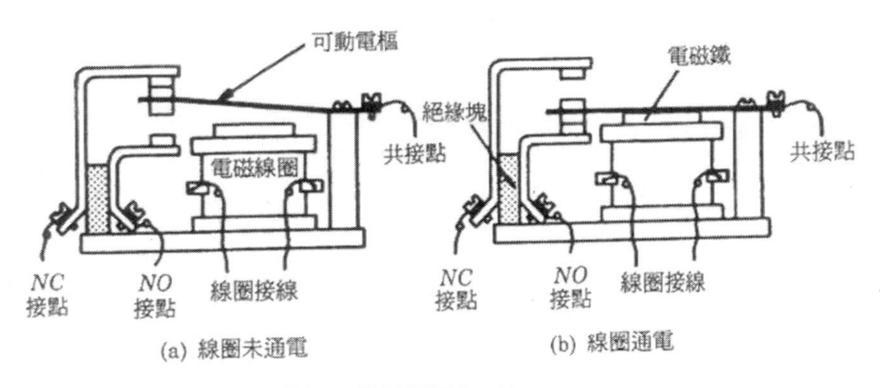

圖 13 繼電器運作原理

繼電器中常見的符號：

- COM（Common）表示共接點。
- NO（Normally Open）表示常開接點。平常處於開路，線圈通電後才與共接點 COM 接通（閉路）。
- NC（Normally Close）表示常閉接點。平常處於閉路（與共接點 COM 接通），線圈通電後才成為開路（斷路）。

繼電器運作線路

那繼電器如何應用到一般電器的開關電路上呢，如圖 14 所示，在繼電器電磁線圈的 DC 輸入端，輸入 DC 5V~24V(正確電壓請查該繼電器的資料手冊(DataSheet)得知)，當圖 14 左端 DC 輸入端之開關未打開時，圖 14 右端的常閉觸點與 AC 電流串接，與燈泡形成一個迴路，由於圖 14 右端的常閉觸點因圖 14 左端 DC 輸入端之開關未打開，電磁線圈未導通，所以圖 14 右端的 AC 電流與燈泡的迴路無法導通電源，所以燈泡不會亮。

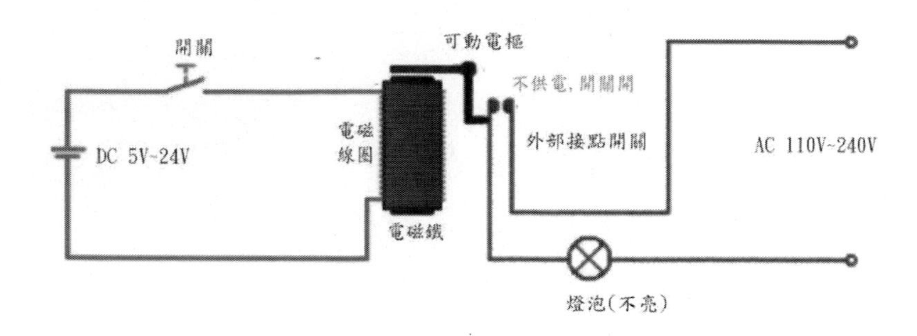

圖 14 繼電器未驅動時燈泡不亮

資料來源：(維基百科-繼電器, 2013)

如圖 15 所示，在繼電器電磁線圈的 DC 輸入端，輸入 DC 5V~24V(正確電壓請查該繼電器的資料手冊(DataSheet)得知)，當圖 15 左端 DC 輸入端之開關打開時，圖 15 右端的常閉觸點與 AC 電流串接，與燈泡形成一個迴路，由於圖 15 右端的常閉觸點因圖 15 左端 DC 輸入端之開關已打開，電磁線圈導通產生磁力，吸引可動電樞，使圖 15 右端的 AC 電流與燈泡的迴路導通，所以燈泡因有 AC 電流流入，所以燈泡就亮起來了。

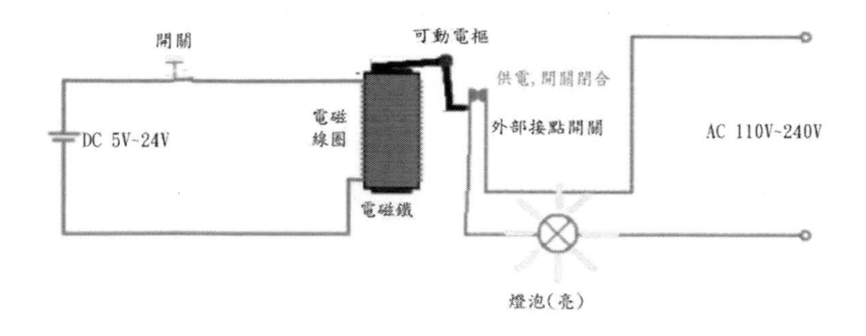

圖 15 繼電器驅動時燈泡亮

資料來源：(維基百科-繼電器, 2013)

由圖 14 與圖 15 所示，輔以上述文字，我們就可以了解到如何設計一個繼電器驅動電路，來當為外界電器設備的控制開關了。

繼電器模組

為了不需要再行焊接與重組電路，本書於網路購買繼電器模組，如圖 16 所示，有的模組內含一顆繼電器，或許兩顆繼電器、四顆繼電器或八顆繼電器等等，越多顆所佔用到的 IO 點就越多，但是不管是那一種繼電器模組，其應用思維都一樣，一個 IO 點控制一組繼電器開關的通電與否。

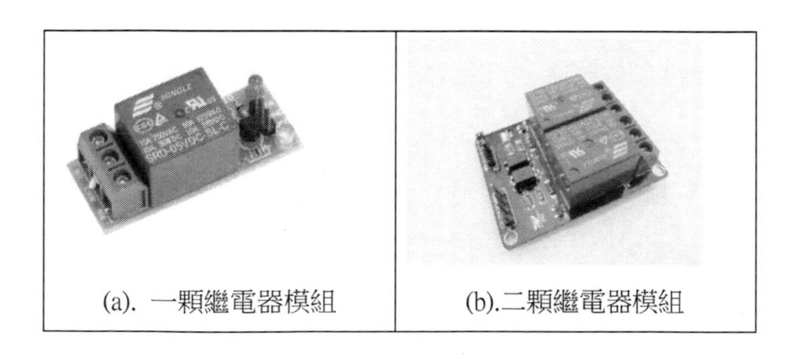

(a). 一顆繼電器模組　　(b).二顆繼電器模組

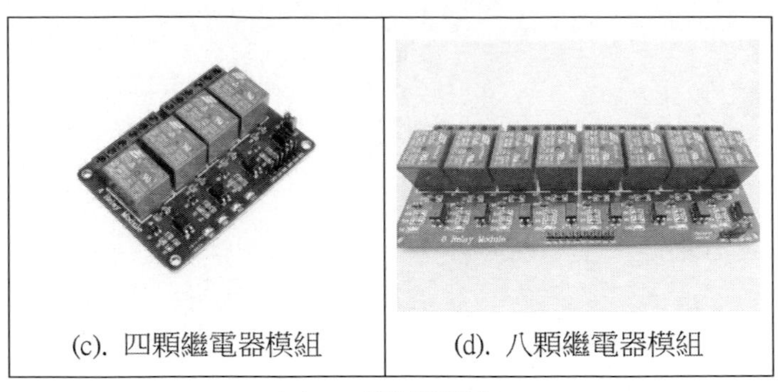

(c). 四顆繼電器模組　　(d). 八顆繼電器模組

圖 16 繼電器模組

本書使用如圖 16(a)所示，一顆繼電器模組，首先，請讀者依照表 4 進行一顆繼電器模組電路組立，再進行程式攥寫的動作。

表 4 一顆繼電器模組接腳表

	模組接腳	Arduino 開發板接腳	解說
一顆繼電器模組	Vcc	Arduino +5V	繼電器模組
	GND	Arduino GND(共地接點)	
	IN	Arduino Pin 31	
	NO(常開)	未觸發繼電器時通電	
	NC(常關)	觸發繼電器時通電	
	COM(共用)	通電共用接點	

完成 Arduino 開發板與一顆繼電器模組連接之後，將下列表 5 之一顆繼電器模組測試程式一鍵入 Arduino Sketch 之中，完成編譯後，上載到 Arduino 開發板進行測試，可以見到每隔兩秒鐘，繼電器會接合接合的運作，將一顆繼電器模組的 COM 接點與 NC 接點接至外部電燈或馬達，則每隔兩秒鐘外部電燈會亮燈、關燈或馬達會啟動、停止，如此就完成外部電力開關的控制。

表 5 一顆繼電器模組測試程式一

一顆繼電器模組測試程式一(relaytesy01)

``
#define relaypin1 32
 	
void setup()
{
  pinMode(relaypin1,OUTPUT) ;
 	
  Serial.begin(9600);
  Serial.println("program start here....");
}
void loop()
{
digitalWrite(relaypin1,HIGH);
  Serial.println("Now Switch Relay 1 On");
 delay(2000);
digitalWrite(relaypin1,LOW);
  Serial.println("Now Switch Relay 1 Off");
 delay(2000);
 	
}
``

章節小結

本書內容需要控制外部高電壓或高電流的裝置，且這樣的裝置只需要開啟與閉合的動作，有時後該裝置或開關主要掌控 110 伏特的交流電(AC 110V)或 220 伏特的交流電(AC 220V)，這樣的高電壓與高電流決非 Arduino 開發版可以直接聯接或供應電壓與電流，而該電子電路更是無法承受如此大的電壓與電流的，所以本書介紹『繼電器』，進而了解繼電器的原理，使用原理與基本電路，方能繼續往下實作，繼續進行我們的實驗。

CHAPTER

LCD 1602

由於許多電子線路必須將內部的狀態資訊顯示到可見的裝置，供使用者讀取資訊，方能夠繼續使用，所以我們必須提供一個可以顯示電子線路內在資訊的顯示介面，通常我們使用一個獨立的顯示螢幕，使我們的設計更加完整。

LCD 1602

為了達到這個目的，先行介紹 Arduino 開發板常用 LCD 1602 ，常見的 LCD 1602 是和日立的 HD44780[7] 相容的 2x16 LCD ，可以顯示兩行資訊，每行 16 個字元，它可以顯示英文字母、希臘字母、標點符號以及數學符號。

除了顯示資訊外，它還有其它功能，包括資訊捲動(往左和往右捲動)、顯示游標和 LED 背光的功能，但是有一些廠商為了降低售價，取消其 LED 背光的功能。

如圖 17 所示，大部分的 LCD 1602 都配備有背光裝置，所以大部份具有 16 個腳位，可以參考表 6，可以更深入了解其接腳功能與定義：

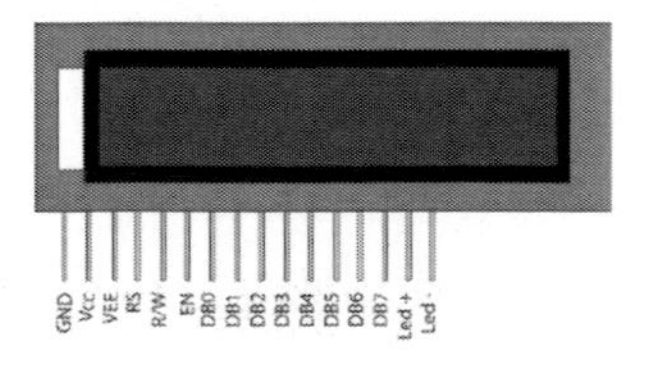

圖 17 LCD1602 接腳

[7] **Hitachi HD44780 LCD controller** is one of the most common dot matrix liquid crystal display (LCD) display controllers available. Hitachi developed the microcontroller specifically to drive alphanumeric LCD display with a simple interface that could be connected to a general purpose microcontroller or microprocessor

表 6 LCD1602 接腳說明表

接腳	接腳說明	接腳名稱
1	Ground (0V)	接地 (0V)
2	Supply voltage; 5V (4.7V – 5.3V)	電源 (+5V)
3	Contrast adjustment; through a variable resistor	螢幕對比(0-5V), 可接一顆 1k 電阻到地線，或使用可變電阻調整適當的對比(請參考分壓線路) *****此腳位需用分壓線路,請參考圖 18**
4	Selects command register when low; and data register when high	Register Select: 1: D0 – D7 當作資料解釋 0: D0 – D7 當作指令解釋
5	Low to write to the register; High to read from the register	Read/Write mode: 1: 從 LCD 讀取資料 0: 寫資料到 LCD 因為很少從 LCD 這端讀取資料，可將此腳位接地以節省 I/O 腳位。 *****若不使用此腳位，請接地**
6	Sends data to data pins when a high to low pulse is given	Enable
7	8-bit data pins	Bit 0 LSB
8		Bit 1
9		Bit 2
10		Bit 3
11		Bit 4
12		Bit 5
13		Bit 6
14		Bit 7 MSB
15	Backlight V_{CC} (5V)	背光(串接 330 R 電阻到電源)
16	Backlight Ground (0V)	背光(GND)

資料來源：(Guangzhou_Tinsharp_Industrial_Corp._Ltd., 2013)

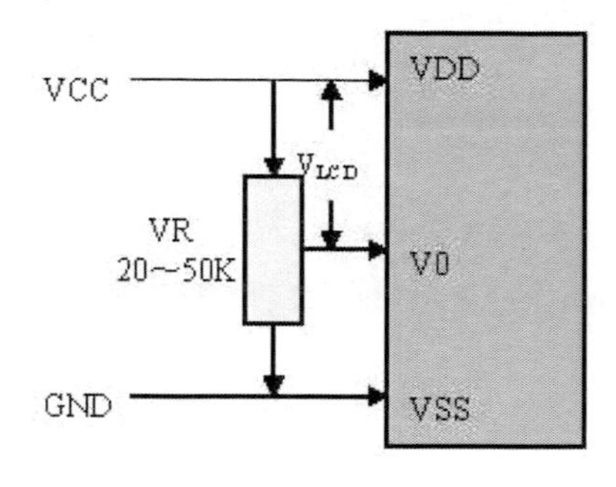

圖 18 LCD1602 對比線路(分壓線路)

若讀者要調整 LCD 1602 顯示文字的對比，請參考圖 18 的分壓線路，不可以直接連接+5V 或接地，避免 LCD 1602 或 Arduino 開發板燒毀。

為了讓實驗更順暢進行，先行介紹 LCD1602 (Guangzhou_Tinsharp_Industrial_Corp._Ltd., 2013) ，我們參考圖 19 所示，如何將 LCD 1602 與 Arduino 開發板連接起來，並可以參考圖 20 之接線圖，將 LCD 1602 與 Arduino 開發板進行實體線路連接，參考附錄中，LCD 1602 函式庫 單元，可以見到 LCD 1602 常用的函式庫(LiquidCrystal Library,參考網址：http://arduino.cc/en/Reference/LiquidCrystal)，若讀者希望對 LCD 1602 有更深入的了解，可以參考附錄中 LCD 1602 原廠資料(Guangzhou_Tinsharp_Industrial_Corp._Ltd., 2013)，相信會有更詳細的資料介紹。

LCD 1602 有 4-bit 和 8-bit 兩種使用模式，使用 4-bit 模式主要的好處是節省 I/O 腳位，通訊的時候只會用到 4 個高位元 (D4-D7)，D0-D3 這四支腳位可以不用接。每個送到 LCD 1602 的資料會被分成兩次傳送 – 先送 4 個高位元資料，然後才送 4 個低位元資料。

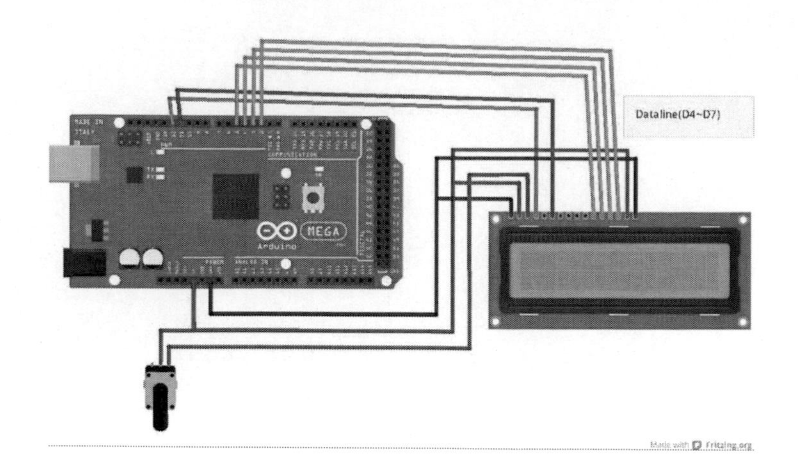

圖 19 LCD 1602 接線示意圖

使用工具 by Fritzing (Interaction_Design_Lab, 2013)

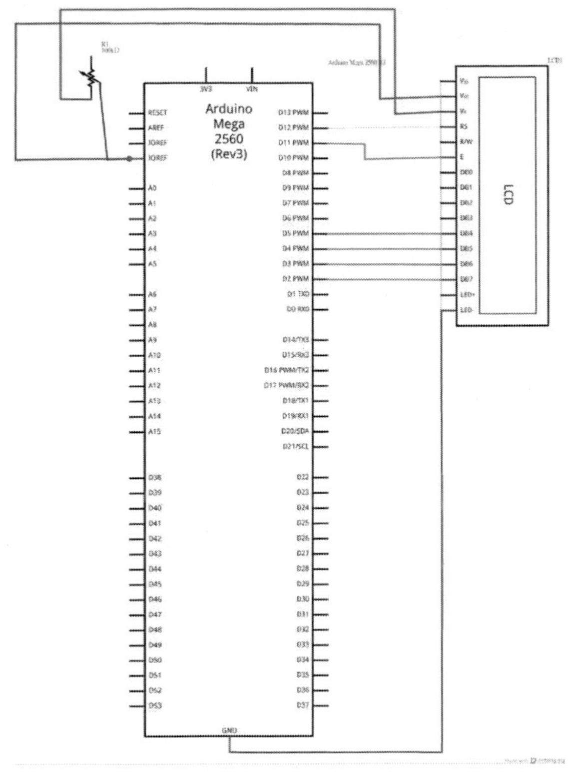

圖 20 LCD 1602 接線圖

使用工具 by Fritzing (Interaction_Design_Lab, 2013)

我們參考 Arduino 官方網站 http://arduino.cc/en/Reference/LiquidCrystal ，其連接 LCD 1602 範例程式，可以了解 Arduino 如何驅動 LCD 1602 顯示器：

表 7 LCD 1602 接腳範例圖

接腳	接腳說明	接腳名稱
1	Ground (0V)	接地 (0V)
2	Supply voltage; 5V (4.7V - 5.3V)	電源 (+5V)
3	Contrast adjustment; through a variable resistor	螢幕對比(0-5V), 可接一顆 1k 電阻，或使用可變電阻調整適當的對比**(請參考圖 18 分壓線路)**

接腳	接腳說明	接腳名稱
4	Selects command register when low; and data register when high	Arduino digital output pin 5
5	Low to write to the register; High to read from the register	Arduino digital output pin 6
6	Sends data to data pins when a high to low pulse is given	Arduino digital output pin 7
7	Data D0	Arduino digital output pin 30
8	Data D1	Arduino digital output pin 32
9	Data D2	Arduino digital output pin 34
10	Data D3	Arduino digital output pin 36
11	Data D4	Arduino digital output pin 38
12	Data D5	Arduino digital output pin 40
13	Data D6	Arduino digital output pin 42
14	Data D7	Arduino digital output pin 44
15	Backlight V_{cc} (5V)	背光(串接 330 R 電阻到電源)
16	Backlight Ground (0V)	背光(GND)

表 8 LiquidCrystal LCD 1602 測試程式

LiquidCrystal LCD 1602 測試程式(lcd1602_hello)

```
/*
LiquidCrystal Library - Hello World

Use a 16x2 LCD display The LiquidCrystal
library works with all LCD displays that are compatible with the
Hitachi HD44780 driver.
This sketch prints "Hello World!" to the LCD
and shows the time.
*/
// include the library code:
#include <LiquidCrystal.h>
// initialize the library with the numbers of the interface pins
LiquidCrystal lcd(5,6,7,38,40,42,44);      //ok
void setup() {
// set up the LCD's number of columns and rows:
lcd.begin(16, 2);
```

```
// Print a message to the LCD.
lcd.print("hello, world!");
}
void loop() {
lcd.setCursor(0, 1);
lcd.print(millis()/1000);    }
```

表 9 LiquidCrystal LCD 1602 測試程式二

LiquidCrystal LCD 1602 測試程式(lcd1602_mills)

```
#include <LiquidCrystal.h>

/* LiquidCrystal display with:

  LiquidCrystal(rs, enable, d4, d5, d6, d7)
  LiquidCrystal(rs, rw, enable, d4, d5, d6, d7)
  LiquidCrystal(rs, enable, d0, d1, d2, d3, d4, d5, d6, d7)
  LiquidCrystal(rs, rw, enable, d0, d1, d2, d3, d4, d5, d6, d7)
  R/W Pin Read = LOW / Write = HIGH     // if No pin connect RW , please leave
R/W Pin for Low State

  Parameters
  */
LiquidCrystal lcd(5,6,7,38,40,42,44);     //ok

void setup()
{
  Serial.begin(9600);
  Serial.println("start LCM 1604");
  //  pinMode(11,OUTPUT);
  //  digitalWrite(11,LOW);
  lcd.begin(16, 2);
  // 設定 LCD 的行列數目 (16 x 2)  16  行 2  列
  lcd.setCursor(0,0);
  // 列印 "Hello World" 訊息到 LCD 上
  lcd.print("hello, world!");
  Serial.println("hello, world!");
```

```
}

void loop()
{
  // 將游標設到   第一行,   第二列
  // (注意:   第二列第五行，因為是從 0 開始數起):
  lcd.setCursor(5, 2);
  // 列印 Arduino 重開之後經過的秒數
  lcd.print(millis()/1000);
  Serial.println(millis()/1000);
  delay(200);
}
```

LCD 1602 函數用法

為了更能了解 LCD 1602 的用法，本節詳細介紹了 LiquidCrystal 函式主要的用法：

LiquidCrystal(rs, enable, d0, d1, d2, d3, d4, d5, d6, d7)

1. 指令格式 LiquidCrystal lcd 物件名稱(使用參數)
2. 使用參數個格式如下：

   LiquidCrystal(rs, enable, d4, d5, d6, d7)

   LiquidCrystal(rs, enable, d0, d1, d2, d3,d4, d5, d6, d7)

   LiquidCrystal(rs, rw, enable, d4, d5, d6, d7)

   LiquidCrystal(rs, rw, enable, d0, d1, d2, d3, d4, d5, d6, d7)

LiquidCrystal.begin(16, 2)

1. 規劃 lcd 畫面大小(行寬，列寬)
2. 指令範例：

LiquidCrystal.begin(16, 2)

解釋：將目前 lcd 畫面大小，設成二列 16 行

LiquidCrystal.setCursor(0, 1)

1. LiquidCrystal.setCursor(行位置,列位置)，行位置從0開始,列位置從0開始(Arduino 第一都是從零開始)

2. 指令範例：

LiquidCrystal.setCursor(0, 1)

解釋：將目前游標跳到第一列第一行，為兩列，每列有 16 個字元(Arduino 第一都是從零開始)

LiquidCrystal.print()

1. LiquidCrystal.print (資料)，資料可以為 char, byte, int, long, or string

2. 指令範例：

lcd.print("hello, world!");

解釋：將目前游標位置印出『hello, world!』

LiquidCrystal.autoscroll()

1. 將目前 lcd 列印資料形態，設成可以捲軸螢幕

2. 指令範例：

lcd.autoscroll();

解釋：如使用 lcd.print(thisChar); ，會將字元輸出到目前行列的位置，每輸出一個字元，行位置則加一，到第 16 字元時，若仍繼續輸出，則原有的列內的資料自動依 LiquidCrystal - Text Direction 的設定進行捲動，讓 print() 的命令繼續印出下個字元

LiquidCrystal.noAutoscroll()

1. 將目前 lcd 列印資料形態，設成不可以捲軸螢幕

2. 指令範例：

lcd.noAutoscroll();

解釋：如使用 lcd.print(thisChar); ，會將字元輸出到目前行列的位置，每輸出一個字元，行位置則加一，到第 16 字元時，若仍繼續輸出，讓 print()的因繼續印出下個字元到下一個位置，但位置已經超越 16 行，所以輸出字元看不見。

LiquidCrystal.blink()

1. 將目前 lcd 游標設成閃爍
2. 指令範例：

lcd.blink();

解釋：將目前 lcd 游標設成閃爍

LiquidCrystal.noBlink()

1. 將目前 lcd 游標設成不閃爍
2. 指令範例：

lcd.noBlink ();

解釋：將目前 lcd 游標設成不閃爍

LiquidCrystal.cursor()

1. 將目前 lcd 游標設成底線狀態
2. 指令範例：

lcd.cursor();

解釋：將目前 lcd 游標設成底線狀態

LiquidCrystal.clear()

1. 將目前 lcd 畫面清除，並將游標位置回到左上角
2. 指令範例：

lcd.clear();

解釋：將目前 lcd 畫面清除，並將游標位置回到左上角

LiquidCrystal.home()

1. 將目前 lcd 游標位置回到左上角

2. 指令範例：

   lcd.home();

   解釋：將目前 lcd 游標位置回到左上角

章節小結

本章節介紹 LCD 1602 顯示器，主要是讓讀者了解 Arduino 開發板如何顯示資訊到外界的顯示裝置，透過以上章節的內容，一定可以一步一步的將資訊顯示給予實作出來。

CHAPTER

LCD 2004 螢幕

由於許多電子線路必須將內部的狀態資訊顯示到可見的裝置，供使用者讀取資訊，方能夠繼續使用，所以我們必須提供一個可以顯示電子線路內在資訊的顯示介面，通常我們使用一個獨立的顯示螢幕，使我們的設計更加完整。

LCD 2004

為了達到這個目的，先行介紹 Arduino 開發板常用 LCD 2004 ，常見的 LCD 2004 是 SPLC780D 驅動 IC，類似 LCD 1602 驅動 IC HD44780(可參考 LCD 1602 一章) ，可以顯示四行資訊，每行 20 個字元，它可以顯示英文字母、希臘字母、標點符號以及數學符號。

除了顯示資訊外，它還有其它功能，包括資訊捲動(往左和往右捲動)、顯示游標和 LED 背光的功能，但是有一些廠商為了降低售價，取消其 LED 背光的功能。

如圖 21 所示，大部分的 LCD 2004 都配備有背光裝置，所以大部份具有 16 個腳位，因為其需要占住 RS/Enable 兩個控制腳位與 D0~D7 八個資料腳位或 D4~D7 四個資料腳位，所以有許多廠商開發出 I2C 的版本，可參考圖 22 所示，可以省下至少四個以上的腳位。對於接腳資料，可以參考表 10，LCD 2004 的腳位與 LCD 1602 腳位相容，讀者可以更深入了解其接腳功能與定義：

圖 21 LCD 2004 外觀圖

圖 22 LCD 2004 I2C 版本

表 10 LCD 2004 接腳說明表

接腳	接腳說明	接腳名稱
1	Ground (0V)	接地 (0V)
2	Supply voltage; 5V (4.7V – 5.3V)	電源 (+5V)
3	Contrast adjustment; through a variable resistor	螢幕對比(0-5V), 可接一顆 1k 電阻，或使用可變電阻調整適當的對比(請參考分壓線路) *****此腳位需用分壓線路,請參考圖 23**
4	Selects command register when low; and data register when high	Register Select: 1: D0 – D7 當作資料解釋 0: D0 – D7 當作指令解釋
5	Low to write to the register; High to read from the register	Read/Write mode: 1: 從 LCD 讀取資料 0: 寫資料到 LCD 因為很少從 LCD 這端讀取資料，可將此腳位接地以節省 I/O 腳位。 *****若不使用此腳位，請接地**
6	Sends data to data pins when a high to low pulse is given	Enable
7	8-bit data pins	Bit 0 LSB
8		Bit 1
9		Bit 2

接腳	接腳說明	接腳名稱
10		Bit 3
11		Bit 4
12		Bit 5
13		Bit 6
14		Bit 7 MSB
15	Backlight V_{cc} (5V)	背光(串接 330 R 電阻到電源)
16	Backlight Ground (0V)	背光(GND)

資料來源：SHENZHEN EONE ELECTRONICS CO.,LTD，下載位址：ftp://imall.iteadstudio.com/IM120424018_EONE_2004_Characters_LCD/SPE_IM120424018_EONE_2004_Characters_LCD.pdf

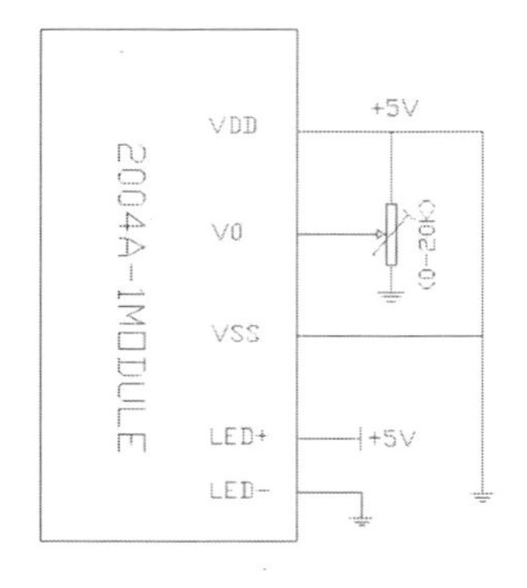

圖 23 LCD2004 對比線路(分壓線路)

若讀者要調 LCD 2004 顯示文字的對比，請參考圖 23 的分壓線路，不可以直接連接+5V 或接地，避免 LCD 2004 或 Arduino 開發板損壞。

為了讓實驗更順暢進行，先行介紹 LCD 2004，我們參考圖 19 所示，如何將 LCD 2004 與 Arduino 開發板連接起來(與 LCD 1602 相同接法)，並可以參考圖 20 之接線圖(與 LCD 1602 相同接法)，將 LCD 2004 與 Arduino 開發板進行實體線路連接，參考附錄中，LCD 1602 函式庫 單元(LCD 2004 函式庫與函式庫共用)，可以見到 LCD 2004(相容於 LCD 1602)常用的函式庫(LiquidCrystal Library,參考網址：http://arduino.cc/en/Reference/LiquidCrystal)，若讀者希望對 LCD 2004 有更深入的了解，可以參考附錄中 LCD 2004 原廠資料(SHENZHEN EONE ELECTRONICS CO.,LTD，下載位址：ftp://imall.iteadstudio.com/IM120424018_EONE_2004_Characters_LCD/SPE_IM120424018_EONE_2004_Characters_LCD.pdf)，相信會有更詳細的資料介紹。

LCD 2004 有 4-bit 和 8-bit 兩種使用模式，使用 4-bit 模式主要的好處是節省 I/O 腳位，通訊的時候只會用到 4 個高位元 (D4-D7)，D0-D3 這四支腳位可以不用接。每個送到 LCD 2004 的資料會被分成兩次傳送 – 先送 4 個高位元資料，然後才送 4 個低位元資料。

我們參考 Arduino 官方網站 http://arduino.cc/en/Reference/LiquidCrystal ，其連接 LCD 1602 範例程式，可以見到 Arduino 如何驅動 LCD 2004 顯示器：

表 11 LCD LCD 2004 範例棲腳圖

接腳	接腳說明	接腳名稱
1	Ground (0V)	接地 (0V)
2	Supply voltage; 5V (4.7V – 5.3V)	電源 (+5V)
3	Contrast adjustment; through a variable resistor	螢幕對比(0-5V), 可接一顆 1k 電阻，或使用可變電阻調整適當的對比(請參考圖 23 分壓線路)
4	Selects command register when low; and data register when high	Arduino digital output pin 5
5	Low to write to the register; High to read from the register	Arduino digital output pin 6
6	Sends data to data pins when a high to low pulse is given	Arduino digital output pin 7

接腳	接腳說明	接腳名稱
7	Data D0	Arduino digital output pin 30
8	Data D1	Arduino digital output pin 32
9	Data D2	Arduino digital output pin 34
10	Data D3	Arduino digital output pin 36
11	Data D4	Arduino digital output pin 38
12	Data D5	Arduino digital output pin 40
13	Data D6	Arduino digital output pin 42
14	Data D7	Arduino digital output pin 44
15	Backlight V_{cc} (5V)	背光(串接 330 R 電阻到電源)
16	Backlight Ground (0V)	背光(GND)

表 12 LiquidCrystal LCD 2004 測試程式

LiquidCrystal LCD 2004 測試程式(lcd2004_hello)

```
#include <LiquidCrystal.h>

/* LiquidCrystal display with:

LiquidCrystal(rs, enable, d4, d5, d6, d7)
LiquidCrystal(rs, rw, enable, d4, d5, d6, d7)
LiquidCrystal(rs, enable, d0, d1, d2, d3, d4, d5, d6, d7)
LiquidCrystal(rs, rw, enable, d0, d1, d2, d3, d4, d5, d6, d7)
R/W Pin Read = LOW / Write = HIGH      // if No pin connect RW , please leave R/W
Pin for Low State

Parameters
*/

LiquidCrystal lcd(5,6,7,38,40,42,44);     //ok

void setup()
{
  Serial.begin(9600);
  Serial.println("start LCM2004");
```

```
//   pinMode(11,OUTPUT);
//   digitalWrite(11,LOW);
lcd.begin(20, 4);
// 設定 LCD 的行列數目 (4 x 20)
 lcd.setCursor(0,0);
  // 列印 "Hello World" 訊息到 LCD 上
lcd.print("hello, world!");
  Serial.println("hello, world!");
}

void loop()
{
// 將游標設到 column 0, line 1
// (注意: line 1 是第二行(row)，因為是從 0 開始數起):
lcd.setCursor(0, 1);
// 列印 Arduino 重開之後經過的秒數
lcd.print(millis()/1000);
 Serial.println(millis()/1000);
delay(200);
}
```

表 13　LiquidCrystal LCD 2004 測試程式二

LiquidCrystal LCD 2004 測試程式(lcd2004_mills)

```
#include <LiquidCrystal.h>

/* LiquidCrystal display with:

 LiquidCrystal(rs, enable, d4, d5, d6, d7)
 LiquidCrystal(rs, rw, enable, d4, d5, d6, d7)
 LiquidCrystal(rs, enable, d0, d1, d2, d3, d4, d5, d6, d7)
 LiquidCrystal(rs, rw, enable, d0, d1, d2, d3, d4, d5, d6, d7)
 R/W Pin Read = LOW / Write = HIGH     // if No pin connect RW , please leave R/W
Pin for Low State


 Parameters
 */
LiquidCrystal lcd(5,6,7,38,40,42,44);    //ok
```

```
//
void setup()
{
  Serial.begin(9600);
  Serial.println("start LCM2004");
  //   pinMode(11,OUTPUT);
  //   digitalWrite(11,LOW);
  lcd.begin(20, 4);
  // 設定 LCD 的行列數目 (16 x 2)  16  行 2  列
  lcd.setCursor(0,0);
  // 列印 "Hello World" 訊息到 LCD 上
  lcd.print("hello, world!");
  Serial.println("hello, world!");
}

void loop()
{
  // 將游標設到     第一行,     第二列
  // (注意:     第二列第五行，因為是從 0 開始數起):
  lcd.setCursor(5, 2);
  // 列印 Arduino 重開之後經過的秒數
  lcd.print(millis()/1000);
  Serial.println(millis()/1000);
  delay(200);
}
```

LCD 2004 函數用法

為了更能了解 LCD 2004 的用法，本節詳細介紹了 LiquidCrystal 函式主要的用法：

LiquidCrystal(rs, enable, d0, d1, d2, d3, d4, d5, d6, d7)

1. 指令格式 LiquidCrystal lcd 物件名稱(使用參數)

2. 使用參數個格式如下：

LiquidCrystal(rs, enable, d4, d5, d6, d7)

LiquidCrystal(rs, enable, d0, d1, d2, d3,d4, d5, d6, d7)

LiquidCrystal(rs, rw, enable, d4, d5, d6, d7)

LiquidCrystal(rs, rw, enable, d0, d1, d2, d3, d4, d5, d6, d7)

LiquidCrystal.begin(20, 4)

1. 規劃 lcd 畫面大小(行寬，列寬)
2. 指令範例：

LiquidCrystal.begin(20, 4)

解釋：將目前 lcd 畫面大小，設成四列 20 行

LiquidCrystal.setCursor(0, 0)

1. LiquidCrystal.setCursor(行位置,列位置)，行位置從 0 開始,列位置從 0 開始(Arduino 第一都是從零開始)
2. 指令範例：

   LiquidCrystal.setCursor(0, 1)

   解釋：將目前游標跳到第一列第一行，為四列，每列有 20 個字元(Arduino 第一都是從零開始)

LiquidCrystal.print()

1. LiquidCrystal.print (資料)，資料可以為 char, byte, int, long, or string
2. 指令範例：

   lcd.print("hello, world!");

   解釋：將目前游標位置印出『hello, world!』

LiquidCrystal.autoscroll()

1. 將目前 lcd 列印資料形態，設成可以捲軸螢幕
2. 指令範例：

   lcd.autoscroll();

   解釋：如使用 lcd.print(thisChar); ，會將字元輸出到目前行列的位置，每輸出一個字元，行位置則加一，到第 20 字元時，若仍繼續輸出，則原有的列內的資料自動依 LiquidCrystal - Text Direction 的設定進行捲動，讓 print() 的命令繼續印出下個字元

LiquidCrystal.noAutoscroll()

1. 將目前 lcd 列印資料形態，設成不可以捲軸螢幕
2. 指令範例：

lcd.noAutoscroll();

解釋：如使用 lcd.print(thisChar); ，會將字元輸出到目前行列的位置，每輸出一個字元，行位置則加一，到第 20 字元時，若仍繼續輸出，讓 print()的因繼續印出下個字元到下一個位置，但位置已經超越 20 行，所以輸出字元看不見。

LiquidCrystal.blink()

1. 將目前 lcd 游標設成閃爍
2. 指令範例：

   lcd.blink();

   解釋：將目前 lcd 游標設成閃爍

LiquidCrystal.noBlink()

1. 將目前 lcd 游標設成不閃爍
2. 指令範例：

   lcd.noBlink ();

   解釋：將目前 lcd 游標設成不閃爍

LiquidCrystal.cursor()

1. 將目前 lcd 游標設成底線狀態
2. 指令範例：

   lcd.cursor();

   解釋：將目前 lcd 游標設成底線狀態

LiquidCrystal.clear()

1. 將目前 lcd 畫面清除，並將游標位置回到左上角
2. 指令範例：

   lcd.clear();

   解釋：將目前 lcd 畫面清除，並將游標位置回到左上角

LiquidCrystal.home()

1. 將目前 lcd 游標位置回到左上角
2. 指令範例：

   lcd.home();

   解釋：將目前 lcd 游標位置回到左上角

章節小結

本章節介紹 LCD 2004 顯示器，主要是讓讀者了解 Arduino 開發板如何顯示資訊到外界的顯示裝置，透過以上章節的內容，一定可以一步一步的將資訊顯示功能，與以實作出來。

CHAPTER

Arduino 時鐘功能

RTC I2C 時鐘模組

本實驗為了設計時間功能，並且為了斷電時依然可以保留時間，因為 Arduino 開發板並沒有內置時鐘(Internal Clock)的功能，所以引入了外部的時間模組。本實驗引入了 Arduino Tiny RTC I2C 時鐘模組，圖 24，可以見到 Tiny RTC I2C 時鐘模組的外觀圖，本模組採用 DS1307 晶片，為了驅動它，請參考附錄中 DS1307 函式庫(Jeelab, 2013)，並在下列 Tiny RTC I2C 時鐘模組測試程式(DS1307_test1)，讀出時間資料並且列印到 Arduino 開發板之監控通訊埠。

圖 24 Tiny RTC I2C 時鐘模組

在寫時鐘程式之前，我們可以參考圖 25 之時鐘模組之電路連接圖，先將電路連接完善後，方能進行下列 Tiny RTC I2C 時鐘模組測試程式的攥寫與測試。

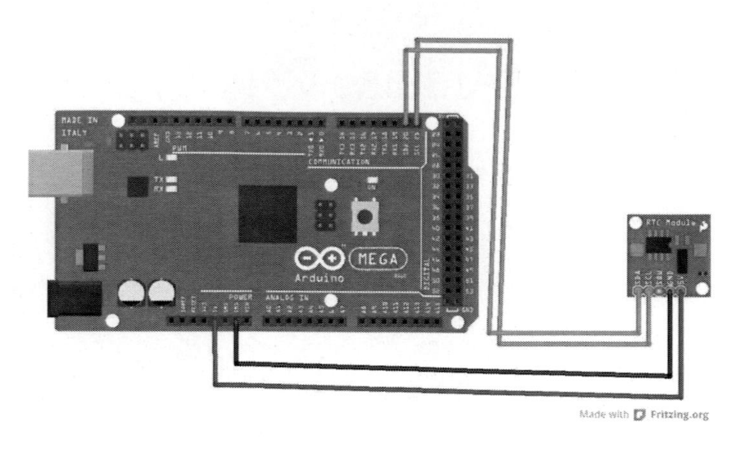

圖 25 時鐘模組電路連接方式

在完成圖 25 之時鐘模組之電路連接之後，我們進行表 14 之 RTC 1307 時鐘模組測試程式一，進行時鐘模組測試程式的攥寫與測試，可以得到如圖 26 之執行畫面，我們可以得到目前日期與時間的資料。

表 14 RTC 1307 時鐘模組測試程式一

RTC DS1307 時鐘模組測試程式一 (SetTime)

```
#include <DS1307RTC.h>
#include <Time.h>
#include <Wire.h>

const char *monthName[12] = {
  "Jan", "Feb", "Mar", "Apr", "May", "Jun",
  "Jul", "Aug", "Sep", "Oct", "Nov", "Dec"
};

tmElements_t tm;

void setup() {
  bool parse=false;
  bool config=false;

  // get the date and time the compiler was run
```

RTC DS1307 時鐘模組測試程式一 (SetTime)

```
  if (getDate(__DATE__) && getTime(__TIME__)) {
    parse = true;
    // and configure the RTC with this info
    if (RTC.write(tm)) {
      config = true;
    }
  }

  Serial.begin(9600);
  while (!Serial) ; // wait for Arduino Serial Monitor
  delay(200);
  if (parse && config) {
    Serial.print("DS1307 configured Time=");
    Serial.print(__TIME__);
    Serial.print(", Date=");
    Serial.println(__DATE__);
  } else if (parse) {
    Serial.println("DS1307 Communication Error :-{");
    Serial.println("Please check your circuitry");
  } else {
    Serial.print("Could not parse info from the compiler, Time=\"");
    Serial.print(__TIME__);
    Serial.print("\", Date=\"");
    Serial.print(__DATE__);
    Serial.println("\"");
  }
}

void loop() {
}

bool getTime(const char *str)
{
  int Hour, Min, Sec;

  if (sscanf(str, "%d:%d:%d", &Hour, &Min, &Sec) != 3) return false;
  tm.Hour = Hour;
```

RTC DS1307 時鐘模組測試程式一 (SetTime)

```
    tm.Minute = Min;
    tm.Second = Sec;
    return true;
}

bool getDate(const char *str)
{
    char Month[12];
    int Day, Year;
    uint8_t monthIndex;

    if (sscanf(str, "%s %d %d", Month, &Day, &Year) != 3) return false;
    for (monthIndex = 0; monthIndex < 12; monthIndex++) {
        if (strcmp(Month, monthName[monthIndex]) == 0) break;
    }
    if (monthIndex >= 12) return false;
    tm.Day = Day;
    tm.Month = monthIndex + 1;
    tm.Year = CalendarYrToTm(Year);
    return true;
}
```

由上述程式 Arduino 開發板就可以做到讀取時間，並且透過該時間模組可以達到儲存目前時間並且可以自動達到時鐘的功能(就是 Arduoino 停電休息時，時間仍然會繼續計算且不失誤)，對於工業上的應用，可以說是更加完備，因為企業不營業時，所有設備是關機不用的，但是營業時，所有設備開機時，不需要再次重新設定時間。

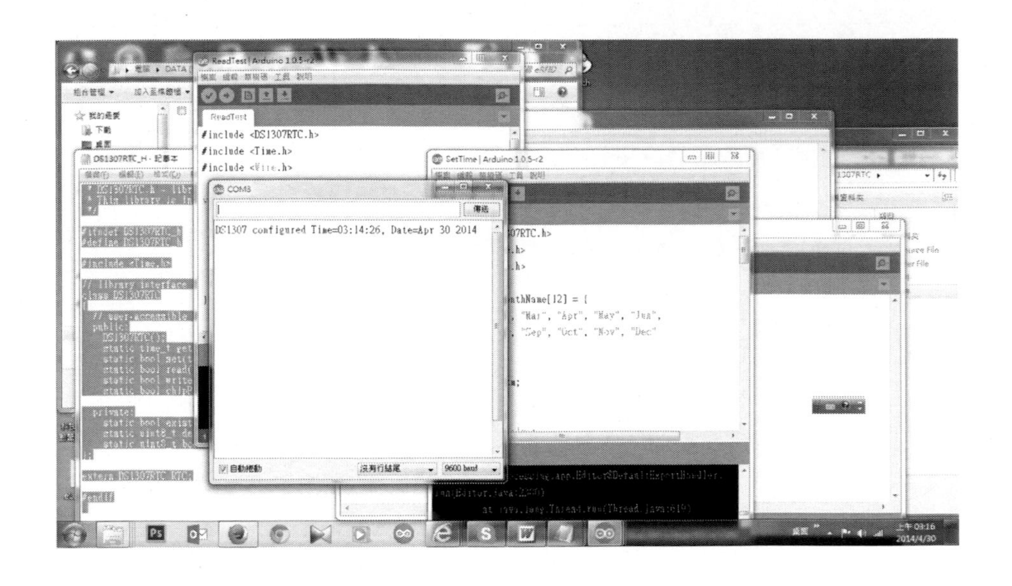

圖 26 RTC DS1307 時鐘模組測試程式一執行畫面

在完成圖 25 之時鐘模組之電路連接之後，我們進行表 15 之 RTC 1307 時鐘模組測試程式二，進行時鐘模組測試程式的攥寫與測試，可以得到如圖 27 之執行畫面，我們可以得到目前日期與時間的資料。

表 15 RTC 1307 時鐘模組測試程式二

RTC DS1307 時鐘模組測試程式二 (ReadTest)

```
#include <DS1307RTC.h>
#include <Time.h>
#include <Wire.h>

void setup() {
  Serial.begin(9600);
  while (!Serial) ; // wait for serial
  delay(200);
  Serial.println("DS1307RTC Read Test");
  Serial.println("-------------------");
}
```

RTC DS1307 時鐘模組測試程式二 (ReadTest)

```
void loop() {
  tmElements_t tm;

  if (RTC.read(tm)) {
    Serial.print("Ok, Time = ");
    print2digits(tm.Hour);
    Serial.write(':');
    print2digits(tm.Minute);
    Serial.write(':');
    print2digits(tm.Second);
    Serial.print(", Date (D/M/Y) = ");
    Serial.print(tm.Day);
    Serial.write('/');
    Serial.print(tm.Month);
    Serial.write('/');
    Serial.print(tmYearToCalendar(tm.Year));
    Serial.println();
  } else {
    if (RTC.chipPresent()) {
      Serial.println("The DS1307 is stopped.  Please run the SetTime");
      Serial.println("example to initialize the time and begin running.");
      Serial.println();
    } else {
      Serial.println("DS1307 read error!  Please check the circuitry.");
      Serial.println();
    }
    delay(9000);
  }
  delay(1000);
}

void print2digits(int number) {
  if (number >= 0 && number < 10) {
    Serial.write('0');
  }
  Serial.print(number);
```

RTC DS1307 時鐘模組測試程式二 (ReadTest)
}

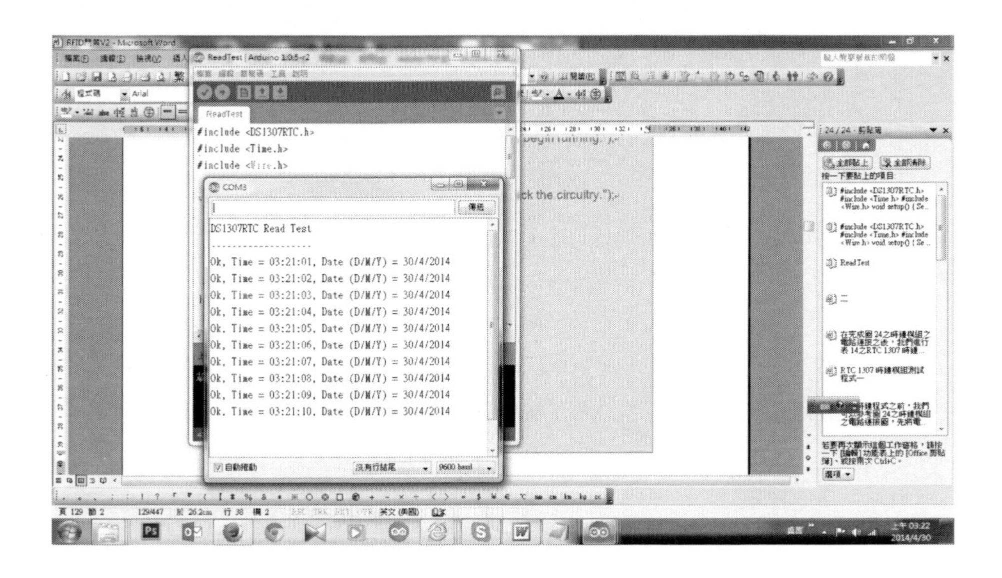

圖 27 RTC DS1307 時鐘模組測試程式二執行畫面

RTC DS1307 函數用法

為了更能了解 RTC DS1307 函數的用法，本節詳細介紹了 RTC DS1307 函數主要的用法：

1. 直接使用 RTC 物件
2. 需先使用 include 指令將下列三個 include 檔含入：
   - #include <DS1307RTC.h>
   - #include <Time.h>
   - #include <Wire.h>

RTC.chipPresent()

1. 檢查 RTC DS1307 模組是否存在與啟動規劃 lcd 畫面大小(行寬，列寬)

- 回傳：True：RTC DS1307 模組存在

  False：RTC DS1307 模組不存在

RTC.get()

回傳目前日期與時間(以 32 bit "time_t" 的資料型態回傳)

RTC.set(t)

設定目前日期與時間(以 32 bit "time_t" 的資料型態設定)

RTC.read(tm)

讀取目前日期與時間(tm 參數以 TimeElements 的資料型態表示)

使用方法：先行宣告資料型態➔tmtmElements_t tm;

RTC.write(tm)

寫入目前日期與時間(tm 參數以 TimeElements 的資料型態表示)

使用方法：先行宣告資料型態➔tmtmElements_t tm;

章節小結

本章節內容主要是解釋如何使用時間模組的功能，所以我們必須了解 RTC I2C 時鐘模組，方能繼續往下實作，繼續進行我們的實驗。

CHAPTER

Arduino EEPROM

電子式可擦拭唯讀記憶體 (Electrically Erasable Programmable Read Only Memory：EEPROM) 是一塊可讀可寫的特殊的記憶體，它跟 RAM(DRAM/SRAM) 不一樣，它的內容是永久保存的，不會因電源消失而不見，比起唯讀記憶體(Read Only Memory：ROM)永久保存的特性，它還增加了可寫入資料的特性，比起可擦拭唯讀記憶體(Erasable Programmable ROM ：EPROM)，它更不需要紫外光的照射方能清除原有資料。

最重要的是它可快速更新資料內容，在電源關閉之後還是保存在 EEPROM 裏，下次電源重開的時候仍然可以把它讀出資料。EEPROM 通常用來保存程式的設定值，或斷電之後不需要重新設定或輸入的資料，如時間、密碼、環境特性、執行狀態、使用者資訊、卡號…等等。

EEPROM 簡介

Arduino 板子上的單晶片都內建了 EEPROM，Arduino 提供了 EEPROM Library 讓讀寫 EEPROM 這件事變得很簡單。Arduino 開發板不同版本的 EEPROM 容量是不一樣的: ATmega328 是 1024 bytes, ATmega168 和 ATmega8 是 512 bytes，而 ATmega1280 和 ATmega2560 是 4KB (4096 bytes)。

除此之外，一般 EEPROM 還是有寫入次數的限制，一般 Arduino 開發板的 EEPROM ，每一個位址大約只能寫入 10 萬次，在使用的時候，最好盡量公平對待 EEPROM 的每一塊位址空間，不要對某塊位址空間不斷的重覆寫入，因為如果你頻繁地使用固定的一塊位址空間，那麼該塊位址空間可能很快就達到 10 萬次的壽命，所以快速、反覆性、高頻率的寫入的程式儘量避免使用 EEPROM。

EEPROM 簡單測試

下列我們將攥寫電子式可擦拭唯讀記憶體(EEPROM) 測試程式，將表 16 之電子式可擦拭唯讀記憶體測試程式寫好之後，透過 Sketch 上傳到 Arduino 開發板上，可以在圖 28 見到資料可以寫入與被讀取。

表 16 電子式可擦拭唯讀記憶體測試程式

電子式可擦拭唯讀記憶體測試程式(EEPROM01)

```
#include <EEPROM.h>

int address = 20;
int val ;

void setup() {
  Serial.begin(9600);

  // 在 address = 20 上寫入數值 120
  EEPROM.write(address, 120);

  // 讀取 address =20 上的內容
  val = EEPROM.read(address);


  Serial.print(val,DEC);  //  十進位為印出 val
  Serial.print("/");
  Serial.print(val,HEX);  //  十六進位為印出 val
  Serial.println("");
}

void loop() {
}
```

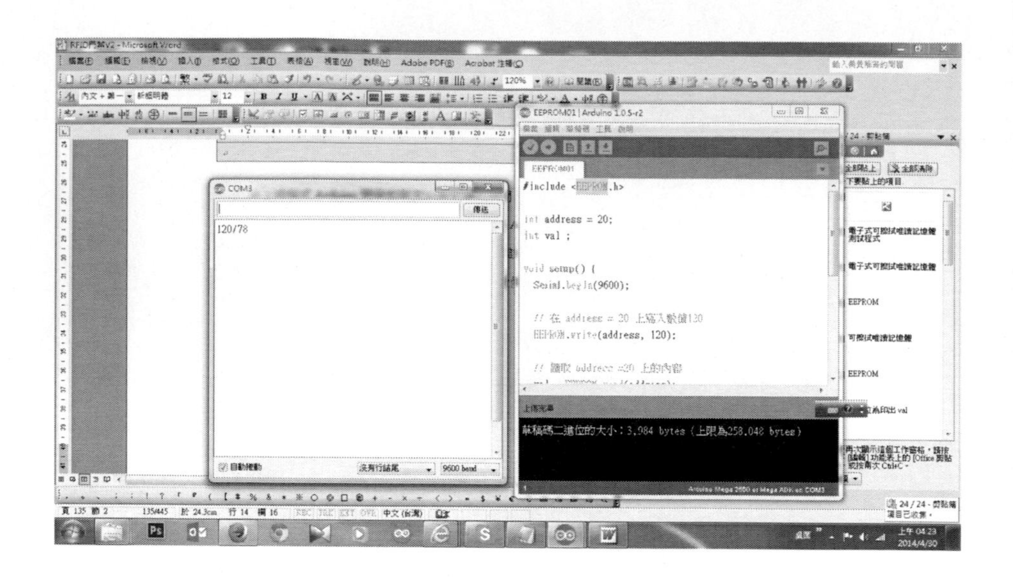

圖 28 電子式可擦拭唯讀記憶體測試程式執行畫面

EEPROM 函數用法

為了更能了解 EEPROM 函數的用法，本節詳細介紹了 EEPROM 函數主要的用法：

1. 直接使用 EEPROM 物件
2. 需先使用 include 指令將下列 include 檔含入：
   - #include < EEPROM.h>

EEPROM.read(address)

讀取位址：address 的資料內容，並以 byte 資料型態回傳(0~255)

EEPROM.write(address , data)

寫入位址：address，data 的內容，data 的內容以 byte 資料型態傳入(0~255)

章節小結

本章節內容主要是解釋如何使用EEPROM的功能，所以我們必須了解EEPROM讀寫方法，方能繼續往下實作，繼續進行我們的實驗。

CHAPTER

矩陣鍵盤

所有的電路設計，內部都有許多的狀態資料，如何將這些狀態資料顯示出來，我們就必須具備一個獨立的顯示螢幕與簡單的輸入按鈕，方能稱為一個完善的設計。

薄膜矩陣鍵盤模組

Arduino 開發板有許多廠家設計製造許多周邊模組商品，見圖 29 為 4*3 薄膜鍵盤模組，彷間許多廠商，為了節省體積，設計製造出如圖 30 所示之薄膜鍵盤，由於許多實驗中，都需要 0~9 的數字鍵與輸入鍵等，使用按鍵數超過十個以上，若使用單純的 Button 按鈕，恐怕會使用超過十幾個 Arduino 開發板的接腳，實在不方便，基於使用上的方便與線路簡化，本實驗採用如圖 30 所示之 4 * 4 薄膜鍵盤模組。

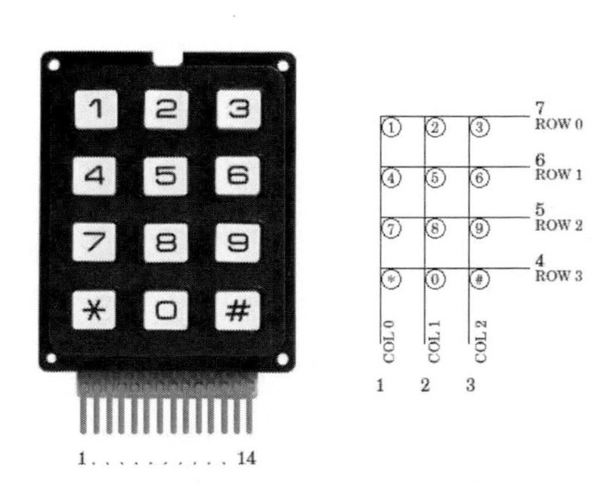

圖 29 16 鍵矩陣鍵盤外觀圖暨線路示意圖

資料來源：Arduino 官網(http://playground.arduino.cc//Main/KeypadTutorial)

為了方便，本實驗採用 4*4 薄膜鍵盤模組，下列所述為該模組之特性：

4*4 薄膜鍵盤模組規格如下：

- 大小: 6.2 x 3.5 x 0.4 inches
- 連結線長度: 3-1/3" or 85mm (include connector)
- 重量: 0.5 ounces
- 連接頭標準: Dupont 8 pins, 0.1" (2.54mm) Pitch
- Mount Style: Self-Adherence
- 最大容忍電壓與電流: 35VDC, 100mA
- Insulation Spec.: 100M Ohm, 100V
- Dielectric Withstand: 250VRms (60Hz, 1min)
- Contact Bounce: <=5ms
- 壽命: 1 million closures
- 工作溫度: -20 to +40 ˚C　工作溫度: from 40,90% to 95%, 240 hours
- 可容許振動範圍: 20G, max. (10 ~~ 200Hz, the Mil-SLD-202 M204.Condition B)

4*4 薄膜鍵盤模組電氣特性如下：

- Circuit Rating: 35V (DC), 100mA, 1W
- 連接電阻值: 10Ω ~ 500Ω (Varies according to the lead lengths and different from those of the material used)
- Insulation resistance: 100MΩ 100V
- Dielectric Strength: 250VRms (50 ~ 60Hz 1min)
- Electric shock jitter: <5ms
- Life span: tactile type: Over one million times

4*4 薄膜鍵盤模組機械特性如下：

- 案件壓力: Touch feeling: 170 ~ 397g (6 ~ 14oz)
- Switch travel: Touch-type: 0.6 ~ 1.5mm

4*4 薄膜鍵盤模組環境使用特性如下：

- 工作溫度: -40 to +80
- 保存溫度: -40 to +80
- Temperature: from 40,90% to 95%, 240 hours
- Vibration: 20G, max. (10 ~~ 200Hz, the Mil-SLD-202 M204.Condition B)

圖 30 4*4 薄膜鍵盤

由表 17 所示，可以見到 4*4 薄膜鍵盤接腳圖，請依據圖 31 之 keypad 鍵盤矩陣圖與圖 32 之 keypad 鍵盤接腳圖進而推導，可以得到表 17 正確的接腳圖。

表 17 4 * 4 鍵矩陣鍵盤接腳表

4 * 4 鍵矩陣鍵盤	Arduino 開發板接腳	解說
Row1	Arduino digital input pin 23	Keypad 列接腳
Row2	Arduino digital input pin 25	
Row3	Arduino digital input pin 27	
Row4	Arduino digital input pin 29	
Col1	Arduino digital input pin 31	Keypad 行接腳
Col2	Arduino digital input pin 33	
Col3	Arduino digital input pin 35	

Col4	Arduino digital input pin 37	
LED	Arduino digital output pin 13	測試用 LED + 5V
5V	Arduino pin 5V	5V 陽極接點
GND	Arduino pin Gnd	共地接點

本章節為了測試 keypad shield 使用情形，使用下列程式進行 4 * 4 鍵薄膜矩陣鍵盤，並依據圖 31 之 keypad 鍵盤矩陣圖與圖 32 之 keypad 鍵盤接腳圖，依據列接點與行接點交點邏輯來進行程式設計並測試按鈕(Buttons)的讀取值的功能，並攥寫如表 18 的 4 * 4 鍵矩陣鍵盤測試程式，編譯完成後上傳 Arduino 開發板，可以見圖 33 為成功的 4 * 4 鍵矩陣鍵盤測試畫面。

	Col 0	Col 1	Col 2	Col 3
Row 0	1	2	3	A
Row 1	4	5	6	B
Row 2	7	8	9	C
Row 3	*	0	#	D

圖 31 keypad 鍵盤矩陣圖

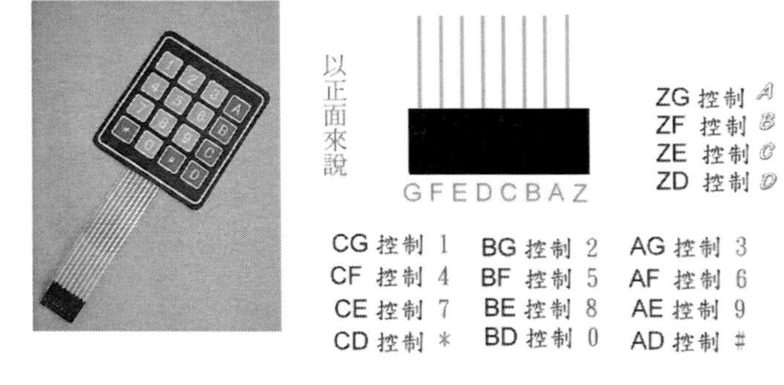

圖 32 keypad 鍵盤接腳圖

表 18 4 * 4 鍵矩陣鍵盤測試程式

4 * 4 鍵矩陣鍵盤測試程式(keypad_4_4)

```
/* @file CustomKeypad.pde
|| @version 1.0
|| @original author Alexander Brevig
|| @originalcontact alexanderbrevig@gmail.com
||   Author Bruce modified from keypad library   examples download from http://play-
ground.arduino.cc/Code/Keypad#Download @ keypad,zip
|| | Demonstrates changing the keypad size and key values.
|| #
*/
#include <Keypad.h>

const byte ROWS = 4; //four rows
const byte COLS = 4; //four columns
//define the cymbols on the buttons of the keypads
char hexaKeys[ROWS][COLS] = {
  {'1','2','3','A'},
  {'4','5','6','B'},
  {'7','8','9','C'},
  {'*','0','#','D'}
};
byte rowPins[ROWS] = {23, 25, 27, 29}; //connect to the row pinouts of the keypad
byte colPins[COLS] = {31, 33, 35, 37}; //connect to the column pinouts of the keypad

//initialize an instance of class NewKeypad
Keypad customKeypad = Keypad( makeKeymap(hexaKeys), rowPins, colPins, ROWS,
COLS);

void setup(){
  Serial.begin(9600);
  Serial.println("program start here");
}

void loop(){
  char customKey = customKeypad.getKey();

  if (customKey){
```

4 * 4 鍵矩陣鍵盤測試程式(keypad_4_4)

```
      Serial.println(customKey);
    }
}
```

資料來源：Arduino 官網(http://playground.arduino.cc//Main/KeypadTutorial)

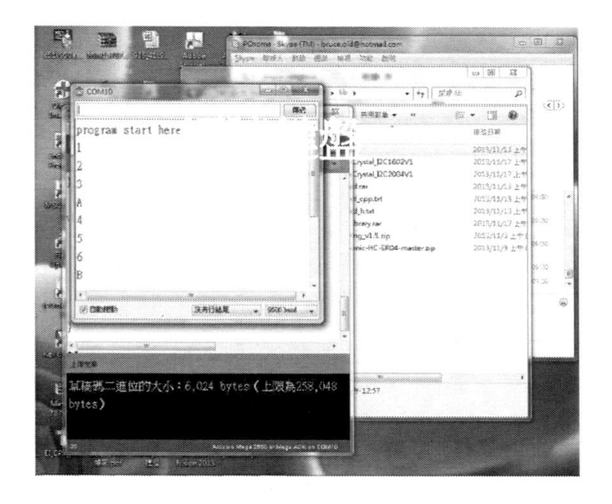

圖 33 4 * 4 鍵矩陣鍵盤測試畫面

矩陣鍵盤函式說明

為了更能了解 4 * 4 鍵矩陣鍵盤的用法，本節詳細介紹了 Keypad 函式主要的用法：

1.產生 keypad 物件方法

語法：

Keypad　keypad 物件 =　Keypad(makeKeymap(hexaKeys), rowPins, colPins, ROWS, COLS);

- 使用 makeKeymap 函數，並傳入二維 4 * 4 的字元陣列(hexaKeys)來產生鍵盤物件
- rowPins= 儲存 連接列接腳的 byte 陣列，幾個列接點，byte 陣列就多少元素
- colPins = 儲存 連接行接腳的 byte 陣列，幾個行接點，byte 陣列就多少元素
- ROWS ：多少列數
- COLS：多少行數

指令範例：

```
#include <Keypad.h>

const byte ROWS = 4; //four rows
const byte COLS = 4; //four columns
//define the cymbols on the buttons of the keypads
char hexaKeys[ROWS][COLS] = {
  {'1','2','3','A'},
  {'4','5','6','B'},
  {'7','8','9','C'},
  {'*','0','#','D'}
};
byte rowPins[ROWS] = {23, 25, 27, 29}; //connect to the row pinouts of the keypad
byte colPins[COLS] = {31, 33, 35, 37}; //connect to the column pinouts of the keypad

//initialize an instance of class NewKeypad
//Keypad customKeypad = Keypad( makeKeymap(hexaKeys), rowPins, colPins, ROWS, COLS);
```

```
Keypad customKeypad =    Keypad( makeKeymap(hexaKeys), rowPins, colPins, ROWS, COLS);
```

2. char Keypad.getKey()

語法：

char customKey =   Keypad.getKey()

讀取 keypad 鍵盤的一個按鍵 ，並回傳到 char 變數中

指令範例：

```
char customKey = customKeypad.getKey();
```

3. char Keypad.waitForKey()

語法：

char customKey =   Keypad. waitForKey ()

等待讀取到 keypad 鍵盤的一個按鍵，不然會一直等待中直到某一個鍵被按下 ，並回傳到 char 變數中

指令範例：

```
char customKey = customKeypad.waitForKey ();
```

4. KeyState Keypad. getState ()

語法：

KeyState keystatus   =   Keypad. getState ()

讀取 keypad 所案的鍵盤中，是處於哪一種狀態，並回傳到數中

指令範例：

```
KeyState keystatus = customKeypad.getState();
```

回傳值為下列四種：IDLE、PRESSED、RELEASED、HOLD.

5. boolean Keypad. keyStateChanged ()

語法：

boolean Keypad.keyStateChanged ()

讀取 keypad 鍵盤的一個按鍵狀態是否改變，**若有改變**，並回傳 true，沒有改變回傳 false 到 boolean 變數中

指令範例：

```
boolean Keypad.keyStateChanged ()
```

setHoldTime(unsigned int time)

6. void Keypad.setHoldTime(unsigned int time)

設定按鈕按下的持續時間(milliseconds)

語法：

void Keypad.setHoldTime(unsigned int time)

指令範例：

```
Keypad.setHoldTime(200)
```

7. setDebounceTime(unsigned int time)

void Keypad. setDebounceTime(unsigned int time)

語法：

void Keypad. setDebounceTime(unsigned int time)

設定按鈕按下，按鈕的接點震動的忍耐時間(milliseconds)

指令範例：

```
Keypad. setDebounceTime(50);
```

7.使用插斷 addEventListener 方法

語法：

addEventListener(keypadEvent)

指令範例：EventSerialKeypad

```
/* @file CustomKeypad.pde
|| @version 1.0
|| @original author Alexander Brevig
|| @originalcontact alexanderbrevig@gmail.com
||   Author Bruce modified from keypad library   examples download from http://play-
ground.arduino.cc/Code/Keypad#Download @ keypad,zip
|| | Demonstrates changing the keypad size and key values.
|| #
*/
#include <Keypad.h>
const byte ROWS = 4; //four rows
const byte COLS = 4; //four columns
//define the cymbols on the buttons of the keypads
char hexaKeys[ROWS][COLS] = {
  {'1','2','3','A'},
  {'4','5','6','B'},
  {'7','8','9','C'},
  {'*','0','#','D'}
};
byte rowPins[ROWS] = {23, 25, 27, 29}; //connect to the row pinouts of the keypad
byte colPins[COLS] = {31, 33, 35, 37}; //connect to the column pinouts of the keypad

//initialize an instance of class NewKeypad
//Keypad customKeypad = Keypad( makeKeymap(hexaKeys), rowPins, colPins, ROWS,
COLS);
Keypad customKeypad =   Keypad( makeKeymap(hexaKeys), rowPins, colPins, ROWS,
COLS);
byte ledPin = 13;
 boolean blink = false ;



void setup(){
```

```
   Serial.begin(9600);
   Serial.println("program start here");
   pinMode(ledPin, OUTPUT);            // sets the digital pin as output
    digitalWrite(ledPin, HIGH);       // sets the LED on
    customKeypad.addEventListener(keypadEvent); //add an event listener for this key-
pad

}
 void loop(){
    char key = customKeypad.getKey();

    if (key) {
       Serial.println(key);
    }
    if (blink){
       digitalWrite(ledPin,!digitalRead(ledPin));
       delay(100);
    }
}

//take care of some special events
void keypadEvent(KeypadEvent key){
    switch (customKeypad.getState()){
       case PRESSED:
          switch (key){
             case '#': digitalWrite(ledPin,!digitalRead(ledPin)); break;
             case '*':
                digitalWrite(ledPin,!digitalRead(ledPin));
             break;
          }
       break;
       case RELEASED:
          switch (key){
             case '*':
                digitalWrite(ledPin,!digitalRead(ledPin));
                blink = false;
             break;
          }
```

```
        break;
        case HOLD:
            switch (key){
                case '*': blink = true; break;
            }
        break;
    }
}
```

參考資料：Arduino 官方網站-http://playground.arduino.cc/Code/Keypad#Download

使用矩陣鍵盤輸入數字串

由上節我們已知道如何在 Arduino 開發板之中，連接一個如圖 30 所示之 4 * 4 薄膜鍵盤模組，但是如果我們需要使用該鍵盤模組輸入單純的整數或長整數的內容，我們該如何攥寫對應的程式呢?

由表 19 所示，可以見到 4*4 薄膜鍵盤接腳圖，請依據表 19 接腳圖進行電路連接。

表 19　4 * 4 鍵矩陣鍵盤基本應用一接腳表

4 * 4 鍵矩陣鍵盤	Arduino 開發板接腳	解說
Row1	Arduino digital input pin 23	Keypad 列接腳
Row2	Arduino digital output pin 25	
Row3	Arduino digital input pin 27	
Row4	Arduino digital input pin 29	
Col1	Arduino digital input pin 31	Keypad 行接腳
Col2	Arduino digital input pin 33	
Col3	Arduino digital input pin 35	
Col4	Arduino digital input pin 37	
LED	Arduino digital output pin 13	測試用 LED + 5V
5V	Arduino pin 5V	5V 陽極接點
GND	Arduino pin Gnd	共地接點
接腳	接腳說明	接腳名稱

1	Ground (0V)	接地 (0V)
2	Supply voltage; 5V (4.7V － 5.3V)	電源 (+5V)
3	Contrast adjustment; through a variable resistor	螢幕對比(0-5V), 可接一顆 1k 電阻，或使用可變電阻調整適當的對比(請參考分壓線路)
4	Selects command register when low; and data register when high	Arduino digital output pin 5
5	Low to write to the register; High to read from the register	Arduino digital output pin 6
6	Sends data to data pins when a high to low pulse is given	Arduino digital output pin 7
7	Data D0	Arduino digital output pin 30
8	Data D1	Arduino digital output pin 32
9	Data D2	Arduino digital output pin 34
10	Data D3	Arduino digital output pin 36
11	Data D4	Arduino digital output pin 38
12	Data D5	Arduino digital output pin 40
13	Data D6	Arduino digital output pin 42
14	Data D7	Arduino digital output pin 44
15	Backlight V_{cc} (5V)	背光(串接 330 R 電阻到電源)
16	Backlight Ground (0V)	背光(GND)

由上節提到， 4 * 4 鍵矩陣鍵盤可以輸入 0~9,A~D,'*' 和'#'，共 16 個字母，但是除了 0~9 是我們需要的數字鍵，尚需一個鍵當作 Enter ，所以我們必須使用 char array 來進行限制字元的比對，見表 20 為使用 4 * 4 鍵矩陣鍵盤輸入數字程式，將程式編譯之後上傳到 Arduino 開發板之後，可以見圖 34 為成功的使用 4 * 4 鍵矩陣鍵盤輸入數字程式之測試畫面。

表 20 使用 4 * 4 鍵矩陣鍵盤輸入數字程式

使用 4 * 4 鍵矩陣鍵盤輸入數字程式(keypad_4_4_en1)
/* @file Enhance Keypad use ll @version 1.0

使用 4 * 4 鍵矩陣鍵盤輸入數字程式(keypad_4_4_en1)

```
||   Author Bruce modified from keypad library    examples download from http://play-
ground.arduino.cc/Code/Keypad#Download @ keypad,zip
*/
/* LiquidCrystal display with:

LiquidCrystal(rs, enable, d4, d5, d6, d7)
LiquidCrystal(rs, rw, enable, d4, d5, d6, d7)
LiquidCrystal(rs, enable, d0, d1, d2, d3, d4, d5, d6, d7)
LiquidCrystal(rs, rw, enable, d0, d1, d2, d3, d4, d5, d6, d7)
R/W Pin Read = LOW / Write = HIGH      // if No pin connect RW , please leave R/W
Pin for Low State

*/

#include <Keypad.h>
#include <LiquidCrystal.h>

LiquidCrystal lcd(5,6,7,38,40,42,44);      //ok

const byte ROWS = 4; //four rows
const byte COLS = 4; //four columns
//define the cymbols on the buttons of the keypads
char hexaKeys[ROWS][COLS] = {
  {'1','2','3','A'},
  {'4','5','6','B'},
  {'7','8','9','C'},
  {'*','0','#','D'}
};
byte rowPins[ROWS] = {23, 25, 27, 29}; //connect to the row pinouts of the keypad
byte colPins[COLS] = {31, 33, 35, 37}; //connect to the column pinouts of the keypad

//initialize an instance of class NewKeypad
//Keypad customKeypad = Keypad( makeKeymap(hexaKeys), rowPins, colPins, ROWS,
COLS);
Keypad customKeypad =    Keypad( makeKeymap(hexaKeys), rowPins, colPins, ROWS,
COLS);
```

使用 4 * 4 鍵矩陣鍵盤輸入數字程式(keypad_4_4_en1)

```
void setup(){
   Serial.begin(9600);
   Serial.println("program start here");
   Serial.println("start LCM1602");
lcd.begin(16, 2);
// 設定 LCD 的行列數目 (16 x 2)  16  行 2  列
 lcd.setCursor(0,0);
  // 列印 "Hello World" 訊息到 LCD 上
lcd.print("hello, world2!");
   Serial.println("hello, world!2");

}

void loop(){
   long customKey = getpadnumber();
            // now result is printed on LCD
            lcd.setCursor(1,1);
         lcd.print("key :");
          lcd.setCursor(7,1);
         lcd.print(customKey);
            // now result is printed on Serial COnsole
               Serial.print("in   loop   is :") ;
             Serial.println(customKey);
      delay(200);

}

long getpadnumber()
{
    const int maxstring = 8;
   char getinputnumber[maxstring] ;
   char InputKeyString = 0x00;
    int   stringpz = 0;

   while (stringpz < maxstring)
   {
      InputKeyString = getpadnumberchar();
```

使用 4 * 4 鍵矩陣鍵盤輸入數字程式(keypad_4_4_en1)

```
        if (InputKeyString != 0x00)
        {
          if (InputKeyString != 0x13)
            {
              getinputnumber[stringpz] = InputKeyString ;
              stringpz ++ ;
            }
            else
            {
              break ;
            }
        }
}
stringpz ++;
getinputnumber[stringpz] = 0x00 ;
return (atol(getinputnumber) );
}

char getpadnumberchar()
{
   char InputKey;
   char checkey = 0x00;

   while (checkey == 0x00)
      {
         InputKey = customKeypad.getKey();
         if (InputKey != 0x00 )
            {
            checkey = cmppadnumberchar(InputKey) ;
//          Serial.print("in    getnumberchar for loop    is :") ;
//                Serial.println(InputKey,HEX) ;
            }
         /*   else
            {
               Serial.print("in    getnumberchar and not if    for loop    is :") ;
               Serial.println(InputKey,HEX) ;
            }
```

使用 4 * 4 鍵矩陣鍵盤輸入數字程式(keypad_4_4_en1)

```
            */
            delay(50);
      }
   //   Serial.print("exit    getnumberchar is :") ;
   //   Serial.println(checkey,HEX) ;
     return (checkey);
}


char cmppadnumberchar(char cmpchar)
{
   const int cmpcharsize = 11 ;
char tennumber[cmpcharsize] = {'0','1','2','3','4','5','6','7','8','9','#'} ;
//char retchar = "" ;
 for(int i    = 0; i< cmpcharsize; i++)
     {
      if (cmpchar == tennumber[i] )
          {
            if (cmpchar == '#')
                {
                      return    (0x13) ;
                }
                else
                {
                    return    (cmpchar) ;
                }
          }

     }
   return    (0x00) ;
}
```

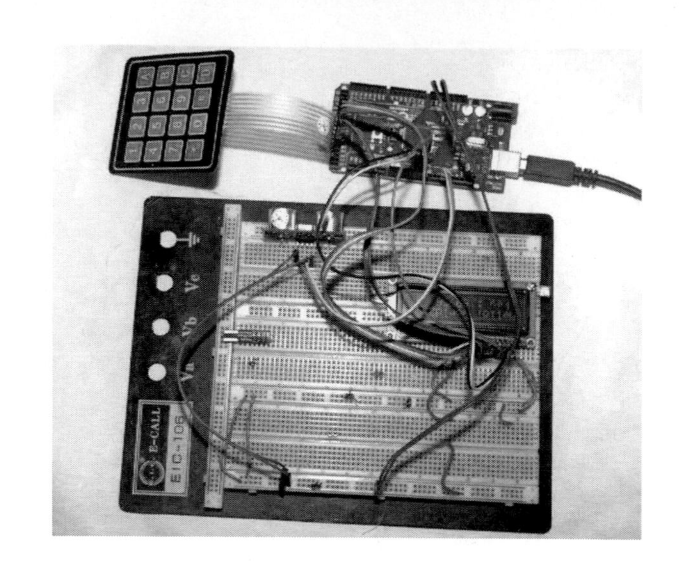

圖 34 矩陣鍵盤輸入數字程式測試畫面

章節小結

本書實驗到此，已經將一個完整性的矩陣式鍵盤讀取方式做一個完整的介紹，相信各位讀者透過以上章節的內容，一定可以一步一步的將矩陣鍵盤整合到實驗當中，並增加多鍵輸入與整合輸入的功能。

10
CHAPTER

電子標簽(RFID Tag)

一般電子標簽(RFID Tag)大多是感應式 IC 卡，又稱射頻 IC 卡，是世界上最近幾年發展起來的一項新技術，它成功地將射頻識別技術和 IC 卡技術相結合，解決了被動式(Passive RFID Tag)和免接觸的技術難題，是電子科技領域的技術創新的成果。

目前感應式 IC 卡中最受歡迎的是 MIFARE 卡，是目前世界上使用量最大、技術最成熟、性能最穩定、內存容量最大的一種感應式射頻 IC 卡。MIFARE 最早是由飛利浦（Philips）公司所研發的電子標籤規格，後來被收錄變成 ISO14443 的標準。總共分成三種規格，分別是 MIFARE 1、MIFARE UltraLight 與 MIFARE ProX，使用的是 13.56 MHz，傳輸速度為 106 K bit/sec，除了保留接觸式 IC 卡的原有優點外，還具有以下優點：

1. 操作簡單、快捷：由於採用射頻無線通訊，使用時無須插拔卡及不受方向和正反面的限制，所以非常方便用戶使用，完成一次讀寫操作僅需 0.1 秒以內，大大提高了每次使用的速度，既適用於一般場合，又適用於快速、高流量的場所。
2. 抗干擾能力強：MIFARE 卡中有快速防衝突機制，在多卡同時進入讀寫範圍內時，能有效防止卡片之間出現數據干擾，讀寫設備可一一對卡進行處理，提高了應用的並行性及系統工作的速度。
3. 可靠性高：MIFARE 卡與讀寫器之間沒有機械接觸，避免了由於接觸讀寫而產生的各種故障；而且卡中的晶片和感應天線完全密封在標準的 PVC 中，進一步提高了應用的可靠性和卡的使用壽命。
4. 非接觸式：非接觸式 IC 卡與讀寫器之間不存在機械性接觸，避免了由於接觸讀寫而產生的各種故障，例如，由於強力外力插卡、非卡外物插入、灰塵或油污導致接觸不良等原因造成的故障。此外，非接觸式卡表面無裸露的晶片，無須擔心晶片脫落，靜電擊穿、彎曲損壞等問題，方便卡片的印刷，又提高了卡片的使用可靠性。

5. 安全性高：MIFARE 卡的序列號是全球唯一的，不可以更改；讀寫時卡與讀寫器之間採用三次雙向認證機制，互相驗證使用的合法性，而且在通訊過程中所有的數據都加密傳輸；此外，卡片各個分區都有自己的讀寫密碼和讀取控制機制，卡內數據的安全得到了有效的保證。
6. 一卡多用：MIFARE 卡的存貯結構及特點（大容量--16 分區、1024 字節），能應用於不同的場合或系統，尤其適用於學校、企事業單位、停車場管理、身份識別、門禁控制、考勤簽到、伙食管理、娛樂消費、圖書管理等多方面的綜合應用，有很強的系統應用擴展性，可以真正做到一卡多用。

資料來源：http://davidchung-rfid.blogspot.tw/2009/06/cardmifare.html

MIFARE 卡介紹

本節主要介紹 MIFARE 卡(由圖 35 所示)，MIFARE 1 有可以分成 S50 與 S70 兩種，主要差異在記憶體大小，S50 為 1K Bytes（實際是 1024 Bytes），S70 為 4K Bytes（實際是 4096 Bytes），MIFARE 卡也是屬於之射頻 IC 卡的一種，也是屬於非接觸 IC 卡，非接觸 IC 卡具有以下功能：

1. 工作頻率：13.56MHz
2. 通信速率：106KB 鮑率
3. 防衝突：同一時間可處理多張卡
4. 讀取速度：識別一張卡 8ms(包括復位應答和防衝突)：2.5ms(不包括認證過程)、 4.5ms(包括認證過程)
5. 寫入速度：寫入一張卡 12ms(含讀取、寫入、控制)
6. 讀寫距離：在 100mm 內（與天線形狀有關）能方便、快速地傳遞

數據

7. 通訊方式：半雙工
8. 多卡操作：支持多卡操作
9. 材料：PVC
10. 讀寫次數：改寫十萬次，讀無限制
11. 尺寸：符合 ISO10536 標準
12. 工作溫度：-20oC 至 50oC（濕度為 90%）
13. 需求外部電力：不需電池：無線方式傳遞數據和能量
14. 製造技術：採用高速的 CMOS EEPROM 製造技術
15. 資料存取：支持一卡多用的存取結構
16. 資料容量：8K bits(位元)

一般而言，MIFARE 卡的卡片閱讀機，讀卡距離是 1.0 吋至 3.9 吋（亦即 2.5 至 10 公分），在北美，由於 FCC（電力）的限制，讀卡距離則在 2.5 公分左右。

MIFARE 是一種 13.56MHz 的非接觸性技術，歸屬於 ISO 14443 Type A。這種卡是設計用來嵌入至可選擇性的接觸性智慧型 IC 的模板上；一旦完成，便可兼容於 ISO 7816。有的卡片上還有磁條的設計，使其兼容於 ISO 7811。

MIFARE 系統的讀寫模組（MCM）與感應卡之間採用相似的鑑別演算法建立通訊，並使用隨機密碼通訊數據進行加密。該鑑別演算法稱為三次傳遞簽證（Three Pass Authentication），符合國際標準 ISO9798-2。

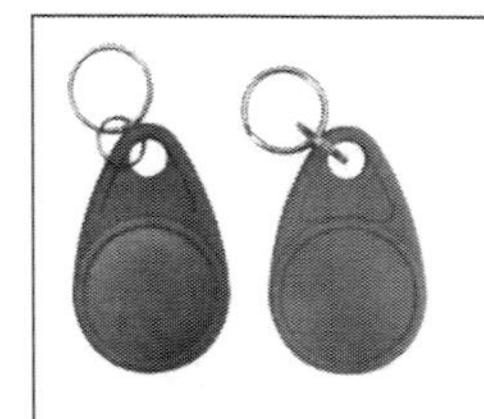	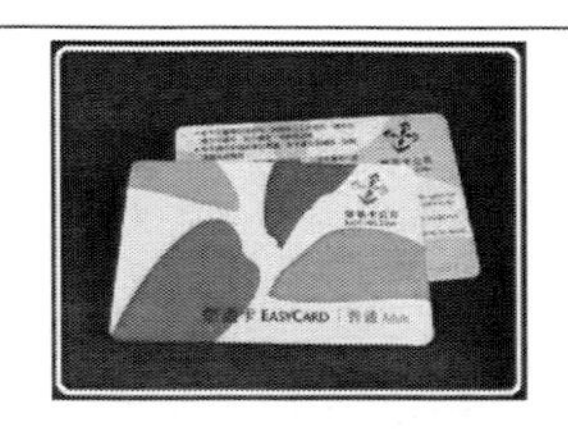	
(a).鈕扣型	(b).悠遊卡(台北捷運卡)	(c).高雄捷運卡

圖 35 MIFARE 卡

儲存結構介紹

要了解 MIFARE 卡(由圖 35 所示)如何讀取資料之前,我們需要先了解 MIFARE 卡內部資料結構：

MIFARE 卡規格如下：

17. 容量為 8K 位元 EEPROM。
18. 資料分為 16 個磁區(Sector)，每個磁區為 4(Block)，每塊 16 個位元組 (Byte)，以區塊(Block)為存取單位。
19. 每個磁區(Sector)有獨立的一組密碼及讀取控制。
20. 每張卡有唯一序列號，為 32 位元。
21. 具有防衝突機制，支援多卡操作。
22. 無電源，內含天線，內含加密控制邏輯和通訊邏輯電路。
23. 資料保存期為 10 年，寫入 10 萬次，讀無限次。
24. 工作溫度：-20℃~50℃。
25. 工作頻率：13.56MHZ。
26. 通信速率：106KBPS。
27. 讀寫距離：10mm 以內（與讀寫器有關）。

儲存結構 ：

Mifare 卡分為 16 個磁區(Sector)，每個磁區(Sector)由 4 區塊(Block)（Block 0、Block 1、Block 2、Block 3）組成，我們也將 16 個磁區(Sector)的 64 個區塊(Block)按絕對編碼，編號為 0~63 區塊(Block)

儲存結構如下圖所示：

表 21 Mifare 卡儲存結構表

Sector 0	Block 0	...	Block	0
	Block 1	...	Block	1

	Block 2	...	Block	2
	Block 3	密碼 A　存取控制　密碼 B	Block	3
Sector 1	Block 0	...	Block	4
	Block 1	...	Block	5
	Block 2	...	Block	6
	Block 3	密碼 A　存取控制　密碼 B	Block	7
		以下類推		
Sector 15	Block 0	...	Block	60
	Block 1	...	Block	61
	Block 2	...	Block	62
	Block 3	密碼 A　存取控制　密碼 B	Block	63

- 第 0(Sector)的區塊(Block 0) （即絕對位址(Block 0)），它用於存放廠商代碼，已經固定，不可更改。
- 每個(Sector)的 Block 0、Block 1、Block 2 為資料區塊(Block)，可用於存貯資料。
    - 資料區塊(Block)可作兩種應用：
        - 一般的資料保存，可以進行讀、寫操作。
        - 用作資料值
        - ，可以進行初始化值、加值、減值、讀值操作。
- 每個磁區(Sector)的區塊(Block) Block 3 為控制區塊(Block)，包括了密碼 A、存取控制、密碼 B。

具體結構如下：

A0 A1 A2 A3 A4 A5	FF 07 80 69	B0 B1 B2 B3 B4 B5
密碼 A（6 位元組）	存取控制（4 位元組）	密碼 B（6 位元組）

- 每個磁區(Sector)的密碼和存取控制都是獨立的，可以根據實際需要設定各自的密碼及存取控制。存取控制為 4 個位元組(Bytes)，共 32 位元(bits) ，磁區(Sector)中的每個區塊(Block)（包括資料區塊(Block)和控制區

塊(Block)）的存取條件是由密碼和存取控制共同決定的，在存取控制中每個塊都有相應的三個控制位元，定義如下：

- Block 0： C10 C20 C30
- Block 1： C11 C21 C31
- Block 2： C12 C22 C32
- Block 3： C13 C23 C33

三個控制位元以正和反兩種形式存在於存取控制位元組中，決定了該區塊(Block)的讀取/寫入的許可權（如進行減值操作必須驗證 KEY A，進行加值操作必須驗證 KEY B，等等）。三個控制位元在存取控制位元組中的位置，以塊 0 為例：

對塊 0 的控制：

位元組 Bit	7	6	5	4	3	2	1	0
Bit 6				C20_b				C10_b
Bit 7				C10				C30_b
Bit 8				C30				C20
Bit 9								

PS. C10_b 表 C10 反相位元

存取控制（4 位元組，其中位元組 9 為備用位元組）結構如下所示：

位元組 Bit	7	6	5	4	3	2	1	0
Bit 6	C23_b	C22_b	C21_b	C20_b	C13_b	C12_b	C11_b	C10_b
Bit 7	C13	C12	C11	C10	C33_b	C32_b	C31_b	C30_b
Bit 8	C33	C32	C31	C30	C23	C22	C21	C20
Bit 9								

PS. _b 表反相位元

- 資料區塊(Block)（Block 0、Block 1、Block 2）的存取控制如下：

控制位元（X=0..2）			讀取條件 （對資料 Block 0、Block 1、Block 2）			
C1X	C2X	C3X	Read	Write	Increment	Decrement, transfer, Restore
0	0	0	KeyAlB	KeyAlB	KeyAlB	KeyAlB
0	1	0	KeyAlB	Never	Never	Never
1	0	0	KeyAlB	KeyB	Never	Never
1	1	0	KeyAlB	KeyB	KeyB	KeyAlB
0	0	1	KeyAlB	Never	Never	KeyAlB
0	1	1	KeyB	KeyB	Never	Never
1	0	1	KeyB	Never	Never	Never
1	1	1	Never	Never	Never	Never

PS.　KeyAlB 表示密碼 A 或密碼 B，Never 表示任何條件下不能運做

例如：當 Block 0 的存取控制位元 C10 C20 C30=1 0 0 時，驗證密碼 A 或密碼 B 正確後可讀；驗證密碼 B 正確後可寫；但不能進行加值、減值操作。

- 控制塊塊 Block 3 的存取控制與資料區塊（Block 0、Block 1、Block 2）不同，它的存取控制如下：

			密碼 A		存取控制		密碼 B	
C13	C23	C33	Read	Write	Read	Write	Read	Write
0	0	0	Never	KeyAlB	KeyAlB	Never	KeyAlB	KeyAlB
0	1	0	Never	Never	KeyAlB	Never	KeyAlB	Never
1	0	0	Never	KeyB	KeyAlB	Never	Never	KeyB
1	1	0	Never	Never	KeyAlB	Never	Never	Never
0	0	1	Never	KeyAlB	KeyAlB	KeyAlB	KeyAlB	KeyAlB
0	1	1	Never	KeyB	KeyAlB	KeyB	Never	KeyB
1	0	1	Never	Never	KeyAlB	KeyB	Never	Never
1	1	1	Never	Never	KeyAlB	Never	Never	Never

例如：當塊 3 的存取控制位元 C13 C23 C33=1 0 0 時，表示：密碼 A：不可讀，驗證 KEYA 或 KEYB 正確後，可寫（更改）。

◆ 存取控制：驗證 KEYA 或 KEYB 正確後，可讀、可寫。
◆ 密碼 B：驗證 KEYA 或 KEYB 正確後，可讀、可寫。

工作原理介紹

本節介紹 MIFARE 卡(由圖 35 所示)如何工作原理：

- MIFARE 卡片的電路部分只由一個天線和 ASIC 晶片組成。
- 天線：卡片的天線是只有幾組繞線的線圈，很適於封裝到 PVC 卡片中。
- ASIC 晶片：卡片的 ASIC 晶片由一個高速（106KB 串列傳輸速率）的 RF 介面，一個控制單元和一個 8K 位 EEPROM 組成。
- 工作原理：讀寫器向 Mifare 卡發一組固定頻率的電磁波，卡片內有一個 LC 串聯諧振電路，其頻率與訊寫器發射的頻率相同，在電磁波的電磁作用之下，LC 諧振電路為生電磁共振，從而使電容內有了電力，在這個電容的另一端，接有一個單向導通的電流，將電容內的電磁送到另一個電容內儲存，當所積累的電磁達到 2V 時，此電容可做為電源為其他電路提供工作電壓，將卡內資料發射出去或接取讀寫器的資料。

MIFARE 卡與讀寫器的通訊：

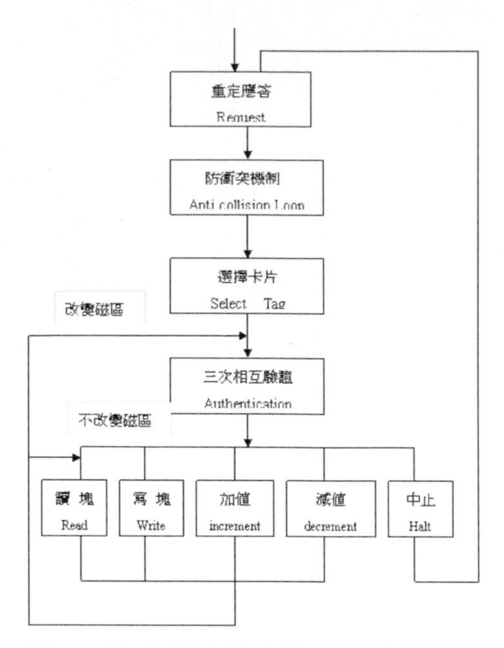

圖 36 電子標簽與讀寫機工作流程圖

1. 重定應答(Answer to request)：MIFARE 卡的通訊協定和通訊串列傳輸速率是定義好的，當有 MIFARE 卡片進入讀寫器的操作範圍時，讀寫器以特定的協定與它通訊，從而確定該卡是否為 Mifare1 射頻卡，即驗證卡片的卡型。
2. 防衝突機制 (Anticollision Loop)：當有多張卡進入讀寫器操作範圍時，防衝突機制會從其中選擇一張進行操作，未選中的則處於空閒模式等待下一次選卡，該過程會返回被選卡的序列號。
3. 選擇卡片(Select Tag)：選擇被選中的卡的序列號，並同時返回卡的容量代碼。
4. 三次互相確認(3 Pass Authentication)：選定要處理的卡片之後，讀寫器就確定要讀取的磁區(Sector)號碼，並對該磁區(Sector)密碼進行密碼校驗，在三次相互認證之後就可以通過加密流進行通訊。(在選擇另一磁區(Sector)時，則必須進行另一磁區(Sector)密碼校驗。)
5. 對資料區塊(Block)的操作：

- 讀 (Read)：讀一個區塊(Block)。
- 寫 (Write)：寫一個區塊(Block)。
- 加(Increment)：對數值區塊(Block)進行加值。

- 減(Decrement)：對數值區塊(Block)進行減值。
- 儲存(Restore)：將區塊(Block)中的內容存到資料寄存器中。
- 傳輸(Transfer)：將資料寄存器中的內容寫入區塊(Block)中。
- 中止(Halt)：將卡置於暫停工作狀態。

章節小結

本章主要介紹之電子標簽(RFID Tag)，透過本章節的解說，相信讀者會對電子標簽(RFID Tag)->MIFARE 卡，有更深入的了解與體認。

CHAPTER

無線射頻讀取模組

本書實驗為了讓讀者可以更簡單讀取電子標簽(RFID Tag)，作者從網路露天拍賣商家：柏毅電子 (http://class.ruten.com.tw/user/index00.php?s=boyi101)、微控制器科技 (http://class.ruten.com.tw/user/index00.php?s=kiwiapple77)購買 Mifare MF RC522 RFID 模組(如圖 37 所示)來讀取 Mifare 卡片(ISO 14443A ，13.56 MHz)。

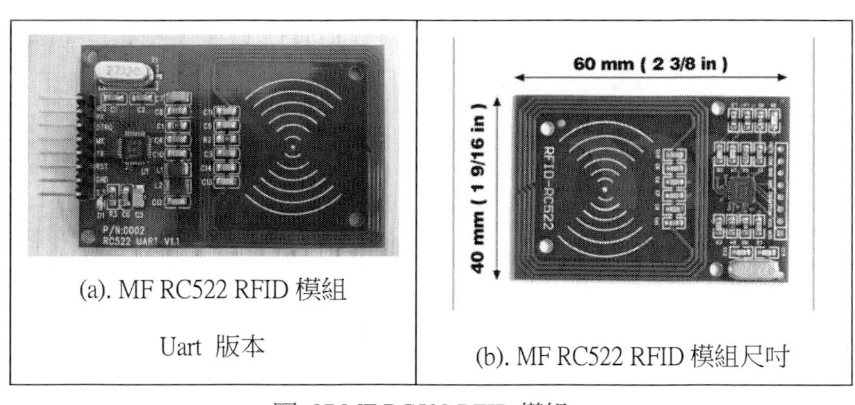

(a). MF RC522 RFID 模組 Uart 版本

(b). MF RC522 RFID 模組尺寸

圖 37 MF RC522 RFID 模組

Mifare MF RC522 規格

MF RC522 是應用於 13.56MHz 非接觸式的 RFID 卡讀寫模組，是 NXP 公司推出的一款低電壓、低成本、體積小的非接觸式讀寫 RFID 卡。 MF RC522 利用了先進的技術，整合 13.56MHz 下所有類型的被動式、非接觸式通信方式和協定的 RFID 卡讀寫模組。支援 14443A 標準的相容 RFID 卡，此外，還支援快速 CRYPTO1 加密演算法， MF RC522 支援 MIFARE 系列更高速的非接觸式通信，雙向資料傳輸速率高達 424kbit/s。 MF RC522 與 MF RC500 和 MF RC530 有不少相似之處，同時也具備許多特點和差異。它與單晶片之間通信採用 SPI 模式，有利於減少連線，縮小 PCB 板體積，降低成本。

為了進一步教導讀者使用 MF RC522 RFID 模組(如圖 37 所示)，我們將電氣參數說明如下：

- 工作電流：13—26mA/直流 3.3V
- 待機電流：10-13mA/直流 3.3V
- 休眠電流：<80uA
- 峰值電流：<30mA
- 工作頻率：13.56MHz
- 支援的卡類型：mifare1 S50、mifare1 S70、mifare UltraLight、mifare Pro、mifare Desfire
- 品物理特性：尺寸：40mm×60mm
- 環境工作溫度：攝氏-20—80 度
- 環境儲存溫度：攝氏-40—85 度
- 環境相對濕度：相對濕度 5%—95%

模組介面 SPI 參數

- 資料傳輸速率：最大 10Mbit/s

Mifare MF RC522 連接方法

為了進一步教導讀者使用 MF RC522 RFID 模組(如圖 37 所示)，我們將接腳說明如下：

七接腳版本：

表 22 MF RC-522(7 Pin)接腳表

版本	MF RC522 模組		Arduino 開發板	說明
Arduino MEGA 2560	Pin5 RST	RST	5	Reset Pin
	Pin1 NSS	SDA/SS	53	SPI SS
	Pin3 MOSI	MOSI	51	SPI MOSI
	Pin4 MISO	MISO	50	SPI MISO
	Pin2 SCK	SCK	52	SPI SCK
	Pin7 VCC	Vcc	+3.3V	3.3 V
	Pin6 GND	Gnd	GND	接地
Arduino UNO	Pin5 RST	RST	9	Reset Pin
	Pin1 NSS	SDA/SS	10	SPI SS
	Pin3 MOSI	MOSI	11	SPI MOSI
	Pin4 MISO	MISO	12	SPI MISO
	Pin2 SCK	SCK	13	SPI SCK
	Pin7 VCC	Vin	+3.3V	3.3 V
	Pin6 GND	Gnd	GND	接地

八接腳版本：

表 23 MF RC-522(8 Pin)接腳表

版本	版本		Arduino 開發板	說明
Arduino MEGA 2560	Pin7 RST	RST	5	Reset Pin
	Pin1 SDA/NSS	SDA/SS	53	SPI SS
	Pin3 MOSI	MOSI	51	SPI MOSI
	Pin4 MISO	MISO	50	SPI MISO
	Pin2 SCK	SCK	52	SPI SCK
	Pin8 VCC	Vin	+3.3V	3.3 V
	Pin6 GND	Gnd	GND	接地
Arduino UNO	Pin7 RST	RST	9	Reset Pin
	Pin1 SDA/NSS	SDA/SS	10	SPI SS
	Pin3 MOSI	MOSI	11	SPI MOSI
	Pin4 MISO	MISO	12	SPI MISO
	Pin2 SCK	SCK	13	SPI SCK
	Pin8 VCC	Vin	+3.3V	3.3 V
	Pin6 GND	Gnd	GND	接地

使用 MFRC522 RFID 模組

本書使用的 MF RC522 RFID 模組，由表 22 所示，其連接電路非常簡單，若讀者想要其它連接方法的電路圖，可以參附錄等相關資料。

本章節使用的 MF RC522 RFID 模組函式庫，乃是 miguelbalboa 在其 github 網站分享函式庫，讀者可以到 https://github.com/miguelbalboa/rfid/下載其函式庫，特感謝 miguelbalboa 提供。

讀者也可以到作者 Github(https://github.com/brucetsao/)網站，本書的所有範例檔，都可以在 https://github.com/brucetsao/eRFID/，下載所需要的檔案。

首先，請讀者依照表 24 進行 MF RC522 RFID 模組電路組立，再進行程式攥寫的動作。

表 24 MF RC522 RFID 模組接腳表

	模組接腳	Arduino 開發板接腳	解說
MF RC522 RFID 模組	Pin5 RST	5	Reset Pin
	Pin1 NSS	53	SPI SS
	Pin3 MOSI	51	SPI MOSI
	Pin4 MISO	50	SPI MISO
	Pin2 SCK	52	SPI SCK
	Pin7 VCC	+3.3V	3.3 V
	Pin6 GND	GND	接地

	模組接腳	Arduino 開發板接腳	解說
	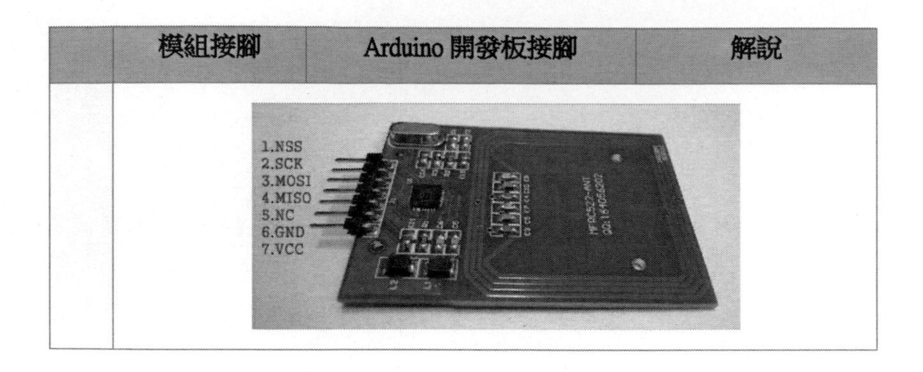		

完成 Arduino 開發板與 MF RC522 RFID 模組連接之後，將下列表 25 之 MFRC522 RFID 測試程式一鍵入 Arduino Sketch 之中，完成編譯後，上載到 Arduino 開發板進行測試，可以見到圖 38 所示，可以讀到 Mifare 卡的卡號。

表 25 MF RC522 RFID 測試程式一

MF RC522 RFID 測試程式一(readSN)

```
#include <SPI.h>
#include <RFID.h>

RFID rfid(53,5);            //this is used for Arduino Mega 2560
//RFID rfid(10,5);      //this is used for Arduino UNO



void setup()
{
  Serial.begin(9600);
  SPI.begin();
  rfid.init();

}

void loop()
{
    if (rfid.isCard()) {                                              //找尋卡片
```

MF RC522 RFID 測試程式一(readSN)

```
		if (rfid.readCardSerial()) {					//取得卡片的
ID+CRC 校驗碼
						//第 0~3 個 byte:卡片 ID
						Serial.println(" ");
						Serial.print("RFID Card Number is : ");
			Serial.print(rfid.serNum[0],HEX);
						Serial.print(" , ");
			Serial.print(rfid.serNum[1],HEX);
						Serial.print(" , ");
			Serial.print(rfid.serNum[2],HEX);
						Serial.print(" , ");
			Serial.println(rfid.serNum[3],HEX);
						//第 4 個 byte:CRC 校驗位元
						Serial.print("CRC is : ");
						Serial.println(rfid.serNum[4],HEX);
		}


	}
	rfid.halt();		//命令卡片進入休眠狀態
	delay(500);		//延時 0.5 秒
}
```

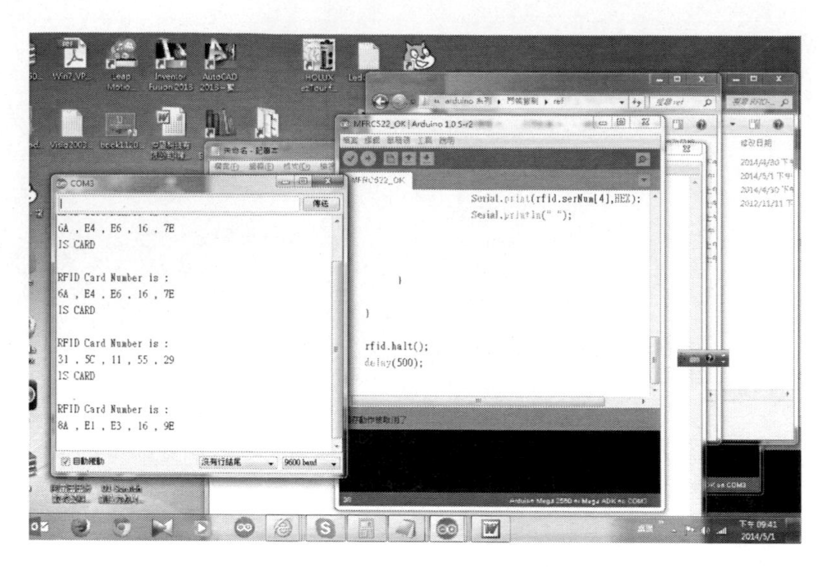

圖 38 MF RC522 RFID 測試程式一結果畫面

使用 MF RC522 RFID 模組讀取區塊資料

完成 Arduino 開發板與 MF RC522 RFID 模組連接之後，將下列表 26 之 MFRC522 RFID 測試程式二鍵入 Arduino Sketch 之中，完成編譯後，上載到 Arduino 開發板進行測試，可以見到圖 39 所示，可以讀到 Mifare 卡的卡號與資料區塊的資料。

表 26 MF RC522 RFID 測試程式二

MF RC522 RFID 測試程式二(DumpInfo)
/* * MFRC522 - Library to use ARDUINO RFID MODULE KIT 13.56 MHZ WITH TAGS SPI W AND R BY COOQROBOT. * The library file MFRC522.h has a wealth of useful info. Please read it. * The functions are documented in MFRC522.cpp. * * Based on code Dr.Leong (WWW.B2CQSHOP.COM) * Created by Miguel Balboa (circuitito.com), Jan, 2012. * Rewritten by Søren Thing Andersen (access.thing.dk), fall of 2013 (Translation to English, refactored, comments, anti collision, cascade levels.)

MF RC522 RFID 測試程式二(DumpInfo)

```
 * Released into the public domain.
 *
 * Sample program showing how to read data from a PICC using a MFRC522 reader on
the Arduino SPI interface.
 *---------------------------------------------------------------------------- empty_skull
 * Aggiunti pin per arduino Mega
 * add pin configuration for arduino mega
 * http://mac86project.altervista.org/
 ---------------------------------------------------------------------------- Nicola Coppola
 * Pin layout should be as follows:
 * Signal      Pin              Pin              Pin
 *             Arduino Uno      Arduino Mega     MFRC522 board
 * ------------------------------------------------------------
 * Reset       9                5                RST
 * SPI SS      10               53               SDA
 * SPI MOSI    11               51               MOSI
 * SPI MISO    12               50               MISO
 * SPI SCK     13               52               SCK
 *
 * The reader can be found on eBay for around 5 dollars. Search for "mf-rc522" on
ebay.com.
 */

#include <SPI.h>
#include <MFRC522.h>

#define SS_PIN 53
#define RST_PIN 5
MFRC522 mfrc522(SS_PIN, RST_PIN); // Create MFRC522 instance.

void setup() {
      Serial.begin(9600);  // Initialize serial communications with the PC
      SPI.begin();                 // Init SPI bus
      mfrc522.PCD_Init();// Init MFRC522 card
      Serial.println("Scan PICC to see UID and type...");
}
```

MF RC522 RFID 測試程式二(DumpInfo)

```
void loop() {
    // Look for new cards
    if ( ! mfrc522.PICC_IsNewCardPresent()) {
        return;
    }

    // Select one of the cards
    if ( ! mfrc522.PICC_ReadCardSerial()) {
        return;
    }

    // Dump debug info about the card. PICC_HaltA() is automatically called.
    mfrc522.PICC_DumpToSerial(&(mfrc522.uid));
}
```

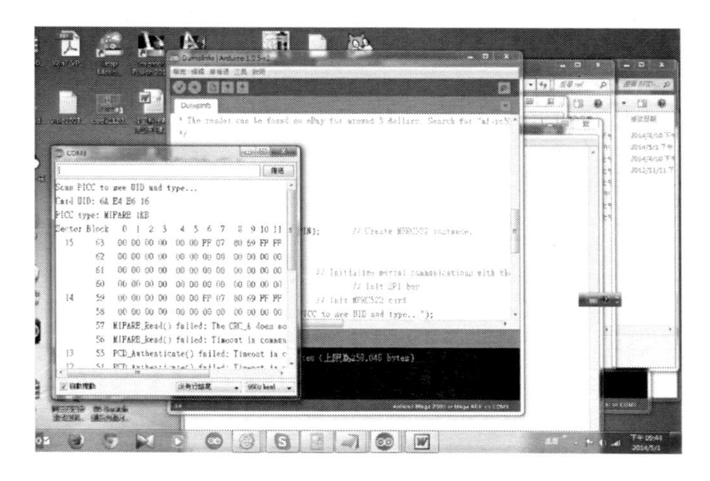

圖 39 MF RC522 RFID 測試程式二結果畫面

RFID 函數用法

為了更能了解 RFID 的用法，本節詳細介紹了 RFID 函式主要的用法：

物件產生

rfid devicename(NASS_pin_name, Reset_pin_name)

3. 指令格式 rfid devicename(NASS_pin_name, Reset_pin_name)

4. 使用參數個格式如下：

*	Arduino Uno	Arduino Mega	MFRC522 board
* Reset	9	5	RST
* SPI SS	10	53	SDA
* SPI MOSI	11	51	MOSI
* SPI MISO	12	50	MISO
* SPI SCK	13	52	SCK

要使用此函數必需 include 下列檔案

- #include <SPI.h>
- #include <rfid.h>

要使用此函數產生物件必需必需在 setup 區塊使用下列指令

- SPI.begin();
- rfid.Init();

rfid. isCard ();

1. 判斷讀取卡片正常讀取嗎;
2. 使用參數：無
3. 回傳值：true➔ 讀取成功，false➔ 讀取失敗

讀取卡號(Read Card Serial Number)

rfid. serNum[0~4];

4. 讀取卡片號碼;

5. 使用參數：無

6. 回傳值：serNum[0]➔卡號第一個 byte

serNum[1]➔卡號第二個 byte

serNum[2]➔卡號第三個 byte

serNum[3]➔卡號第四個 byte

serNum[4]➔卡號第五個 byte

章節小結

本章主要介紹之 Arduino 開發板使用與連接 MF RC522 RFID 讀寫模組，透過本章節的解說，相信讀者會對連接、使用 MF RC522 RFID 讀寫模組，有更深入的了解與體認。

12
CHAPTER

RFID 門禁管制機

本書實驗主要是 RFID 門禁管制機，但是為了讓讀者簡化實驗，並不讓讀者自行設計與製作 RFID 門禁管制機，而是採用市面上商品化的產品，本實驗 RFID 讀寫模組購自網路露天拍賣賣家微控科技 (http://class.ruten.com.tw/user/index00.php?s=kiwiapple77)的 Mifare RC522 RFID 模組(商家產品名稱為: Mifare RC522 RFID 模組 (需焊接/接線) IC 卡感應模組 附 Arduino/8051 範例程式)(拍賣網址：http://goods.ruten.com.tw/item/show?21402224929951)，如圖 40 所示，其餘如 LCM 2004 顯示模組(如圖 21 所示)，使用方法請參考拙作『Arduino 超音波測距機設計與製作』(曹永忠, 許智誠, & 蔡英德, 2013a)、繼電器模組(如圖 16 所示)，使用方法請參考拙作『Arduino 電風扇設計與製作』(曹永忠, 許智誠, & 蔡英德, 2013c) 、薄膜矩陣鍵盤模組(如圖 30 & 圖 32 所示)，使用方法請參考拙作『Arduino 超音波測距機設計與製作』(曹永忠 et al., 2013a) 、Mifare 卡(如圖 35 所示)，使用方法請參考本書『電子標簽(RFID Tag)』一章、RTC DS1307 模組 (如圖 24 所示)，使用方法請參考本書『Arduino 時鐘功能』一章與拙作『Arduino 電風扇設計與製作』(曹永忠 et al., 2013c)與『Arduino 電子秤設計與製作』(曹永忠, 許智誠, & 蔡英德, 2013b)。

圖 40 Mifare RC522 RFID 模組

電控鎖

一般門禁系統進出入口大部份為門，所以門閉合與開合的關鍵裝置大部份為鎖(如圖 41 所示)，但是人力鎖閉合與開合的關鍵裝置大部份透過人的開鎖行為來運作，需要聯接門禁系統之辨識系統來閉合與開合，該『鎖』必須為電力裝置方能達到需求。

所以一般都為電力控制之電控鎖，方能在「開鎖裝置」(例如鑰匙、密碼、開鎖卡片，或是指紋、掌紋、視網膜或聲音等生物特徵）後，在辨識完成後，判斷使用者的身分正確後，啟動迴路通電（或斷電）至電控鎖開門。

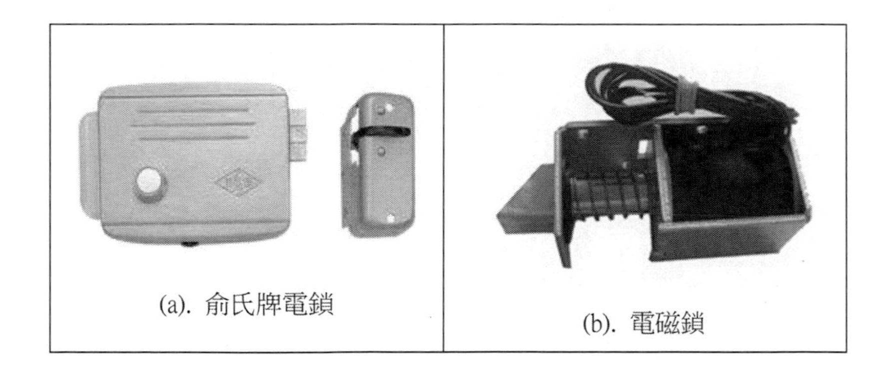

(a). 俞氏牌電鎖

(b). 電磁鎖

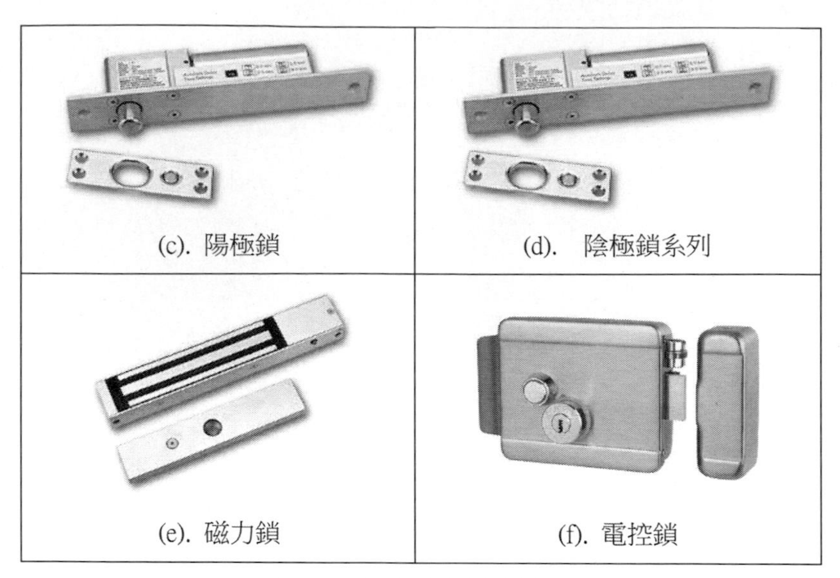

(c). 陽極鎖　(d). 陰極鎖系列

(e). 磁力鎖　(f). 電控鎖

圖 41 一般常見之電控鎖

驅動 MF RC522 RFID 模組

MF RC522 RFID 模組本身就可以讀取 Mifare 卡片的資料，我們依照表 27 & 表 28 進行電路連接，連接 MF RC522 RFID 模組，讀者依照表 29 之 RFID 門禁管制機測試程式一進行程式攥寫的動作。

表 27 MF RC-522(7 Pin)接腳表

版本	MF RC522 模組		Arduino 開發板	說明
Arduino MEGA 2560	Pin5 RST	RST	5	Reset Pin
	Pin1 NSS	SDA/SS	53	SPI SS
	Pin3 MOSI	MOSI	51	SPI MOSI
	Pin4 MISO	MISO	50	SPI MISO
	Pin2 SCK	SCK	52	SPI SCK
	Pin7 VCC	Vcc	+3.3V	3.3 V

	Pin6 GND	Gnd	GND	接地
Arduino UNO	Pin5 RST	RST	9	Reset Pin
	Pin1 NSS	SDA/SS	10	SPI SS
	Pin3 MOSI	MOSI	11	SPI MOSI
	Pin4 MISO	MISO	12	SPI MISO
	Pin2 SCK	SCK	13	SPI SCK
	Pin7 VCC	Vin	+3.3V	3.3 V
	Pin6 GND	Gnd	GND	接地

	模組接腳	Arduino 開發板接腳	解說
繼電器模組	Vcc	Arduino +5V	繼電器模組
	GND	Arduino GND(共地接點)	
	IN	Arduino Pin 12	
	NO(常開)	No use	
	NC(常關)	電控鎖外部開關+	
	COM(共用)	電控鎖外部開關-	
喇	Spk+	Arduino Pin 3	喇叭模組

	模組接腳	Arduino 開發板接腳	解說
	Spk-	Arduino GND(共地接點)	

表 28 LCD LCD 2004 接腳圖

接腳	接腳說明	接腳名稱
1	Ground (0V)	接地 (0V)
2	Supply voltage; 5V (4.7V - 5.3V)	電源 (+5V)
3	Contrast adjustment; through a variable resistor	螢幕對比(0-5V), 可接一顆 1k 電阻，或使用可變電阻調整適當的對比(請參考圖 23 分壓線路)
4	Selects command register when low; and data register when high	Arduino digital output pin 5
5	Low to write to the register; High to read from the register	Arduino digital output pin 6
6	Sends data to data pins when a high to low pulse is given	Arduino digital output pin 7
7	Data D0	Arduino digital output pin 30
8	Data D1	Arduino digital output pin 32
9	Data D2	Arduino digital output pin 34
10	Data D3	Arduino digital output pin 36
11	Data D4	Arduino digital output pin 38
12	Data D5	Arduino digital output pin 40
13	Data D6	Arduino digital output pin 42
14	Data D7	Arduino digital output pin 44
15	Backlight V_{CC} (5V)	背光(串接 330 R 電阻到電源)
16	Backlight Ground (0V)	背光(GND)

表 29 RFID 門禁管制機測試程式一

RFID 門禁管制機測試程式一(doorcontrol01)

```
#include <LiquidCrystal.h>
#include <SPI.h>
#include <RFID.h>
```

RFID 門禁管制機測試程式一(doorcontrol01)

```
/* LiquidCrystal display with:

LiquidCrystal(rs, enable, d4, d5, d6, d7)
LiquidCrystal(rs, rw, enable, d4, d5, d6, d7)
LiquidCrystal(rs, enable, d0, d1, d2, d3, d4, d5, d6, d7)
LiquidCrystal(rs, rw, enable, d0, d1, d2, d3, d4, d5, d6, d7)
R/W Pin Read = LOW / Write = HIGH      // if No pin connect RW , please leave R/W
Pin for Low State

Parameters
*/

LiquidCrystal lcd(8,9,10,38,40,42,44);     //ok
RFID rfid(53,5);           //this is used for Arduino Mega 2560
//RFID rfid(10,5);       //this is used for Arduino UNO


void setup()
{
  Serial.begin(9600);
  Serial.println("RFID Mifare Read");
    SPI.begin();
  rfid.init();
//   pinMode(11,OUTPUT);
//   digitalWrite(11,LOW);
lcd.begin(20, 4);
// 設定 LCD 的行列數目 (4 x 20)
 lcd.setCursor(0,0);
  // 列印 "Hello World" 訊息到 LCD 上
lcd.print("RFID Mifare Read");
}

void loop()
{
// 將游標設到 column 0, line 1
```

RFID 門禁管制機測試程式一(doorcontrol01)

```
// (注意: line 1  是第二行(row)，因為是從  0  開始數起):



 Serial.println(millis()/1000);
delay(200);
  if (rfid.isCard()) {                                          //找尋卡片
          if (rfid.readCardSerial()) {                          //取得卡片的
ID+CRC 校驗碼
                            //第 0~3 個 byte:卡片 ID
                            Serial.println(" ");
                            Serial.print("RFID Card Number is : ");
              Serial.print(rfid.serNum[0],HEX);
                            Serial.print(" , ");
              Serial.print(rfid.serNum[1],HEX);
                            Serial.print(" , ");
              Serial.print(rfid.serNum[2],HEX);
                            Serial.print(" , ");
              Serial.println(rfid.serNum[3],HEX);
                            //第 4 個 byte:CRC 校驗位元
                           Serial.print("CRC is : ");
                           Serial.println(rfid.serNum[4],HEX);
                           lcd.setCursor(2, 1);
                           lcd.print(rfid.serNum[0],HEX);
                           lcd.setCursor(5, 1);
                           lcd.print(rfid.serNum[1],HEX);
                           lcd.setCursor(8, 1);
                           lcd.print(rfid.serNum[2],HEX);
                           lcd.setCursor(11, 1);
                           lcd.print(rfid.serNum[3],HEX);

          }

     }
     rfid.halt();          //命令卡片進入休眠狀態
     delay(500);             //延時 0.5 秒
}
```

RFID 門禁管制機測試程式一(doorcontrol01)

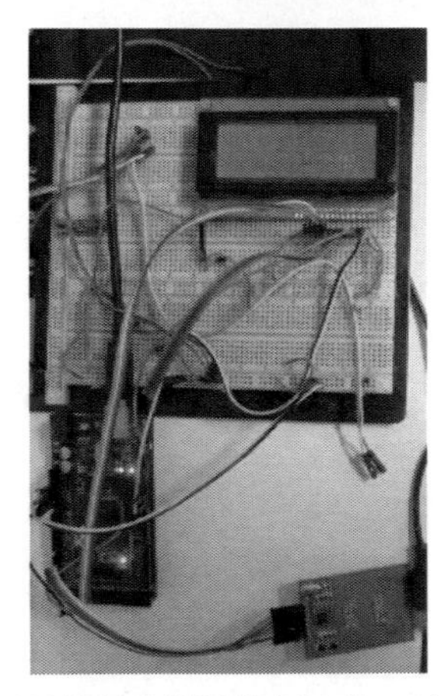

圖 42 RFID 門禁管制機測試程式一執行畫面

RFID 卡控制開鎖

我們已經可以正確讀取卡號號，我們加入繼電器模組來控制外部電力裝置開關與否，主要是將電磁鎖(如圖 7 所示)的開門開關電路，參照表 27 所示，接至繼電器模組的 Com 與 NC 兩接點，在正確讀取到適合卡號時，啟動繼電器模組，使繼電器模組的 Com 與 NC 兩接點短路，讓電磁鎖(如圖 7 所示)開門。

由於 MF RC522 RFID 模組本身就可以讀取 Mifare 卡片的資料，我們依照表 27 & 表 28 進行電路連接，連接 MF RC522 RFID 模組，讀者依照表 30 之 RFID 門禁管制機測試程式二進行程式攥寫的動作。

表 30 RFID 門禁管制機測試程式二

RFID 門禁管制機測試程式二(doorcontrol02)

```
#include <LiquidCrystal.h>
#include <SPI.h>
#include <RFID.h>
#include <String.h>
#define openkeypin 4
int debugmode = 0;
/* LiquidCrystal display with:

LiquidCrystal(rs, enable, d4, d5, d6, d7)
LiquidCrystal(rs, rw, enable, d4, d5, d6, d7)
LiquidCrystal(rs, enable, d0, d1, d2, d3, d4, d5, d6, d7)
LiquidCrystal(rs, rw, enable, d0, d1, d2, d3, d4, d5, d6, d7)
R/W Pin Read = LOW / Write = HIGH     // if No pin connect RW , please leave R/W
Pin for Low State

Parameters
*/

LiquidCrystal lcd(8,9,10,38,40,42,44);      //ok
RFID rfid(53,5);            //this is used for Arduino Mega 2560
//RFID rfid(10,5);       //this is used for Arduino UNO
String keyno1 = String("6AE4E616");


void setup()
{
   Serial.begin(9600);
   Serial.println("RFID Mifare Read");
       SPI.begin();
   rfid.init();
   pinMode(openkeypin,OUTPUT);
   digitalWrite(openkeypin,LOW);
lcd.begin(20, 4);
// 設定 LCD 的行列數目 (4 x 20)
  lcd.setCursor(0,0);
   // 列印 "Hello World" 訊息到 LCD 上
```

RFID 門禁管制機測試程式二(doorcontrol02)

```
lcd.print("RFID Mifare Read");
}

void loop()
{
// 將游標設到 column 0, line 1
// (注意: line 1 是第二行(row)，因為是從 0 開始數起):
  if (rfid.isCard()) {                                          //找尋卡片
            if (rfid.readCardSerial()) {                        //取得卡片的
ID+CRC 校驗碼
                        //第 0~3 個 byte:卡片 ID
                        Serial.println(" ");
                        Serial.print("RFID Card Number is : ");
            Serial.print(strzero(rfid.serNum[0],2,16));
                        Serial.print("/");
            Serial.print(rfid.serNum[0],HEX);
                        Serial.print("/");
            Serial.print(rfid.serNum[0],DEC);
                        Serial.print(" , ");
            Serial.print(strzero(rfid.serNum[1],2,16));
                        Serial.print("/");
            Serial.print(rfid.serNum[1],HEX);
                        Serial.print("/");
            Serial.print(rfid.serNum[1],DEC);
                        Serial.print(" , ");
            Serial.print(strzero(rfid.serNum[2],2,16));
                        Serial.print("/");
            Serial.print(rfid.serNum[1],HEX);
                        Serial.print("/");
            Serial.print(rfid.serNum[1],DEC);
                        Serial.print(" , ");
            Serial.print(strzero(rfid.serNum[3],2,16));
                        Serial.print("/");
            Serial.print(rfid.serNum[0],HEX);
                        Serial.print("/");
            Serial.println(rfid.serNum[0],DEC);
                        //第 4 個 byte:CRC 校驗位元
```

RFID 門禁管制機測試程式二(doorcontrol02)

```
                            Serial.print("CRC is : ");
                            Serial.print(strzero(rfid.serNum[4],2,16));
                             Serial.print("/");
                Serial.print(rfid.serNum[4],HEX);
                             Serial.print("/");
                Serial.println(rfid.serNum[4],DEC);
                            lcd.setCursor(2, 1);
                            lcd.print(strzero(rfid.serNum[0],2,16));
                            lcd.setCursor(5, 1);
                            lcd.print(strzero(rfid.serNum[1],2,16));
                            lcd.setCursor(8, 1);
                            lcd.print(strzero(rfid.serNum[2],2,16));
                            lcd.setCursor(11, 1);
                            lcd.print(strzero(rfid.serNum[3],2,16));
                            lcd.setCursor(4, 2);
                            lcd.print(getcard-
number(rfid.serNum[0],rfid.serNum[1],rfid.serNum[2],rfid.serNum[3]) );

              }

      }
      rfid.halt();              //命令卡片進入休眠狀態
      if (keyno1 == getcard-
number(rfid.serNum[0],rfid.serNum[1],rfid.serNum[2],rfid.serNum[3]))
        {
                digitalWrite(openkeypin,HIGH);
                lcd.setCursor(0, 3);
               lcd.print("Access Granted:Open");
               Serial.println("Access Granted:Door Open");
        }
        else
        {
                digitalWrite(openkeypin,LOW);
                lcd.setCursor(0, 3);
               lcd.print("Access Denied:Closed");
               Serial.println("Access Denied:Door Closed");
        }
```

RFID 門禁管制機測試程式二(doorcontrol02)

```
    delay(500);              //延時 0.5 秒
}

String getcardnumber(byte c1, byte c2, byte c3, byte c4)
{
   String retstring = String("");
    retstring.concat(strzero(c1,2,16));
    retstring.concat(strzero(c2,2,16));
    retstring.concat(strzero(c3,2,16));
    retstring.concat(strzero(c4,2,16));
    return retstring;
}

String strzero(long num, int len, int base)
{
  String retstring = String("");
  int ln = 1 ;
    int i = 0 ;
    char tmp[10] ;
    long tmpnum = num ;
    int tmpchr = 0 ;
    char hexcode[]={'0','1','2','3','4','5','6','7','8','9','A','B','C','D','E','F'} ;
    while (ln <= len)
    {
        tmpchr = (int)(tmpnum % base) ;
        tmp[ln-1] = hexcode[tmpchr] ;
        ln++ ;
         tmpnum = (long)(tmpnum/base) ;
/*
        Serial.print("tran :(");
        Serial.print(ln);
        Serial.print(")/(");
        Serial.print(hexcode[tmpchr] );
        Serial.print(")/(");
        Serial.print(tmpchr);
```

RFID 門禁管制機測試程式二(doorcontrol02)

```
            Serial.println(")");
            */

        }
        for (i = len-1; i >= 0 ; i --)
            {
                retstring.concat(tmp[i]);
            }

    return retstring;
}

unsigned long unstrzero(String hexstr)
{
    String chkstring    ;
    int len = hexstr.length() ;
    if (debugmode == 1)
            {
                Serial.print("String ");
                Serial.println(hexstr);
                Serial.print("len:");
                Serial.println(len);
            }
        unsigned int i = 0 ;
        unsigned int tmp = 0 ;
        unsigned int tmp1 = 0 ;
        unsigned long tmpnum = 0 ;
        String hexcode = String("0123456789ABCDEF") ;
        for (i = 0 ; i < (len ) ; i++)
        {
    //          chkstring= hexstr.substring(i,i) ;
            hexstr.toUpperCase() ;
                tmp = hexstr.charAt(i) ;     // give i th char and return this char
                tmp1 = hexcode.indexOf(tmp) ;
            tmpnum = tmpnum + tmp1* POW(16,(len -i -1) )    ;

            if (debugmode == 1)
```

RFID 門禁管制機測試程式二(doorcontrol02)

```
        {
                Serial.print("char:( ");
             Serial.print(i);
                Serial.print(")/(");
             Serial.print(hexstr);
                Serial.print(")/(");
             Serial.print(tmpnum);
                Serial.print(")/(");
             Serial.print((long)pow(16,(len -i -1)));
                Serial.print(")/(");
             Serial.print(pow(16,(len -i -1) ));
                Serial.print(")/(");
             Serial.print((char)tmp);
                Serial.print(")/(");
             Serial.print(tmp1);
                Serial.print(")");
                Serial.println("");
        }
      }
   return tmpnum;
}

long POW(long num, int expo)
{
   long tmp =1 ;
   if (expo > 0)
   {
            for(int i = 0 ; i< expo ; i++)
               tmp = tmp * num ;
             return tmp ;
   }
   else
   {
    return tmp ;
   }
}
```

我們發現圖 43(a)所示，MF RC522 模組讀到卡(卡號：316C1155)，為不是正確的開門卡，所以不會啟動繼電器，而見圖 43(b)所示，MF RC522 模組讀到卡(卡號：6AE4E616)，為正確的開門卡，則 Arduino 開發模組在 MF RC522 模組讀到該卡號之後，比對表 30 內『String keyno1 = String("6AE4E616");』的變數，為相同的變數內容，則使繼電器模組的 Com 與 NC 兩接點短路，讓電磁鎖(如圖 7 所示)開門。

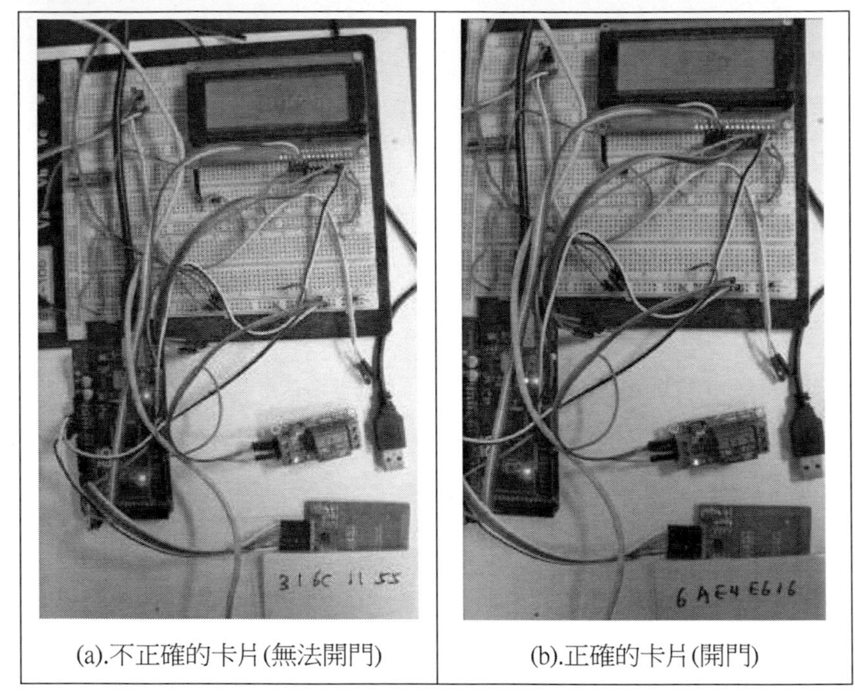

(a).不正確的卡片(無法開門)　(b).正確的卡片(開門)

圖 43 RFID 門禁管制機測試程式二執行畫面

寫入 RFID 卡號到內存記憶體

由於不可能每增加一張卡號，就必需重新修改程式，重新編譯與上傳程式到 Arduino 開發板，所以我們必需使用 Arduino 開發板的內存的電子式可擦拭唯讀記憶體 (EEPROM)來預存卡號，我們依照表 27 & 表 28 進行電路連接，連接 MF RC522 RFID 模組，讀者依照表 31 之 RFID 門禁管制機測試程式三進行程式攥寫的動作。

表 31 RFID 門禁管制機測試程式三

RFID 門禁管制機測試程式三(doorcontrol10)

```
#include <EEPROM.h>

int keycontroladdress = 10;
int keystartaddress = 20;
String key1 = String("316C1155") ;
String key2 = String("6AE4E616") ;
byte cardvalue[4] ;
int debugmode = 0;


void setup() {
  Serial.begin(9600);
  Serial.println("Now Write key data") ;
  // 在 keycontroladdress = 20 上寫入數值 100
  EEPROM.write(keycontroladdress, 100);   //mean activate key store function
  EEPROM.write(keycontroladdress+2, 2);   //mean activate key store function
  decryptkey(key1);
  writekey(keystartaddress);
  decryptkey(key2);
  writekey(keystartaddress+10);
  Serial.println("Now read key data") ;
  Serial.print("Key1 :(") ;
  Serial.print(readkey(keystartaddress));
  Serial.println(")") ;
    Serial.print("Key2 :(") ;
  Serial.print(readkey(keystartaddress+10));
  Serial.println(")") ;

}
void loop() {
}

void decryptkey(String kk)
{
  int tmp1,tmp2,tmp3,tmp4 ;
  tmp1 = unstrzero(kk.substring(0, 2) ,16);
```

RFID 門禁管制機測試程式三(doorcontrol10)

```
  tmp2 = unstrzero(kk.substring(2, 4) ,16);
  tmp3 = unstrzero(kk.substring(4, 6) ,16);
  tmp4 = unstrzero(kk.substring(6, 8) ,16);
  cardvalue[0] = tmp1 ;
  cardvalue[1] = tmp2 ;
  cardvalue[2] = tmp3 ;
  cardvalue[3] = tmp4 ;
        if (debugmode == 1)
        {
            Serial.print("decryptkey key : ");
            Serial.print("key1 =");
            Serial.print(kk);
            Serial.print(":(");
            Serial.println(tmp1,HEX);
            Serial.print("/");
            Serial.print(tmp2,HEX);
            Serial.print("/");
            Serial.print(tmp3,HEX);
            Serial.print("/");
            Serial.print(tmp4,HEX);
            Serial.print(")");
            Serial.println("");
        }
}

String readkey(int keyarea)
{
    int k1,k2,k3,k4 ;
    k1 = EEPROM.read(keyarea);
    k2 = EEPROM.read(keyarea+1);
    k3 = EEPROM.read(keyarea+2);
    k4 = EEPROM.read(keyarea+3);
      if (debugmode == 1)
      {
            Serial.print("read key : ");
            Serial.print("key1 =(");
            Serial.println(k1,HEX);
```

RFID 門禁管制機測試程式三(doorcontrol10)

```
                Serial.print("/");
                Serial.print(k2,HEX);
                Serial.print("/");
                Serial.print(k3,HEX);
                Serial.print("/");
                Serial.print(k4,HEX);
                Serial.print(")");
                Serial.println("");
          }
     return getcardnumber(k1,k2,k3,k4);
}

void writekey(int keyarea)
{
     EEPROM.write(keyarea, cardvalue[0]);
     EEPROM.write(keyarea+1, cardvalue[1]);
     EEPROM.write(keyarea+2, cardvalue[2]);
     EEPROM.write(keyarea+3, cardvalue[3]);

}
String strzero(long num, int len, int base)
{
   String retstring = String("");
   int ln = 1 ;
     int i = 0 ;
     char tmp[10] ;
     long tmpnum = num ;
     int tmpchr = 0 ;
     char hexcode[]={'0','1','2','3','4','5','6','7','8','9','A','B','C','D','E','F'} ;
     while (ln <= len)
     {
           tmpchr = (int)(tmpnum % base) ;
           tmp[ln-1] = hexcode[tmpchr] ;
           ln++ ;
            tmpnum = (long)(tmpnum/base) ;
/*
           Serial.print("tran :(");
```

RFID 門禁管制機測試程式三(doorcontrol10)

```
            Serial.print(ln);
            Serial.print(")/(");
            Serial.print(hexcode[tmpchr] );
            Serial.print(")/(");
            Serial.print(tmpchr);
            Serial.println(")");
            */

        }
        for (i = len-1; i >= 0 ; i --)
          {
              retstring.concat(tmp[i]);
          }

  return retstring;
}

unsigned long unstrzero(String hexstr, int base)
{
  String chkstring   ;
  int len = hexstr.length() ;
  if (debugmode == 1)
          {
              Serial.print("String ");
              Serial.println(hexstr);
              Serial.print("len:");
              Serial.println(len);
          }
      unsigned int i = 0 ;
      unsigned int tmp = 0 ;
      unsigned int tmp1 = 0 ;
      unsigned long tmpnum = 0 ;
      String hexcode = String("0123456789ABCDEF") ;
      for (i = 0 ; i < (len ) ; i++)
      {
  //        chkstring= hexstr.substring(i,i) ;
          hexstr.toUpperCase() ;
```

RFID 門禁管制機測試程式三(doorcontrol10)

```
            tmp = hexstr.charAt(i) ;    // give i th char and return this char
            tmp1 = hexcode.indexOf(tmp) ;
        tmpnum = tmpnum + tmp1* POW(base,(len -i -1) )   ;

        if (debugmode == 1)
        {
                Serial.print("char:( ");
            Serial.print(i);
                Serial.print(")/(");
            Serial.print(hexstr);
                Serial.print(")/(");
            Serial.print(tmpnum);
                Serial.print(")/(");
            Serial.print((long)pow(16,(len -i -1)));
                Serial.print(")/(");
            Serial.print(pow(16,(len -i -1) ));
                Serial.print(")/(");
            Serial.print((char)tmp);
                Serial.print(")/(");
            Serial.print(tmp1);
                Serial.print(")");
                Serial.println("");
        }
    }
  return tmpnum;
}

long POW(long num, int expo)
{
  long tmp =1 ;
  if (expo > 0)
  {
        for(int i = 0 ; i< expo ; i++)
            tmp = tmp * num ;
          return tmp ;
  }
  else
```

RFID 門禁管制機測試程式三(doorcontrol10)

```
  {
   return tmp ;
  }
}

String getcardnumber(byte c1, byte c2, byte c3, byte c4)
{
    String retstring = String("");
     retstring.concat(strzero(c1,2,16));
     retstring.concat(strzero(c2,2,16));
     retstring.concat(strzero(c3,2,16));
     retstring.concat(strzero(c4,2,16));
     return retstring;
}
```

我們發現圖 44 所示，我們將卡號：316C1155、卡號：6AE4E616 存入 Arduino 開發板的 EEPROM 記憶體之中，並寫入指示資料)，見圖 44 所示，有兩組 Key CardsKey Cards 資料儲存在 EEPROM 記憶體之中。

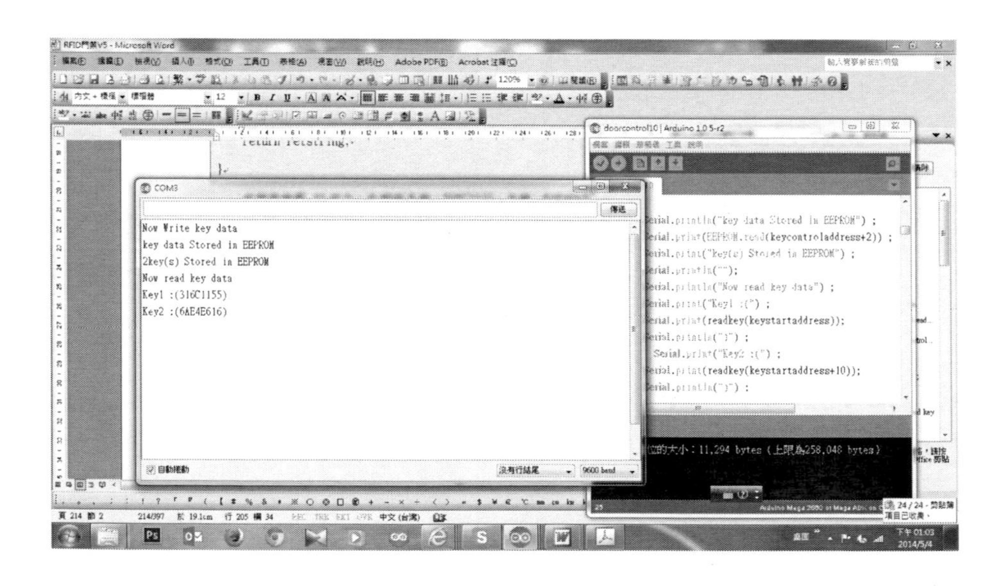

圖 44 RFID 門禁管制機測試程式三執行畫面

透過內存 RFID 卡號控制開鎖

上節我們已經將兩可以正確組卡號，卡號：316C1155、卡號：6AE4E616 存入 Arduino 開發板的 EEPROM 記憶體之中，我們依照表 27 & 表 28 進行電路連接，連接 MF RC522 RFID 模組，讀者依照表 32 之 RFID 門禁管制機測試程式四進行程式攥寫的動作。

表 32 RFID 門禁管制機測試程式四

RFID 門禁管制機測試程式四(doorcontrol11)

```
#include <EEPROM.h>
#include <LiquidCrystal.h>
#include <SPI.h>
#include <RFID.h>
#include <String.h>
#define openkeypin 4
int debugmode = 0;
#define relayopendelay 1500
/* LiquidCrystal display with:

LiquidCrystal(rs, enable, d4, d5, d6, d7)
LiquidCrystal(rs, rw, enable, d4, d5, d6, d7)
LiquidCrystal(rs, enable, d0, d1, d2, d3, d4, d5, d6, d7)
LiquidCrystal(rs, rw, enable, d0, d1, d2, d3, d4, d5, d6, d7)
R/W Pin Read = LOW / Write = HIGH     // if No pin connect RW , please leave R/W
```

RFID 門禁管制機測試程式四(doorcontrol11)

```
Pin for Low State


Parameters
*/


LiquidCrystal lcd(8,9,10,38,40,42,44);    //ok
RFID rfid(53,5);          //this is used for Arduino Mega 2560
//RFID rfid(10,5);       //this is used for Arduino UNO
String keyno1 = String("6AE4E616");
int keycontroladdress = 10;
int keystartaddress = 20;
byte cardvalue[4] ;
int Maxkey = 0 ;
String Keylist[100] ;

void setup()
{
  Serial.begin(9600);
  Serial.println("RFID Mifare Read");
      SPI.begin();
  rfid.init();
  pinMode(openkeypin,OUTPUT);
  digitalWrite(openkeypin,LOW);
lcd.begin(20, 4);
// 設定 LCD 的行列數目 (4 x 20)
```

RFID 門禁管制機測試程式四(doorcontrol11)

```
 lcd.setCursor(0,0);
   // 列印 "Hello World" 訊息到 LCD 上
lcd.print("RFID Mifare Read");
getAllKey(keycontroladdress,keystartaddress) ;


}


void loop()
{
   boolean readcardok = false ;
// 將游標設到 column 0, line 1
// (注意: line 1 是第二行(row)，因為是從 0 開始數起):
   if (rfid.isCard()) {                                        //找尋卡片
              if (rfid.readCardSerial()) {
                 readcardok = true ;
                 //取得卡片的 ID+CRC 校驗碼
                              //第 0~3 個 byte:卡片 ID
                              Serial.println(" ");
                              Serial.print("RFID Card Number is : ");
                 Serial.print(strzero(rfid.serNum[0],2,16));
                              Serial.print("/");
                 Serial.print(rfid.serNum[0],HEX);
                              Serial.print("/");
                 Serial.print(rfid.serNum[0],DEC);
                              Serial.print(" , ");
```

RFID 門禁管制機測試程式四(doorcontrol11)

```
Serial.print(strzero(rfid.serNum[1],2,16));
        Serial.print("/");
Serial.print(rfid.serNum[1],HEX);
        Serial.print("/");
Serial.print(rfid.serNum[1],DEC);
        Serial.print(" , ");
Serial.print(strzero(rfid.serNum[2],2,16));
        Serial.print("/");
Serial.print(rfid.serNum[2],HEX);
        Serial.print("/");
Serial.print(rfid.serNum[2],DEC);
        Serial.print(" , ");
Serial.print(strzero(rfid.serNum[3],2,16));
        Serial.print("/");
Serial.print(rfid.serNum[3],HEX);
        Serial.print("/");
Serial.println(rfid.serNum[3],DEC);
        //第 4 個 byte:CRC 校驗位元
        Serial.print("CRC is : ");
        Serial.print(strzero(rfid.serNum[4],2,16));
        Serial.print("/");
Serial.print(rfid.serNum[4],HEX);
        Serial.print("/");
Serial.println(rfid.serNum[4],DEC);
        lcd.setCursor(2, 1);
```

RFID 門禁管制機測試程式四(doorcontrol11)

```
                    lcd.print(strzero(rfid.serNum[0],2,16));
                    lcd.setCursor(5, 1);
                    lcd.print(strzero(rfid.serNum[1],2,16));
                    lcd.setCursor(8, 1);
                    lcd.print(strzero(rfid.serNum[2],2,16));
                    lcd.setCursor(11, 1);
                    lcd.print(strzero(rfid.serNum[3],2,16));
                    lcd.setCursor(4, 2);
                    lcd.print(getcard-
number(rfid.serNum[0],rfid.serNum[1],rfid.serNum[2],rfid.serNum[3]) );

        }

    }
    rfid.halt();          //命令卡片進入休眠狀態
    if (readcardok)    // new card readed
    {
        keyno1                          =                          getcard-
number(rfid.serNum[0],rfid.serNum[1],rfid.serNum[2],rfid.serNum[3]) ;
            if (checkAllKey(keyno1) )
              {
                  digitalWrite(openkeypin,HIGH);
                    lcd.setCursor(0, 3);
                lcd.print("Access Granted:Open");
                Serial.println("Access Granted:Door Open");
```

RFID 門禁管制機測試程式四(doorcontrol11)

```
                    delay(relayopendelay) ;
                     digitalWrite(openkeypin,LOW);
               }
               else
               {
                  //     digitalWrite(openkeypin,LOW);
                      lcd.setCursor(0, 3);
                     lcd.print("Access Denied:Closed");
                     Serial.println("Access Denied:Door Closed");
               }
     }

     delay(500);              //延時 0.5 秒
}
boolean checkAllKey(String kk)
{
   if (debugmode == 1)
      {
           Serial.print("read for check    key is :(");
           Serial.print(kk);
           Serial.print("/");
           Serial.print(Maxkey);
           Serial.print(")\n");
      }
  int i = 0 ;
```

RFID 門禁管制機測試程式四(doorcontrol11)

```
  if (Maxkey > 0 )
    for (i = 0 ; i < (Maxkey ) ; i ++)
      {
            if (debugmode == 1)
                {
                    Serial.print("Compare internal key value is    :(");
                    Serial.print(i);
                    Serial.print(")");
                    Serial.print(Keylist[i]);
                   Serial.print("/\n");
                }
          if ( kk == Keylist[i] )
              {
                  Serial.println("Card comparee is successful");
                  return true ;
              }
      }
    return false ;
}

String getcardnumber(byte c1, byte c2, byte c3, byte c4)
{
   String retstring = String("");
    retstring.concat(strzero(c1,2,16));
    retstring.concat(strzero(c2,2,16));
```

RFID 門禁管制機測試程式四(doorcontrol11)

```
    retstring.concat(strzero(c3,2,16));
    retstring.concat(strzero(c4,2,16));
    return retstring;
}

void getAllKey(int controlarea, int keyarea)
{
    int i = 0;
    Maxkey = getKeyinSizeCount(controlarea) ;
            if (debugmode == 1)
                {
                    Serial.print("Max key is :(");
                    Serial.print(Maxkey);
                    Serial.print(")\n");
                }
    if ( Maxkey >0)
        {
            for(i = 0 ; i < (Maxkey); i++)
                {
                    Keylist[i] = String(readkey(keyarea+(i*10) ) );
            if (debugmode == 1)
                {
                    Serial.print("inter key is :(");
                    Serial.print(i);
                    Serial.print("/") ;
```

RFID 門禁管制機測試程式四(doorcontrol11)

```
                    Serial.print(Keylist[i] );
                    Serial.print(")\n");
                }
            }
        }


}




int getKeyinSizeCount(int keycontrol)
{
        if (debugmode == 1)
            {
                    Serial.print("Read memory head is :(") ;
                    Serial.print(keycontrol) ;
                    Serial.print("/") ;
                    Serial.print(EEPROM.read(keycontrol) ) ;
                    Serial.print("/") ;
                    Serial.print(EEPROM.read(keycontrol+2) ) ;
                    Serial.print(")") ;
                    Serial.print("\n") ;
            }
    int tmp = -1;
    if (EEPROM.read(keycontrol) == 100)
```

RFID 門禁管制機測試程式四(doorcontrol11)

```
    {
        tmp = EEPROM.read(keycontrol+2) ;
         if (debugmode == 1)
            {
               Serial.print("key head is ok \n") ;
               Serial.print("key count is :(") ;
              Serial.print(tmp) ;
              Serial.print(") \n") ;
            }
        return tmp ;
    }
    else
    {
       if (debugmode == 1)
                    Serial.print("key head is fail \n") ;
       tmp = -1 ;
    }
  // if (val)
  return tmp ;
}

void decryptkey(String kk)
{
  int tmp1,tmp2,tmp3,tmp4 ;
  tmp1 = unstrzero(kk.substring(0, 2) ,16);
```

RFID 門禁管制機測試程式四(doorcontrol11)

```
tmp2 = unstrzero(kk.substring(2, 4) ,16);
tmp3 = unstrzero(kk.substring(4, 6) ,16);
tmp4 = unstrzero(kk.substring(6, 8) ,16);
cardvalue[0] = tmp1 ;
cardvalue[1] = tmp2 ;
cardvalue[2] = tmp3 ;
cardvalue[3] = tmp4 ;
        if (debugmode == 1)
        {
            Serial.print("decryptkey key : ");
            Serial.print("key1 =");
            Serial.print(kk);
            Serial.print(":(");
            Serial.println(tmp1,HEX);
            Serial.print("/");
            Serial.print(tmp2,HEX);
            Serial.print("/");
            Serial.print(tmp3,HEX);
            Serial.print("/");
            Serial.print(tmp4,HEX);
            Serial.print(")");
            Serial.println("");
        }
}
```

RFID 門禁管制機測試程式四(doorcontrol11)

```
String readkey(int keyarea)
{
    int k1,k2,k3,k4 ;
    k1 = EEPROM.read(keyarea);
    k2 = EEPROM.read(keyarea+1);
    k3 = EEPROM.read(keyarea+2);
    k4 = EEPROM.read(keyarea+3);
      if (debugmode == 1)
      {
            Serial.print("read key : ");
            Serial.print("key1 =(");
            Serial.println(k1,HEX);
            Serial.print("/");
            Serial.print(k2,HEX);
            Serial.print("/");
            Serial.print(k3,HEX);
            Serial.print("/");
            Serial.print(k4,HEX);
            Serial.print(")");
            Serial.println("");
      }
    return getcardnumber(k1,k2,k3,k4);
}


void writekey(int keyarea)
```

RFID 門禁管制機測試程式四(doorcontrol11)

```
{
     EEPROM.write(keyarea, cardvalue[0]);
     EEPROM.write(keyarea+1, cardvalue[1]);
     EEPROM.write(keyarea+2, cardvalue[2]);
     EEPROM.write(keyarea+3, cardvalue[3]);


}

String strzero(long num, int len, int base)
{
  String retstring = String("");
  int ln = 1 ;
     int i = 0 ;
     char tmp[10] ;
     long tmpnum = num ;
     int tmpchr = 0 ;
     char hexcode[]={'0','1','2','3','4','5','6','7','8','9','A','B','C','D','E','F'} ;
     while (ln <= len)
     {
          tmpchr = (int)(tmpnum % base) ;
          tmp[ln-1] = hexcode[tmpchr] ;
          ln++ ;
           tmpnum = (long)(tmpnum/base) ;
/*
          Serial.print("tran :(");
```

RFID 門禁管制機測試程式四(doorcontrol11)

```
        Serial.print(ln);
        Serial.print(")/(");
        Serial.print(hexcode[tmpchr] );
        Serial.print(")/(");
        Serial.print(tmpchr);
        Serial.println(")");
        */

    }
    for (i = len-1; i >= 0 ; i --)
      {
          retstring.concat(tmp[i]);
      }

  return retstring;
}

unsigned long unstrzero(String hexstr, int base)
{
  String chkstring    ;
  int len = hexstr.length() ;
  if (debugmode == 1)
      {
          Serial.print("String ");
          Serial.println(hexstr);
```

RFID 門禁管制機測試程式四(doorcontrol11)

```
        Serial.print("len:");
        Serial.println(len);
    }
  unsigned int i = 0 ;
  unsigned int tmp = 0 ;
  unsigned int tmp1 = 0 ;
  unsigned long tmpnum = 0 ;
  String hexcode = String("0123456789ABCDEF") ;
  for (i = 0 ; i < (len ) ; i++)
  {
//       chkstring= hexstr.substring(i,i) ;
    hexstr.toUpperCase() ;
          tmp = hexstr.charAt(i) ;     // give i th char and return this char
          tmp1 = hexcode.indexOf(tmp) ;
    tmpnum = tmpnum + tmp1* POW(base,(len -i -1) )   ;

    if (debugmode == 1)
    {
          Serial.print("char:( ");
        Serial.print(i);
          Serial.print(")/(");
        Serial.print(hexstr);
          Serial.print(")/(");
        Serial.print(tmpnum);
          Serial.print(")/(");
```

RFID 門禁管制機測試程式四(doorcontrol11)

```
            Serial.print((long)pow(16,(len -i -1)));
              Serial.print(")/(");
            Serial.print(pow(16,(len -i -1) ));
              Serial.print(")/(");
            Serial.print((char)tmp);
              Serial.print(")/(");
            Serial.print(tmp1);
              Serial.print(")");
              Serial.println("");
        }
      }
  return tmpnum;
}

long POW(long num, int expo)
{
  long tmp =1 ;
  if (expo > 0)
  {
        for(int i = 0 ; i< expo ; i++)
            tmp = tmp * num ;
          return tmp ;
  }
  else
  {
```

RFID 門禁管制機測試程式四(doorcontrol11)
return tmp ;   } }

在程式一開始，我們將讀取所有內存的卡號後，確定變數 maxkey 有多少組內存卡號，並將卡號存入 Keylist 的字串陣列之中，在之後讀取到 RFID 卡之後，將讀到的卡號與內存的所有卡號比對後，若有與內存的卡號相同者，我們就啟動繼電器模組，來控制外部電力裝置開關與否，主要是將電磁鎖(如圖 7 所示)的開門開關電路，參照表 27 所示，接至繼電器模組的 Com 與 NC 兩接點，在正確讀取到適合卡號時，啟動繼電器模組，使繼電器模組的 Com 與 NC 兩接點短路，讓電磁鎖(如圖 7 所示)開門。

我們發現圖 45(a)所示，MF RC522 模組讀到卡(卡號：315C1155)，為不是正確的開門卡，所以不會啟動繼電器，而見圖 45 (b)所示，MF RC522 模組讀到卡(卡號：6AE4E616)，為正確的開門卡，則 Arduino 開發模組在 MF RC522 模組讀到該卡號之後，比對 Keylist 的字串陣列之中的變數，為相同的變數內容，則使繼電器模組的 Com 與 NC 兩接點短路，讓電磁鎖(如圖 7 所示)開門。

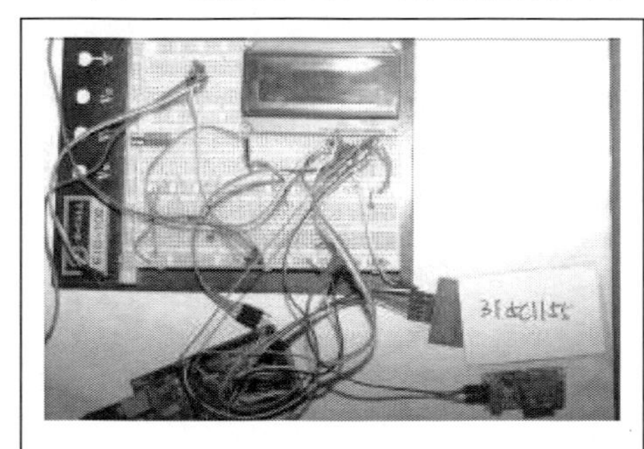	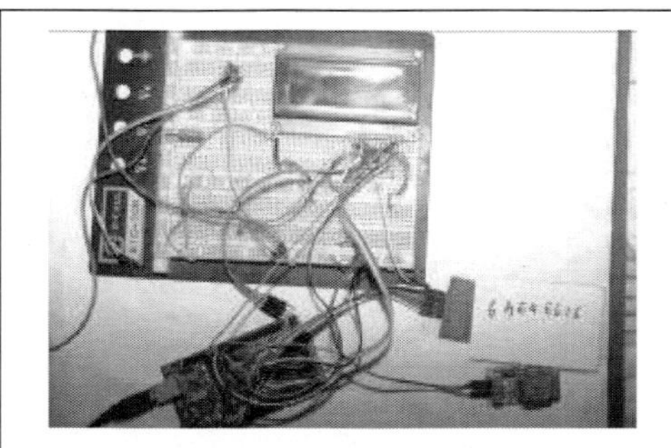
(a).非內存一號卡片(不開門)	(b). 內存二號卡片(開門)

圖 45 RFID 門禁管制機測試程式四執行畫面

本書進展到此，可以發現可以完整運作一個 RFID 門禁管制機的基本所有功能，包含內含 RFID 卡號來開門，控制電控鎖開門等等功能，可以說是，麻雀雖小，五臟俱全的一個完整的 RFID 門禁管制機。

加入聲音通知使用者

一般使用者,在使用門禁管制機時，並不會注視門禁管制機的 LCD 螢幕，這時後聲音反而是使用者最佳的人機界面。

我們依照表 27 & 表 28 進行電路連接，並加入圖 46 之喇吧於 Arduino 開發板的 Pin 3，連接 MF RC522 RFID 模組，讀者依照表 33 之 RFID 門禁管制機測試程式五進行程式攥寫的動作。

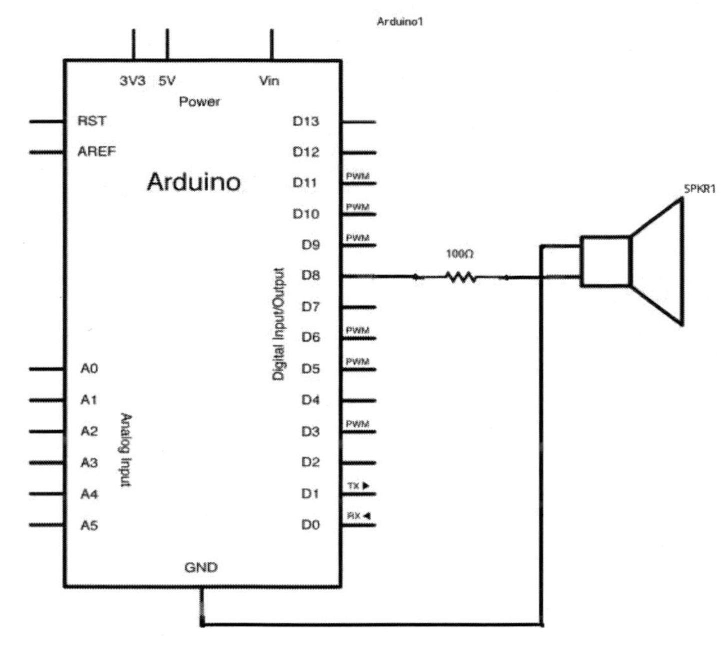

圖 46 Arduino 喇吧接線圖

表 33 RFID 門禁管制機測試程式五

RFID 門禁管制機測試程式五(doorcontrol12)
#include <EEPROM.h> #include <LiquidCrystal.h> #include <SPI.h> #include <RFID.h> #include <String.h> #include "pitches.h" #define openkeypin 4 int debugmode = 0; #define relayopendelay 1500

RFID 門禁管制機測試程式五(doorcontrol12)

```
#define tonepin 3

/* LiquidCrystal display with:


LiquidCrystal(rs, enable, d4, d5, d6, d7)

LiquidCrystal(rs, rw, enable, d4, d5, d6, d7)

LiquidCrystal(rs, enable, d0, d1, d2, d3, d4, d5, d6, d7)

LiquidCrystal(rs, rw, enable, d0, d1, d2, d3, d4, d5, d6, d7)

R/W Pin Read = LOW / Write = HIGH     // if No pin connect RW , please leave R/W
Pin for Low State


Parameters

*/


LiquidCrystal lcd(8,9,10,38,40,42,44);     //ok

RFID rfid(53,5);           //this is used for Arduino Mega 2560

//RFID rfid(10,5);       //this is used for Arduino UNO

String keyno1 = String("6AE4E616");

int keycontroladdress = 10;

int keystartaddress = 20;

byte cardvalue[4] ;

int Maxkey = 0 ;

String Keylist[100] ;

// notes in the melody:

int melody[] = {
```

RFID 門禁管制機測試程式五(doorcontrol12)

```
    NOTE_C4,    NOTE_G3,NOTE_G3,    NOTE_A3,    NOTE_G3,0,    NOTE_B3,
NOTE_C4};

// note durations: 4 = quarter note, 8 = eighth note, etc.:
int noteDurations[] = {
    4, 8, 8, 4,4,4,4,4 };

void setup()
{
   Serial.begin(9600);
   Serial.println("RFID Mifare Read");
      SPI.begin();
   rfid.init();
   pinMode(openkeypin,OUTPUT);
   digitalWrite(openkeypin,LOW);
lcd.begin(20, 4);
// 設定 LCD 的行列數目 (4 x 20)
  lcd.setCursor(0,0);
   // 列印 "Hello World" 訊息到 LCD 上
lcd.print("RFID Mifare Read");
getAllKey(keycontroladdress,keystartaddress) ;
//testtone();
}

void loop()
```

RFID 門禁管制機測試程式五(doorcontrol12)

```
{
  boolean readcardok = false ;
// 將游標設到 column 0, line 1
// (注意: line 1 是第二行(row)，因為是從 0 開始數起):
  if (rfid.isCard()) {                                          //找尋卡片
            if (rfid.readCardSerial()) {
              readcardok = true ;
              //取得卡片的 ID+CRC 校驗碼
                          //第 0~3 個 byte:卡片 ID
                          Serial.println(" ");
                          Serial.print("RFID Card Number is : ");
              Serial.print(strzero(rfid.serNum[0],2,16));
                          Serial.print("/");
              Serial.print(rfid.serNum[0],HEX);
                          Serial.print("/");
              Serial.print(rfid.serNum[0],DEC);
                          Serial.print(" , ");
              Serial.print(strzero(rfid.serNum[1],2,16));
                          Serial.print("/");
              Serial.print(rfid.serNum[1],HEX);
                          Serial.print("/");
              Serial.print(rfid.serNum[1],DEC);
                          Serial.print(" , ");
              Serial.print(strzero(rfid.serNum[2],2,16));
                          Serial.print("/");
```

RFID 門禁管制機測試程式五(doorcontrol12)

```
Serial.print(rfid.serNum[2],HEX);
        Serial.print("/");
Serial.print(rfid.serNum[2],DEC);
        Serial.print(" , ");
Serial.print(strzero(rfid.serNum[3],2,16));
        Serial.print("/");
Serial.print(rfid.serNum[3],HEX);
        Serial.print("/");
Serial.println(rfid.serNum[3],DEC);
        //第 4 個 byte:CRC 校驗位元
        Serial.print("CRC is : ");
        Serial.print(strzero(rfid.serNum[4],2,16));
        Serial.print("/");
Serial.print(rfid.serNum[4],HEX);
        Serial.print("/");
Serial.println(rfid.serNum[4],DEC);
        lcd.setCursor(2, 1);
        lcd.print(strzero(rfid.serNum[0],2,16));
        lcd.setCursor(5, 1);
        lcd.print(strzero(rfid.serNum[1],2,16));
        lcd.setCursor(8, 1);
        lcd.print(strzero(rfid.serNum[2],2,16));
        lcd.setCursor(11, 1);
        lcd.print(strzero(rfid.serNum[3],2,16));
        lcd.setCursor(4, 2);
```

RFID 門禁管制機測試程式五(doorcontrol12)

```
                    lcd.print(getcard-
number(rfid.serNum[0],rfid.serNum[1],rfid.serNum[2],rfid.serNum[3]) );


            }


    }
    rfid.halt();            //命令卡片進入休眠狀態
    if (readcardok)     // new card readed
    {
        keyno1                              =                              getcard-
number(rfid.serNum[0],rfid.serNum[1],rfid.serNum[2],rfid.serNum[3]) ;
            if (checkAllKey(keyno1) )
              {
                    digitalWrite(openkeypin,HIGH);
                        lcd.setCursor(0, 3);
                  lcd.print("Access Granted:Open");
                  Serial.println("Access Granted:Door Open");
                  passtone();
                 delay(relayopendelay) ;
                  digitalWritc(openkeypin,LOW);
              }
              else
              {
                //     digitalWrite(openkeypin,LOW);
                    lcd.setCursor(0, 3);
```

RFID 門禁管制機測試程式五(doorcontrol12)

```
                    lcd.print("Access Denied:Closed");
                    nopasstone();
                    Serial.println("Access Denied:Door Closed");
                }
        }

        delay(500);                  //延時 0.5 秒
}
boolean checkAllKey(String kk)
{
  if (debugmode == 1)
      {
          Serial.print("read for check    key is :(");
          Serial.print(kk);
          Serial.print("/");
          Serial.print(Maxkey);
          Serial.print(")\n");
      }
 int i = 0 ;
  if (Maxkey > 0 )
     for (i = 0 ; i < (Maxkey ) ; i ++)
       {
             if (debugmode == 1)
                 {
                     Serial.print("Compare internal key value is    :(");
```

RFID 門禁管制機測試程式五(doorcontrol12)

```
                    Serial.print(i);
                    Serial.print(")");
                    Serial.print(Keylist[i]);
                   Serial.print("/\n");
              }
         if ( kk == Keylist[i] )
              {
                   Serial.println("Card comparee is successful");
                   return true ;
              }
       }
    return false ;
}

String getcardnumber(byte c1, byte c2, byte c3, byte c4)
{
   String retstring = String("");
    retstring.concat(strzero(c1,2,16));
    retstring.concat(strzero(c2,2,16));
    retstring.concat(strzero(c3,2,16));
    retstring.concat(strzero(c4,2,16));
    return retstring;
}

void getAllKey(int controlarea, int keyarea)
```

RFID 門禁管制機測試程式五(doorcontrol12)

```
{
    int i = 0;
    Maxkey = getKeyinSizeCount(controlarea) ;
            if (debugmode == 1)
                {
                    Serial.print("Max key is :(");
                    Serial.print(Maxkey);
                    Serial.print(")\n");
                }
    if ( Maxkey >0)
        {
            for(i = 0 ; i < (Maxkey); i++)
                {
                    Keylist[i] = String(readkey(keyarea+(i*10) ) );
            if (debugmode == 1)
                {
                    Serial.print("inter key is :(");
                    Serial.print(i);
                    Serial.print("/") ;
                    Serial.print(Keylist[i] );
                    Serial.print(")\n");
                }
            }
        }
```

RFID 門禁管制機測試程式五(doorcontrol12)

```
}

int getKeyinSizeCount(int keycontrol)
{
        if (debugmode == 1)
            {
                Serial.print("Read memory head is :(") ;
                Serial.print(keycontrol) ;
                Serial.print("/") ;
                Serial.print(EEPROM.read(keycontrol) ) ;
                Serial.print("/") ;
                Serial.print(EEPROM.read(keycontrol+2) ) ;
                Serial.print(")") ;
                Serial.print("\n") ;
            }
    int tmp = -1;
    if (EEPROM.read(keycontrol) == 100)
       {
            tmp = EEPROM.read(keycontrol+2) ;
             if (debugmode == 1)
                {
                 Serial.print("key head is ok \n") ;
                 Serial.print("key count is :(") ;
```

RFID 門禁管制機測試程式五(doorcontrol12)

```
                Serial.print(tmp) ;
                Serial.print(") \n") ;
              }
          return tmp ;
      }
      else
      {
          if (debugmode == 1)
                        Serial.print("key head is fail \n") ;
          tmp = -1 ;
      }
  // if (val)
  return tmp ;
}

void decryptkey(String kk)
{
  int tmp1,tmp2,tmp3,tmp4 ;
  tmp1 = unstrzero(kk.substring(0, 2) ,16);
  tmp2 = unstrzero(kk.substring(2, 4) ,16);
  tmp3 = unstrzero(kk.substring(4, 6) ,16);
  tmp4 = unstrzero(kk.substring(6, 8) ,16);
  cardvalue[0] = tmp1 ;
  cardvalue[1] = tmp2 ;
  cardvalue[2] = tmp3 ;
```

RFID 門禁管制機測試程式五(doorcontrol12)

```
   cardvalue[3] = tmp4 ;
         if (debugmode == 1)
        {
             Serial.print("decryptkey key : ");
             Serial.print("key1 =");
             Serial.print(kk);
             Serial.print(":(");
             Serial.println(tmp1,HEX);
             Serial.print("/");
             Serial.print(tmp2,HEX);
             Serial.print("/");
             Serial.print(tmp3,HEX);
             Serial.print("/");
             Serial.print(tmp4,HEX);
             Serial.print(")");
             Serial.println("");
        }
}

String readkey(int keyarea)
{
     int k1,k2,k3,k4 ;
     k1 = EEPROM.read(keyarea);
     k2 = EEPROM.read(keyarea+1);
     k3 = EEPROM.read(keyarea+2);
```

RFID 門禁管制機測試程式五(doorcontrol12)

```
    k4 = EEPROM.read(keyarea+3);
      if (debugmode == 1)
      {
            Serial.print("read key : ");
            Serial.print("key1 =(");
            Serial.println(k1,HEX);
            Serial.print("/");
            Serial.print(k2,HEX);
            Serial.print("/");
            Serial.print(k3,HEX);
            Serial.print("/");
            Serial.print(k4,HEX);
            Serial.print(")");
            Serial.println("");
      }
    return getcardnumber(k1,k2,k3,k4);
}

void writekey(int keyarea)
{
    EEPROM.write(keyarea, cardvalue[0]);
    EEPROM.write(keyarea+1, cardvalue[1]);
    EEPROM.write(keyarea+2, cardvalue[2]);
    EEPROM.write(keyarea+3, cardvalue[3]);
```

RFID 門禁管制機測試程式五(doorcontrol12)

```
}


String strzero(long num, int len, int base)
{
  String retstring = String("");
  int ln = 1 ;
    int i = 0 ;
    char tmp[10] ;
    long tmpnum = num ;
    int tmpchr = 0 ;
    char hexcode[]={'0','1','2','3','4','5','6','7','8','9','A','B','C','D','E','F'} ;
    while (ln <= len)
    {
        tmpchr = (int)(tmpnum % base) ;
        tmp[ln-1] = hexcode[tmpchr] ;
        ln++ ;
         tmpnum = (long)(tmpnum/base) ;
/*
        Serial.print("tran :(");
        Serial.print(ln);
        Serial.print(")/(");
        Serial.print(hexcode[tmpchr] );
        Serial.print(")/(");
        Serial.print(tmpchr);
        Serial.println(")");
```

RFID 門禁管制機測試程式五(doorcontrol12)

```
        */


    }
    for (i = len-1; i >= 0 ; i --)
      {
            retstring.concat(tmp[i]);
      }


  return retstring;
}


unsigned long unstrzero(String hexstr, int base)
{
  String chkstring    ;
  int len = hexstr.length() ;
  if (debugmode == 1)
      {
            Serial.print("String ");
            Serial.println(hexstr);
            Serial.print("len:");
            Serial.println(len);
      }
    unsigned int i = 0 ;
    unsigned int tmp = 0 ;
    unsigned int tmp1 = 0 ;
```

RFID 門禁管制機測試程式五(doorcontrol12)

```
    unsigned long tmpnum = 0 ;
    String hexcode = String("0123456789ABCDEF") ;
    for (i = 0 ; i < (len ) ; i++)
    {
//        chkstring= hexstr.substring(i,i) ;
      hexstr.toUpperCase() ;
            tmp = hexstr.charAt(i) ;     // give i th char and return this char
            tmp1 = hexcode.indexOf(tmp) ;
      tmpnum = tmpnum + tmp1* POW(base,(len -i -1) )    ;

      if (debugmode == 1)
      {
            Serial.print("char:( ");
          Serial.print(i);
            Serial.print(")/(");
          Serial.print(hexstr);
            Serial.print(")/(");
          Serial.print(tmpnum);
            Serial.print(")/(");
          Serial.print((long)pow(16,(len -i -1)));
            Serial.print(")/(");
          Serial.print(pow(16,(len -i -1) ));
            Serial.print(")/(");
          Serial.print((char)tmp);
            Serial.print(")/(");
```

```
            Serial.print(tmp1);
              Serial.print(")");
              Serial.println("");
        }
      }
  return tmpnum;
}

long POW(long num, int expo)
{
  long tmp =1 ;
  if (expo > 0)
  {
          for(int i = 0 ; i< expo ; i++)
            tmp = tmp * num ;
           return tmp ;
  }
  else
  {
   return tmp ;
  }
}

void testtone()
{
```

RFID 門禁管制機測試程式五(doorcontrol12)

```
  for (int thisNote = 0; thisNote < 8; thisNote++) {

      // to calculate the note duration, take one second
      // divided by the note type.
      //e.g. quarter note = 1000 / 4, eighth note = 1000/8, etc.
      int noteDuration = 1000/noteDurations[thisNote];
      tone(tonepin, melody[thisNote],noteDuration);

      // to distinguish the notes, set a minimum time between them.
      // the note's duration + 30% seems to work well:
      int pauseBetweenNotes = noteDuration * 1.30;
      delay(pauseBetweenNotes);
      // stop the tone playing:
      noTone(8);
    }

}

void passtone()
{
        tone(tonepin,NOTE_E5 ) ;
        delay(300);
        noTone(tonepin);

}
```

RFID 門禁管制機測試程式五(doorcontrol12)

```
void nopasstone()
{
  int delaytime = 150 ;
  int i = 0 ;
  for (i = 0 ;i<3;i++)
        {
          tone(tonepin,NOTE_E5,delaytime) ;
    //        tone(tonepin,NOTE_C4,delaytime) ;
       //     tone(tonepin,NOTE_C5,delaytime ) ;
        delay(delaytime);
        }
      noTone(tonepin);
}
```

在程式一開始，我們將讀取所有內存的卡號後，確定變數 maxkey 有多少組內存卡號，並將卡號存入 Keylist 的字串陣列之中，在之後讀取到 RFID 卡之後，將讀到的卡號與內存的所有卡號比對後，若有與內存的卡號相同者，我們就啟動繼電器模組，來控制外部電力裝置開關與否，主要是將電磁鎖(如圖 7 所示)的開門開關電路，參照表 27 所示，接至繼電器模組的 Com 與 NC 兩接點，在正確讀取到適合卡號時，啟動繼電器模組，使繼電器模組的 Com 與 NC 兩接點短路，讓電磁鎖(如圖 7 所示)開門。

我們發現圖 45(a)所示，MF RC522 模組讀到卡(卡號：315C1155)，為不是正確的開門卡，所以不會啟動繼電器，並發出連續的三短聲通知使用者，代表錯誤的門禁卡。

見圖 45 (b)所示，MF RC522 模組讀到卡(卡號：6AE4E616)，為正確的開門卡，則 Arduino 開發模組在 MF RC522 模組讀到該卡號之後，比對 Keylist 的字串陣列之中的變數，為相同的變數內容，則使繼電器模組的 Com 與 NC 兩接點短路，讓電磁鎖(如圖 7 所示)開門，並發出一長聲通知使用者，代表正確的門禁卡。

章節小結

本章主要介紹之 Arduino 開發板連接、使用 MF RC522 模組，透過 RFID 卡片讀取，比對電子式可擦拭唯讀記憶體 (EEPROM) 內的卡號資料，可以達到開門的目的，透過本章節的解說，相信讀者會對連接 MF RC522 模組、讀取電子式可擦拭唯讀記憶體 (EEPROM)、繼電器模組之整合，有更深入的了解與體認。

13
CHAPTER

RFID 門禁管制機進階製作

本書前面已介紹 RFID 門禁管制機大致上所有的功能，關於主題上相關聯的模組：如 LCM 2004 顯示模組(如圖 21 所示)，使用方法請參考拙作『Arduino 超音波測距機設計與製作』(曹永忠, 許智誠, & 蔡英德, 2013a)、繼電器模組(如圖 16 所示)，使用方法請參考拙作『Arduino 電風扇設計與製作』(曹永忠, 許智誠, & 蔡英德, 2013c) 、薄膜矩陣鍵盤模組(如圖 30 & 圖 32 所示)，使用方法請參考拙作『Arduino 超音波測距機設計與製作』(曹永忠 et al., 2013a) 、Mifare 卡(如圖 35 所示)，使用方法請參考本書『電子標簽(RFID Tag)』一章、RTC DS1307 模組 (如圖 24 所示)，使用方法請參考本書『Arduino 時鐘功能』一章與拙作『Arduino 電風扇設計與製作』(曹永忠 et al., 2013c)與『Arduino 電子秤設計與製作』(曹永忠, 許智誠, & 蔡英德, 2013b)。

但是，市售的商業門禁管制機，在交付給使用者之後，並不能有太多機會幫使用者更新程式，所以新卡建立必需仰賴使用者，此外，忘記帶門禁卡時，使用者也會希望可以用輸入卡號方式開門，所以在『RFID 門禁管制機進階製作』一章我們希望加入商業化的功能，來達到 RFID 門禁管制機的設計更高的商業實用價值，對於先前的基礎知識，本章節就不再重述之。

KeyPad 輸入預設資料

首先，我們提供可以輸入開門密碼來開啟電控鎖，但是之前我們必需先設定一些預設的開門密碼，所以我們依照表 35 & 表 28 進行電路連接，並加入圖 30 之 KeyPad 於 Arduino 開發板，讀者依照表 33 之 RFID 門禁管制機測試程式六進行程式攥寫的動作。

表 34 RFID 門禁管制機測試程式六

RFID 門禁管制機測試程式六(doorcontrol20)

```
#include <EEPROM.h>

int keypadcontroladdress = 16;
int keyspadtartaddress = 560;
String padkey1 = String("A123456") ;
String padkey2 = String("B123456") ;
byte cardvalue[10] ;
int debugmode = 0;


void setup() {
  Serial.begin(9600);
  Serial.println("Now Write key data") ;
  // 在 keycontroladdress = 20 上寫入數值 100
  EEPROM.write(keypadcontroladdress, 100);   //mean activate key store function
  EEPROM.write(keypadcontroladdress+2, 2);   //mean activate key store function
   writekey(keyspadtartaddress,padkey1);
    writekey(keyspadtartaddress+10,padkey2);
  if (EEPROM.read(keypadcontroladdress) == 100)
    {

            Serial.println("padkey data Stored in EEPROM") ;
            Serial.print(EEPROM.read(keypadcontroladdress+2)) ;
            Serial.print("padkey(s) Stored in EEPROM") ;
            Serial.println("");
            Serial.println("Now read pad key data") ;
            Serial.print("Pad Key1 :(") ;
            Serial.print(readkey(keyspadtartaddress));
            Serial.println(")") ;
              Serial.print("Pad Key2 :(") ;
            Serial.print(readkey(keyspadtartaddress+10));
            Serial.println(")") ;
    }
    else
{
            Serial.println("No any pad key data Stored in EEPROM") ;
```

RFID 門禁管制機測試程式六(doorcontrol20)

```
}


}
void loop() {
}



String readkey(int keyarea)
{
      String tmpstr = String("");
      char        tmpchr ;
    int i = 0 ;
  if (debugmode == 1)
             {
                   Serial.print("now read pad key data is :(");
                    Serial.print(keyarea);
                    Serial.print(")\n");
             }



      for(i = 0 ; i < 10 ; i++)
      {
              tmpchr =      EEPROM.read(keyarea + i);
              if (tmpchr != 0)
                   {
              if (debugmode == 1)
                        {
                               Serial.print("now read pad key str is :(");
                               Serial.print(i);
                               Serial.print("/");
                               Serial.print(tmpchr);
                               Serial.print("/");
                               Serial.print(tmpchr,HEX);
                               Serial.print(")\n");
                        }
                            tmpstr.concat(tmpchr) ;
                   }
```

RFID 門禁管制機測試程式六(doorcontrol20)

```
                else
                {
                   break ;
                }

        }

        return tmpstr;
}

void writekey(int keyarea, String str)
{
   int i = 0 ;
  if (debugmode == 1)
          {
                  Serial.print("now write pad key data is :(");
                  Serial.print(keyarea);
                  Serial.print("/");
                  Serial.print(str);
                  Serial.print(")\n");
          }

        for(i = 0 ; i < str.length() ; i++)
        {
            if (debugmode == 1)
                  {
                        Serial.print("now write pad key str is :(");
                        Serial.print(i);
                        Serial.print("/");
                        Serial.print(str.charAt(i));
                        Serial.print(")\n");
                  }
                  EEPROM.write(keyarea + i, str.charAt(i));
        }
                   EEPROM.write(keyarea + str.length(),NULL);

}
```

RFID 門禁管制機測試程式六(doorcontrol20)

```
String strzero(long num, int len, int base)
{
  String retstring = String("");
  int ln = 1 ;
    int i = 0 ;
    char tmp[10] ;
    long tmpnum = num ;
    int tmpchr = 0 ;
    char hexcode[]={'0','1','2','3','4','5','6','7','8','9','A','B','C','D','E','F'} ;
    while (ln <= len)
    {
        tmpchr = (int)(tmpnum % base) ;
        tmp[ln-1] = hexcode[tmpchr] ;
        ln++ ;
         tmpnum = (long)(tmpnum/base) ;
/*
        Serial.print("tran :(");
        Serial.print(ln);
        Serial.print(")/(");
        Serial.print(hexcode[tmpchr] );
        Serial.print(")/(");
        Serial.print(tmpchr);
        Serial.println(")");
        */

    }
    for (i = len-1; i >= 0 ; i --)
      {
          retstring.concat(tmp[i]);
      }

  return retstring;
}

unsigned long unstrzero(String hexstr, int base)
{
  String chkstring  ;
```

RFID 門禁管制機測試程式六(doorcontrol20)

```
  int len = hexstr.length() ;
  if (debugmode == 1)
      {
            Serial.print("String ");
            Serial.println(hexstr);
            Serial.print("len:");
            Serial.println(len);
      }
    unsigned int i = 0 ;
    unsigned int tmp = 0 ;
    unsigned int tmp1 = 0 ;
    unsigned long tmpnum = 0 ;
    String hexcode = String("0123456789ABCDEF") ;
    for (i = 0 ; i < (len ) ; i++)
    {
//        chkstring= hexstr.substring(i,i) ;
        hexstr.toUpperCase() ;
              tmp = hexstr.charAt(i) ;     // give i th char and return this char
              tmp1 = hexcode.indexOf(tmp) ;
        tmpnum = tmpnum + tmp1* POW(base,(len -i -1) )   ;

        if (debugmode == 1)
        {
                Serial.print("char:( ");
            Serial.print(i);
                Serial.print(")/(");
            Serial.print(hexstr);
                Serial.print(")/(");
            Serial.print(tmpnum);
                Serial.print(")/(");
            Serial.print((long)pow(16,(len -i -1)));
                Serial.print(")/(");
            Serial.print(pow(16,(len -i -1) ));
                Serial.print(")/(");
            Serial.print((char)tmp);
                Serial.print(")/(");
            Serial.print(tmp1);
```

RFID 門禁管制機測試程式六(doorcontrol20)

```
                    Serial.print(")");
                    Serial.println("");
            }
        }
    return tmpnum;
}

long POW(long num, int expo)
{
    long tmp =1 ;
    if (expo > 0)
    {
            for(int i = 0 ; i< expo ; i++)
              tmp = tmp * num ;
            return tmp ;
    }
    else
    {
     return tmp ;
    }
}

String getcardnumber(byte c1, byte c2, byte c3, byte c4)
{
     String retstring = String("");
       retstring.concat(strzero(c1,2,16));
       retstring.concat(strzero(c2,2,16));
       retstring.concat(strzero(c3,2,16));
       retstring.concat(strzero(c4,2,16));
       return retstring;
}
```

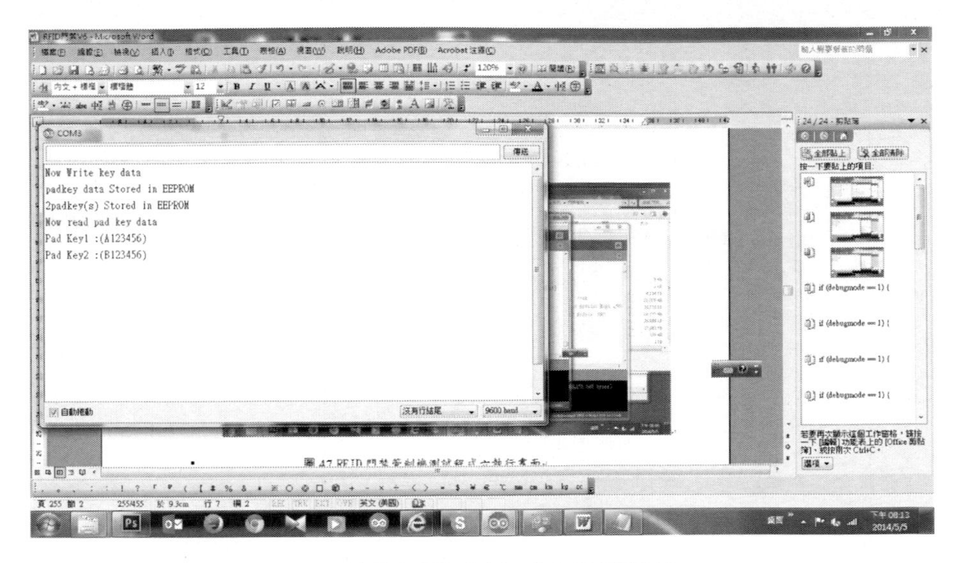

圖 47 RFID 門禁管制機測試程式六執行畫面

KeyPad 輸入密碼開門

我們依照表 35 & 表 28 進行電路連接，並加入圖 30 之 KeyPad 於 Arduino 開發板，讀者依照表 36 之 RFID 門禁管制機測試程式七進行程式攥寫的動作。

首先，我們提使用預設內存的開門密碼來開啟電控鎖，所以我們依照表 35 & 表 28 進行電路連接，並加入圖 30 之 KeyPad 於 Arduino 開發板，讀者依照表 36 之 RFID 門禁管制機測試程式七進行程式攥寫的動作。

表 35 MF RC-522 整合接腳表

模組	MF RC522 模組		Arduino 開發板	說明
Arduino MEGA 2560	Pin5 RST	RST	5	Reset Pin
	Pin1 NSS	SDA/SS	53	SPI SS
	Pin3 MOSI	MOSI	51	SPI MOSI
	Pin4 MISO	MISO	50	SPI MISO

	Pin2 SCK	SCK	52	SPI SCK
	Pin7 VCC	Vcc	+3.3V	3.3 V
	Pin6 GND	Gnd	GND	接地
Arduino UNO	Pin5 RST	RST	9	Reset Pin
	Pin1 NSS	SDA/SS	10	SPI SS
	Pin3 MOSI	MOSI	11	SPI MOSI
	Pin4 MISO	MISO	12	SPI MISO
	Pin2 SCK	SCK	13	SPI SCK
	Pin7 VCC	Vin	+3.3V	3.3 V
	Pin6 GND	Gnd	GND	接地

模組	模組接腳	Arduino 開發板接腳	解說
繼電器模組	Vcc	Arduino +5V	繼電器模組
	GND	Arduino GND(共地接點)	
	IN	Arduino Pin 12	
	NO(常開)	No use	
	NC(常關)	電控鎖外部開關+	
	COM(共用)	電控鎖外部開關-	

模組	模組接腳	Arduino 開發板接腳	解說
喇叭	Spk+	Arduino Pin 3	喇叭模組
	Spk-	Arduino GND(共地接點)	
4 * 4 鍵矩陣鍵盤		Arduino 開發板接腳	解說
Row1		Arduino digital input pin 35	Keypad 列接腳
Row2		Arduino digital input pin 37	
Row3		Arduino digital input pin 39	
Row4		Arduino digital input pin 41	
Col1		Arduino digital input pin 43	Keypad 行接腳
Col2		Arduino digital input pin 45	
Col3		Arduino digital input pin 47	
Col4		Arduino digital input pin 49	

表 36 RFID 門禁管制機測試程式七

RFID 門禁管制機測試程式七(doorcontrol21)

```
#include <EEPROM.h>
#include <LiquidCrystal.h>
#include <SPI.h>
#include <RFID.h>
#include <String.h>
#include "pitches.h"
#include <Keypad.h>


#define openkeypin 4
int debugmode = 0;
#define relayopendelay 1500

#define tonepin 3
/* LiquidCrystal display with:

LiquidCrystal(rs, enable, d4, d5, d6, d7)
LiquidCrystal(rs, rw, enable, d4, d5, d6, d7)
LiquidCrystal(rs, enable, d0, d1, d2, d3, d4, d5, d6, d7)
```

RFID 門禁管制機測試程式七(doorcontrol21)

```
LiquidCrystal(rs, rw, enable, d0, d1, d2, d3, d4, d5, d6, d7)
R/W Pin Read = LOW / Write = HIGH    // if No pin connect RW , please leave R/W
Pin for Low State

Parameters
*/

LiquidCrystal lcd(8,9,10,38,40,42,44);    //ok
RFID rfid(53,5);           //this is used for Arduino Mega 2560
//RFID rfid(10,5);      //this is used for Arduino UNO
String keyno1 = String("6AE4E616");
String padkey1 = String("A123456");
int keycontroladdress = 10;
int keystartaddress = 20;
int keypadcontroladdress = 16;
int keyspadtartaddress = 560;

byte cardvalue[4] ;
int Maxkey = 0 ;
int PadMaxkey = 0 ;
String Keylist[100] ;
String PadKeylist[100] ;
// notes in the melody:
int melody[] = {
    NOTE_C4, NOTE_G3,NOTE_G3, NOTE_A3, NOTE_G3,0, NOTE_B3,
NOTE_C4};

// note durations: 4 = quarter note, 8 = eighth note, etc.:
int noteDurations[] = {
    4, 8, 8, 4,4,4,4,4 };

const byte ROWS = 4; //four rows
const byte COLS = 4; //four columns
//define the cymbols on the buttons of the keypads
char hexaKeys[ROWS][COLS] = {
  {'1','2','3','A'},
  {'4','5','6','B'},
```

RFID 門禁管制機測試程式七(doorcontrol21)

```
    {'7','8','9','C'},
    {'*','0','#','D'}
};
byte rowPins[ROWS] = {33, 35, 37, 39}; //connect to the row pinouts of the keypad
byte colPins[COLS] = {41, 43, 45, 47}; //connect to the column pinouts of the keypad

//initialize an instance of class NewKeypad
//Keypad customKeypad = Keypad( makeKeymap(hexaKeys), rowPins, colPins, ROWS,
COLS);
Keypad customKeypad =   Keypad( makeKeymap(hexaKeys), rowPins, colPins, ROWS,
COLS);
char customKey ;

void setup()
{
    Serial.begin(9600);
    Serial.println("RFID Mifare Read");
       SPI.begin();
    rfid.init();
    pinMode(openkeypin,OUTPUT);
    digitalWrite(openkeypin,LOW);
lcd.begin(20, 4);
// 設定 LCD 的行列數目 (4 x 20)
  lcd.setCursor(0,0);
    // 列印 "Hello World" 訊息到 LCD 上
lcd.print("RFID Mifare Read");
getAllKey(keycontroladdress,keystartaddress) ;
getAllPadKey(keypadcontroladdress ,keyspadtartaddress ) ;
//testtone();
}

void loop()
{
    boolean readcardok = false ;
// 將游標設到 column 0, line 1
// (注意: line 1 是第二行(row)，因為是從 0 開始數起):
    if (rfid.isCard()) {                                          //找尋卡片
```

RFID 門禁管制機測試程式七(doorcontrol21)

```
            if (rfid.readCardSerial()) {
                readcardok = true ;
                //取得卡片的 ID+CRC 校驗碼
                            //第 0~3 個 byte:卡片 ID
                            Serial.println(" ");
                            Serial.print("RFID Card Number is : ");
                Serial.print(strzero(rfid.serNum[0],2,16));
                            Serial.print("/");
                Serial.print(rfid.serNum[0],HEX);
                            Serial.print("/");
                Serial.print(rfid.serNum[0],DEC);
                            Serial.print(" , ");
                Serial.print(strzero(rfid.serNum[1],2,16));
                            Serial.print("/");
                Serial.print(rfid.serNum[1],HEX);
                            Serial.print("/");
                Serial.print(rfid.serNum[1],DEC);
                            Serial.print(" , ");
                Serial.print(strzero(rfid.serNum[2],2,16));
                            Serial.print("/");
                Serial.print(rfid.serNum[2],HEX);
                            Serial.print("/");
                Serial.print(rfid.serNum[2],DEC);
                            Serial.print(" , ");
                Serial.print(strzero(rfid.serNum[3],2,16));
                            Serial.print("/");
                Serial.print(rfid.serNum[3],HEX);
                            Serial.print("/");
                Serial.println(rfid.serNum[3],DEC);
                            //第 4 個 byte:CRC 校驗位元
                           Serial.print("CRC is : ");
                           Serial.print(strzero(rfid.serNum[4],2,16));
                            Serial.print("/");
                Serial.print(rfid.serNum[4],HEX);
                            Serial.print("/");
                Serial.println(rfid.serNum[4],DEC);
                           lcd.setCursor(2, 1);
```

RFID 門禁管制機測試程式七(doorcontrol21)

```
                        lcd.print(strzero(rfid.serNum[0],2,16));
                        lcd.setCursor(5, 1);
                        lcd.print(strzero(rfid.serNum[1],2,16));
                        lcd.setCursor(8, 1);
                        lcd.print(strzero(rfid.serNum[2],2,16));
                        lcd.setCursor(11, 1);
                        lcd.print(strzero(rfid.serNum[3],2,16));


        }


    }
    rfid.halt();            //命令卡片進入休眠狀態
    if (readcardok)     // new card readed
    {
        keyno1 = getcard-
number(rfid.serNum[0],rfid.serNum[1],rfid.serNum[2],rfid.serNum[3]) ;
            if (checkAllKey(keyno1) )
              {
                    digitalWrite(openkeypin,HIGH);
                        lcd.setCursor(0, 3);
                   lcd.print("Access Granted:Open");
                   Serial.println("Access Granted:Door Open");
                   passtone();
                  delay(relayopendelay) ;
                   digitalWrite(openkeypin,LOW);
              }
              else
              {
          //      digitalWrite(openkeypin,LOW);
                    lcd.setCursor(0, 3);
                   lcd.print("Access Denied:Closed");
                   nopasstone();
                   Serial.println("Access Denied:Door Closed");
              }
    }
    customKey = customKeypad.getKey();
  if (customKey){
```

RFID 門禁管制機測試程式七(doorcontrol21)

```
        keypadtone();
          Serial.println(customKey);
            if (customKey == '*')
               {
                    Serial.println("enter keypad status");
                     keyno1 = getpadkeyin() ;
                    Serial.print("keypad is:(");
                    Serial.print(keyno1);
                    Serial.print(")\n");
               //-------------------------
              if (checkAllPadKey(keyno1) )
                {
                       digitalWrite(openkeypin,HIGH);
                           lcd.setCursor(0, 3);
                      lcd.print("Password Granted:Open");
                      Serial.println("Password Granted:Door Open");
                      passtone();
                     delay(relayopendelay) ;
                      digitalWrite(openkeypin,LOW);
                }
                else
                {
                    //     digitalWrite(openkeypin,LOW);
                       lcd.setCursor(0, 3);
                      lcd.print("Password Denied:Closed");
                      nopasstone();
                      Serial.println("Password Denied:Door Closed");
                }

            //-------------
               }
    }
      delay(500);              //延時 0.5 秒
}


String getpadkeyin()
```

RFID 門禁管制機測試程式七(doorcontrol21)

```
{

  String tmpstr = String("");
    char customKey = customKeypad.getKey();
      lcd.setCursor(0, 2);
      lcd.print("                    ");
    lcd.setCursor(0, 2);

    while (customKey != '#')
    {
      if (customKey){
            keypadtone();
          Serial.println(customKey);
           lcd.print(customKey);
              tmpstr.concat(customKey);
              }
         customKey = customKeypad.getKey();
    }
  return tmpstr ;
}
boolean checkAllKey(String kk)
{
  if (debugmode == 1)
      {
          Serial.print("read for check    key is :(");
          Serial.print(kk);
          Serial.print("/");
          Serial.print(Maxkey);
          Serial.print(")\n");
      }
 int i = 0 ;
  if (Maxkey > 0 )
     for (i = 0 ; i < (Maxkey ) ; i ++)
       {
            if (debugmode == 1)
                {
                      Serial.print("Compare internal key value is    :(");
```

RFID 門禁管制機測試程式七(doorcontrol21)

```
                        Serial.print(i);
                        Serial.print(")");
                        Serial.print(Keylist[i]);
                       Serial.print("/\n");
                   }
           if ( kk == Keylist[i] )
               {
                     Serial.println("Card comparee is successful");
                     return true ;
               }
        }
    return false ;
}

boolean checkAllPadKey(String kk)
{
  if (debugmode == 1)
      {
           Serial.print("read for check pad key is :(");
           Serial.print(kk);
           Serial.print("/");
           Serial.print(PadMaxkey);
           Serial.print(")\n");
      }
 int i = 0 ;
  if (PadMaxkey > 0 )
    for (i = 0 ; i < (PadMaxkey ) ; i ++)
      {
       //    if (debugmode == 1)
                   {
                        Serial.print("Compare internal passwords value is    :(");
                        Serial.print(i);
                        Serial.print(")");
                        Serial.print(PadKeylist[i]);
                       Serial.print("/\n");
                   }
           if ( kk == PadKeylist[i] )
```

RFID 門禁管制機測試程式七(doorcontrol21)

```
                {
                        Serial.println("Open Password comparee is successful");
                        return true ;
                }
        }
    return false ;
}



String getcardnumber(byte c1, byte c2, byte c3, byte c4)
{
   String retstring = String("");
    retstring.concat(strzero(c1,2,16));
    retstring.concat(strzero(c2,2,16));
    retstring.concat(strzero(c3,2,16));
    retstring.concat(strzero(c4,2,16));
    return retstring;
}

void getAllKey(int controlarea, int keyarea)
{
    int i = 0;
    Maxkey = getKeyinSizeCount(controlarea) ;
            if (debugmode == 1)
                {
                        Serial.print("Max key is :(");
                        Serial.print(Maxkey);
                        Serial.print(")\n");
                }
   if ( Maxkey >0)
       {
            for(i = 0 ; i < (Maxkey); i++)
                {
                        Keylist[i] = String(readkey(keyarea+(i*10)) ) );
            if (debugmode == 1)
                {
```

RFID 門禁管制機測試程式七(doorcontrol21)

```
                    Serial.print("inter key is :(");
                    Serial.print(i);
                    Serial.print("/") ;
                    Serial.print(Keylist[i] );
                    Serial.print(")\n");
                }
              }
        }

}


void getAllPadKey(int controlarea, int keyarea)
{
     int i = 0;
     PadMaxkey = getPadKeyinSizeCount(controlarea) ;
             if (debugmode == 1)
                {
                    Serial.print("Max key is :(");
                    Serial.print(PadMaxkey);
                    Serial.print(")\n");
                }
    if ( PadMaxkey >0)
        {
            for(i = 0 ; i < (PadMaxkey); i++)
              {
                    PadKeylist[i] = String(readpadkey(keyarea+(i*10) ) );
             if (debugmode == 1)
                {
                    Serial.print("inter key is :(");
                    Serial.print(i);
                    Serial.print("/") ;
                    Serial.print(PadKeylist[i] );
                    Serial.print(")\n");
                }
              }
        }
```

RFID 門禁管制機測試程式七(doorcontrol21)

```
}


int getKeyinSizeCount(int keycontrol)
{
        if (debugmode == 1)
            {
                Serial.print("Read memory head is :(") ;
                Serial.print(keycontrol) ;
                Serial.print("/") ;
                Serial.print(EEPROM.read(keycontrol) ) ;
                Serial.print("/") ;
                Serial.print(EEPROM.read(keycontrol+2) ) ;
                Serial.print(")") ;
                Serial.print("\n") ;
            }
    int tmp = -1;
    if (EEPROM.read(keycontrol) == 100)
      {
          tmp = EEPROM.read(keycontrol+2) ;
           if (debugmode == 1)
              {
                Serial.print("key head is ok \n") ;
                Serial.print("key count is :(") ;
               Serial.print(tmp) ;
               Serial.print(") \n") ;
              }
          return tmp ;
      }
      else
      {
          if (debugmode == 1)
                          Serial.print("key head is fail \n") ;
          tmp = -1 ;
      }
```

RFID 門禁管制機測試程式七(doorcontrol21)

```
  // if (val)
  return tmp ;
}

int getPadKeyinSizeCount(int keycontrol)
{
        if (debugmode == 1)
            {
                Serial.print("Read Pad key memory head is :(") ;
                Serial.print(keycontrol) ;
                Serial.print("/") ;
                Serial.print(EEPROM.read(keycontrol) ) ;
                Serial.print("/") ;
                Serial.print(EEPROM.read(keycontrol+2) ) ;
                Serial.print(")") ;
                Serial.print("\n") ;
            }
    int tmp = -1;
    if (EEPROM.read(keycontrol) == 100)
      {
          tmp = EEPROM.read(keycontrol+2) ;
           if (debugmode == 1)
               {
                 Serial.print("pad key head is ok \n") ;
                 Serial.print("pad key count is :(") ;
                Serial.print(tmp) ;
                Serial.print(") \n") ;
               }
          return tmp ;
      }
      else
      {
          if (debugmode == 1)
                      Serial.print("pad key head is fail \n") ;
          tmp = -1 ;
      }
  // if (val)
```

RFID 門禁管制機測試程式七(doorcontrol21)

```
   return tmp ;
}




void decryptkey(String kk)
{
   int tmp1,tmp2,tmp3,tmp4 ;
   tmp1 = unstrzero(kk.substring(0, 2) ,16);
   tmp2 = unstrzero(kk.substring(2, 4) ,16);
   tmp3 = unstrzero(kk.substring(4, 6) ,16);
   tmp4 = unstrzero(kk.substring(6, 8) ,16);
   cardvalue[0] = tmp1 ;
   cardvalue[1] = tmp2 ;
   cardvalue[2] = tmp3 ;
   cardvalue[3] = tmp4 ;
          if (debugmode == 1)
         {
               Serial.print("decryptkey key : ");
               Serial.print("key1 =");
               Serial.print(kk);
               Serial.print(":(");
               Serial.println(tmp1,HEX);
               Serial.print("/");
               Serial.print(tmp2,HEX);
               Serial.print("/");
               Serial.print(tmp3,HEX);
               Serial.print("/");
               Serial.print(tmp4,HEX);
               Serial.print(")");
               Serial.println("");
         }
}

String readkey(int keyarea)
{
     int k1,k2,k3,k4 ;
```

RFID 門禁管制機測試程式七(doorcontrol21)

```
    k1 = EEPROM.read(keyarea);
    k2 = EEPROM.read(keyarea+1);
    k3 = EEPROM.read(keyarea+2);
    k4 = EEPROM.read(keyarea+3);
      if (debugmode == 1)
      {
            Serial.print("read key : ");
            Serial.print("key1 =(");
            Serial.println(k1,HEX);
            Serial.print("/");
            Serial.print(k2,HEX);
            Serial.print("/");
            Serial.print(k3,HEX);
            Serial.print("/");
            Serial.print(k4,HEX);
            Serial.print(")");
            Serial.println("");
      }
    return getcardnumber(k1,k2,k3,k4);
}

void writekey(int keyarea)
{
    EEPROM.write(keyarea, cardvalue[0]);
    EEPROM.write(keyarea+1, cardvalue[1]);
    EEPROM.write(keyarea+2, cardvalue[2]);
    EEPROM.write(keyarea+3, cardvalue[3]);

}

String readpadkey(int keyarea)
{
    String tmpstr = String("");
    char        tmpchr ;
   int i = 0 ;
 if (debugmode == 1)
        {
```

RFID 門禁管制機測試程式七(doorcontrol21)

```
                Serial.print("now read pad key data is :(");
                 Serial.print(keyarea);
                 Serial.print(")\n");
            }


    for(i = 0 ; i < 10 ; i++)
    {
            tmpchr =      EEPROM.read(keyarea + i);
            if (tmpchr != 0)
              {
            if (debugmode == 1)
                 {
                        Serial.print("now read pad key str is :(");
                        Serial.print(i);
                        Serial.print("/");
                        Serial.print(tmpchr);
                        Serial.print("/");
                        Serial.print(tmpchr,HEX);
                        Serial.print(")\n");
                 }
                   tmpstr.concat(tmpchr) ;
              }
              else
              {
                 break ;
              }

    }

    return tmpstr;
}

void writepadkey(int keyarea, String str)
{
   int i = 0 ;
  if (debugmode == 1)
```

RFID 門禁管制機測試程式七(doorcontrol21)

```
        {
            Serial.print("now write pad key data is :(");
            Serial.print(keyarea);
            Serial.print("/");
            Serial.print(str);
            Serial.print(")\n");
        }

    for(i = 0 ; i < str.length() ; i++)
    {
        if (debugmode == 1)
            {
                Serial.print("now write pad key str is :(");
                Serial.print(i);
                Serial.print("/");
                Serial.print(str.charAt(i));
                Serial.print(")\n");
            }
            EEPROM.write(keyarea + i, str.charAt(i));
    }
                EEPROM.write(keyarea + str.length(),NULL);

}

String strzero(long num, int len, int base)
{
  String retstring = String("");
  int ln = 1 ;
    int i = 0 ;
    char tmp[10] ;
    long tmpnum = num ;
    int tmpchr = 0 ;
    char hexcode[]={'0','1','2','3','4','5','6','7','8','9','A','B','C','D','E','F'} ;
    while (ln <= len)
    {
        tmpchr = (int)(tmpnum % base) ;
        tmp[ln-1] = hexcode[tmpchr] ;
```

RFID 門禁管制機測試程式七(doorcontrol21)

```
            ln++ ;
             tmpnum = (long)(tmpnum/base) ;
/*
            Serial.print("tran :(");
            Serial.print(ln);
            Serial.print(")/(");
            Serial.print(hexcode[tmpchr] );
            Serial.print(")/(");
            Serial.print(tmpchr);
            Serial.println(")");
            */

        }
        for (i = len-1; i >= 0 ; i --)
           {
               retstring.concat(tmp[i]);
           }

   return retstring;
}

unsigned long unstrzero(String hexstr, int base)
{
   String chkstring    ;
   int len = hexstr.length() ;
   if (debugmode == 1)
           {
               Serial.print("String ");
               Serial.println(hexstr);
               Serial.print("len:");
               Serial.println(len);
           }
      unsigned int i = 0 ;
      unsigned int tmp = 0 ;
      unsigned int tmp1 = 0 ;
      unsigned long tmpnum = 0 ;
      String hexcode = String("0123456789ABCDEF") ;
```

RFID 門禁管制機測試程式七(doorcontrol21)

```
    for (i = 0 ; i < (len ) ; i++)
    {
  //        chkstring= hexstr.substring(i,i) ;
        hexstr.toUpperCase() ;
              tmp = hexstr.charAt(i) ;      // give i th char and return this char
              tmp1 = hexcode.indexOf(tmp) ;
        tmpnum = tmpnum + tmp1* POW(base,(len -i -1) )    ;

        if (debugmode == 1)
        {
                Serial.print("char:( ");
              Serial.print(i);
                Serial.print(")/(");
              Serial.print(hexstr);
                Serial.print(")/(");
              Serial.print(tmpnum);
                Serial.print(")/(");
              Serial.print((long)pow(16,(len -i -1)));
                Serial.print(")/(");
              Serial.print(pow(16,(len -i -1) ));
                Serial.print(")/(");
              Serial.print((char)tmp);
                Serial.print(")/(");
              Serial.print(tmp1);
                Serial.print(")");
                Serial.println("");
        }
    }
  return tmpnum;
}

long POW(long num, int expo)
{
  long tmp =1 ;
  if (expo > 0)
  {
        for(int i = 0 ; i< expo ; i++)
```

RFID 門禁管制機測試程式七(doorcontrol21)

```
                tmp = tmp * num ;
            return tmp ;
    }
    else
    {
     return tmp ;
    }
}

void testtone()
{
    for (int thisNote = 0; thisNote < 8; thisNote++) {

        // to calculate the note duration, take one second
        // divided by the note type.
        //e.g. quarter note = 1000 / 4, eighth note = 1000/8, etc.
        int noteDuration = 1000/noteDurations[thisNote];
        tone(tonepin, melody[thisNote],noteDuration);

        // to distinguish the notes, set a minimum time between them.
        // the note's duration + 30% seems to work well:
        int pauseBetweenNotes = noteDuration * 1.30;
        delay(pauseBetweenNotes);
        // stop the tone playing:
        noTone(8);
     }

}

void passtone()
{
            tone(tonepin,NOTE_E5 ) ;
            delay(300);
            noTone(tonepin);


}
```

RFID 門禁管制機測試程式七(doorcontrol21)

```
void nopasstone()
{
  int delaytime = 150 ;
  int i = 0 ;
  for (i = 0 ;i<3;i++)
         {
            tone(tonepin,NOTE_E5,delaytime) ;
   //          tone(tonepin,NOTE_C4,delaytime) ;
        //     tone(tonepin,NOTE_C5,delaytime ) ;
          delay(delaytime);
         }
       noTone(tonepin);
}

void keypadtone()
{
           tone(tonepin,NOTE_E5 ) ;
           delay(130);
           noTone(tonepin);

}
```

在程式一開始，我們將讀取所有內存的密碼後，確定變數 padmaxkey 有多少組內存密碼，並將密碼存入 PadKeylist 的字串陣列之中，在之後讀取到 KeyPad 輸入的密碼之後，將讀到的密碼與內存的所有密碼比對後，若有與內存的密碼相同者，我們就啟動繼電器模組，來控制外部電力裝置開關與否，主要是將電磁鎖(如圖 7 所示)的開門開關電路，參照表 27 所示，接至繼電器模組的 Com 與 NC 兩接點，在正確讀取到適合卡號時，啟動繼電器模組，使繼電器模組的 Com 與 NC 兩接點短路，讓電磁鎖(如圖 7 所示)開門。

我們發現圖 48 所示，Key Pad 模組輸入的密碼(密碼：A123456)，為正確的開門密碼，則 Arduino 開發模組比對 PadKeylist 的字串陣列之中的變數，為相同的變數內容，則使繼電器模組的 Com 與 NC 兩接點短路，讓電磁鎖(如圖 7 & 圖 48 所示)開門。

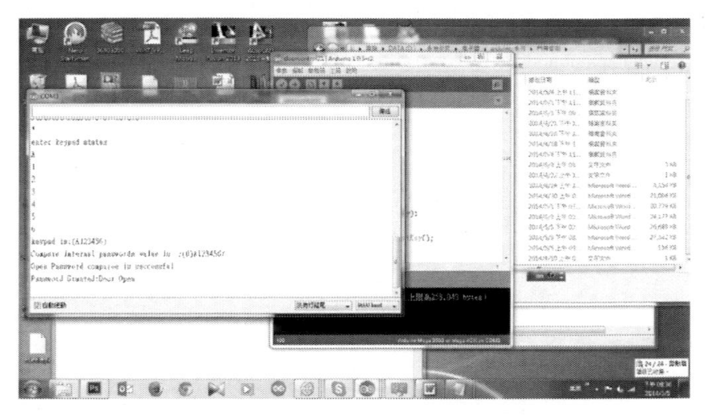

圖 48 RFID 門禁管制機測試程式七執行畫面

KeyPad 輸入密碼儲存在 EEPROM

首先，我們判斷 Key Pad 輸入『D』 鍵時，進入輸入儲存密碼的功能，可以不斷重覆輸入密碼，用『#』 鍵當成輸入密碼的回歸鍵。當使用者輸入『*』 鍵離開『輸入儲存密碼的功能』，所以我們依照表 37 之 RFID 門禁管制機測試程式八進行程式攥寫的動作。

表 37 RFID 門禁管制機測試程式八

RFID 門禁管制機測試程式八(doorcontrol22)
#include <EEPROM.h> #include <LiquidCrystal.h> #include <SPI.h> #include <RFID.h> #include <String.h> #include "pitches.h" #include <Keypad.h>

RFID 門禁管制機測試程式八(doorcontrol22)

```
#define openkeypin 4
int debugmode = 0;
#define relayopendelay 1500

#define tonepin 3
/* LiquidCrystal display with:

LiquidCrystal(rs, enable, d4, d5, d6, d7)
LiquidCrystal(rs, rw, enable, d4, d5, d6, d7)
LiquidCrystal(rs, enable, d0, d1, d2, d3, d4, d5, d6, d7)
LiquidCrystal(rs, rw, enable, d0, d1, d2, d3, d4, d5, d6, d7)
R/W Pin Read = LOW / Write = HIGH    // if No pin connect RW , please leave R/W
Pin for Low State

Parameters
*/

LiquidCrystal lcd(8,9,10,38,40,42,44);    //ok
RFID rfid(53,5);          //this is used for Arduino Mega 2560
//RFID rfid(10,5);      //this is used for Arduino UNO
String keyno1 = String("6AE4E616");
String padkey1 = String("A123456");
int keycontroladdress = 10;
int keystartaddress = 20;
int keypadcontroladdress = 16;
int keyspadtartaddress = 560;

byte cardvalue[4] ;
int Maxkey = 0 ;
int PadMaxkey = 0 ;
String Keylist[100] ;
String PadKeylist[100] ;
// notes in the melody:
int melody[] = {
```

RFID 門禁管制機測試程式八(doorcontrol22)

```
    NOTE_C4, NOTE_G3,NOTE_G3, NOTE_A3, NOTE_G3,0, NOTE_B3,
NOTE_C4};

// note durations: 4 = quarter note, 8 = eighth note, etc.:
int noteDurations[] = {
    4, 8, 8, 4,4,4,4,4 };

const byte ROWS = 4; //four rows
const byte COLS = 4; //four columns
//define the cymbols on the buttons of the keypads
char hexaKeys[ROWS][COLS] = {
  {'1','2','3','A'},
  {'4','5','6','B'},
  {'7','8','9','C'},
  {'*','0','#','D'}
};
byte rowPins[ROWS] = {33, 35, 37, 39}; //connect to the row pinouts of the keypad
byte colPins[COLS] = {41, 43, 45, 47}; //connect to the column pinouts of the keypad

//initialize an instance of class NewKeypad
//Keypad customKeypad = Keypad( makeKeymap(hexaKeys), rowPins, colPins, ROWS,
COLS);
Keypad customKeypad =   Keypad( makeKeymap(hexaKeys), rowPins, colPins, ROWS,
COLS);
char customKey ;

void setup()
{
  Serial.begin(9600);
  Serial.println("RFID Mifare Read");
     SPI.begin();
  rfid.init();
  pinMode(openkeypin,OUTPUT);
  digitalWrite(openkeypin,LOW);
lcd.begin(20, 4);
// 設定 LCD 的行列數目 (4 x 20)
 lcd.setCursor(0,0);
```

RFID 門禁管制機測試程式八(doorcontrol22)

```
  // 列印 "Hello World" 訊息到 LCD 上
lcd.print("RFID Mifare Read");
getAllKey(keycontroladdress,keystartaddress) ;
getAllPadKey(keypadcontroladdress ,keyspadtartaddress ) ;
//testtone();
}

void loop()
{
  boolean readcardok = false ;
// 將游標設到 column 0, line 1
// (注意: line 1 是第二行(row)，因為是從 0 開始數起):
  if (rfid.isCard()) {                                              //找尋卡片
            if (rfid.readCardSerial()) {
              readcardok = true ;
              //取得卡片的 ID+CRC 校驗碼
                          //第 0~3 個 byte:卡片 ID
                          Serial.println(" ");
                          Serial.print("RFID Card Number is : ");
              Serial.print(strzero(rfid.serNum[0],2,16));
                          Serial.print("/");
              Serial.print(rfid.serNum[0],HEX);
                          Serial.print("/");
              Serial.print(rfid.serNum[0],DEC);
                          Serial.print(" , ");
              Serial.print(strzero(rfid.serNum[1],2,16));
                          Serial.print("/");
              Serial.print(rfid.serNum[1],HEX);
                          Serial.print("/");
              Serial.print(rfid.serNum[1],DEC);
                          Serial.print(" , ");
              Serial.print(strzero(rfid.serNum[2],2,16));
                          Serial.print("/");
              Serial.print(rfid.serNum[2],HEX);
                          Serial.print("/");
              Serial.print(rfid.serNum[2],DEC);
                          Serial.print(" , ");
```

RFID 門禁管制機測試程式八(doorcontrol22)

```
                Serial.print(strzero(rfid.serNum[3],2,16));
                                Serial.print("/");
                Serial.print(rfid.serNum[3],HEX);
                                Serial.print("/");
                Serial.println(rfid.serNum[3],DEC);
                                //第 4 個 byte:CRC 校驗位元
                               Serial.print("CRC is : ");
                               Serial.print(strzero(rfid.serNum[4],2,16));
                                Serial.print("/");
                Serial.print(rfid.serNum[4],HEX);
                                Serial.print("/");
                Serial.println(rfid.serNum[4],DEC);
                               lcd.setCursor(2, 1);
                               lcd.print(strzero(rfid.serNum[0],2,16));
                               lcd.setCursor(5, 1);
                               lcd.print(strzero(rfid.serNum[1],2,16));
                               lcd.setCursor(8, 1);
                               lcd.print(strzero(rfid.serNum[2],2,16));
                               lcd.setCursor(11, 1);
                               lcd.print(strzero(rfid.serNum[3],2,16));


              }


    }
    rfid.halt();              //命令卡片進入休眠狀態
    if (readcardok)      // new card readed
    {
        keyno1 = getcard-
number(rfid.serNum[0],rfid.serNum[1],rfid.serNum[2],rfid.serNum[3]) ;
            if (checkAllKey(keyno1) )
              {
                      digitalWrite(openkeypin,HIGH);
                           lcd.setCursor(0, 3);
                    lcd.print("Access Granted:Open");
                    Serial.println("Access Granted:Door Open");
                    passtone();
                  delay(relayopendelay) ;
```

RFID 門禁管制機測試程式八(doorcontrol22)

```
                    digitalWrite(openkeypin,LOW);
                }
                else
                {
            //      digitalWrite(openkeypin,LOW);
                      lcd.setCursor(0, 3);
                    lcd.print("Access Denied:Closed");
                    nopasstone();
                    Serial.println("Access Denied:Door Closed");
                }
    }
    customKey = customKeypad.getKey();
  if (customKey){
    keypadtone();
     // Serial.println(customKey);
          if (customKey == '*')
              {
                  chkpadpassword();
              }
            if (customKey == 'D')
                {
                      Serial.print("now enter inserting passwords \n");
                        insertpassword();
                }

  }
    delay(500);                 //延時 0.5 秒
}

void chkpadpassword()
{
                        Serial.println("enter keypad status");
                      keyno1 = getpadkeyin() ;
                    Serial.print("keypad is:(");
                    Serial.print(keyno1);
                    Serial.print(")\n");
              //------------------------
```

RFID 門禁管制機測試程式八(doorcontrol22)

```
            if (checkAllPadKey(keyno1) )
              {
                    digitalWrite(openkeypin,HIGH);
                         lcd.setCursor(0, 3);
                   lcd.print("Password Granted:Open");
                   Serial.println("Password Granted:Door Open");
                   passtone();
                  delay(relayopendelay) ;
                   digitalWrite(openkeypin,LOW);
              }
              else
              {
                 //    digitalWrite(openkeypin,LOW);
                    lcd.setCursor(0, 3);
                   lcd.print("Password Denied:Closed");
                   nopasstone();
                   Serial.println("Password Denied:Door Closed");
              }

        //-------------
}

void insertpassword()
{
       boolean ckflag = false ;
          keyno1 = getpadkeyin() ;
          while (keyno1 != "*" )
          {
            if (   PadMaxkey    <= 100)
                {
                    PadMaxkey ++ ;
                   ckflag = true ;
                   PadKeylist[PadMaxkey-1]      = String(keyno1) ;
                         keyno1 = getpadkeyin() ;
                         Serial.print("Now enter password is :(");
                         Serial.print(keyno1) ;
                         Serial.print(")\n");
```

RFID 門禁管制機測試程式八(doorcontrol22)

```
                    }
                     else
                    {
                        break ;
                    }
            //-------------
            }
 if (ckflag)
        Serial.print("Now Write all new    password\n") ;
      writeAllPadKey() ;
}
String getpadkeyin()
{

  String tmpstr = String("");
   char customKey = customKeypad.getKey();
     lcd.setCursor(0, 2);
     lcd.print("                              ");
   lcd.setCursor(0, 2);

   while (customKey != '#')
   {
     if (customKey){
           keypadtone();
       //    Serial.println(customKey);
         lcd.print(customKey);
            tmpstr.concat(customKey);
            }
        customKey = customKeypad.getKey();
   }
   keydowntone();
  return tmpstr ;
}
boolean checkAllKey(String kk)
{
  if (debugmode == 1)
```

RFID 門禁管制機測試程式八(doorcontrol22)

```
        {
            Serial.print("read for check    key is :(");
            Serial.print(kk);
            Serial.print("/");
            Serial.print(Maxkey);
            Serial.print(")\n");
        }
  int i = 0 ;
   if (Maxkey > 0 )
      for (i = 0 ; i < (Maxkey ) ; i ++)
        {
              if (debugmode == 1)
                 {
                      Serial.print("Compare internal key value is    :(");
                      Serial.print(i);
                      Serial.print(")");
                      Serial.print(Keylist[i]);
                    Serial.print("/\n");
                 }
            if ( kk == Keylist[i] )
                {
                    Serial.println("Card comparee is successful");
                    return true ;
                }
        }
      return false ;
}

boolean checkAllPadKey(String kk)
{
   if (debugmode == 1)
        {
            Serial.print("read for check pad key is :(");
            Serial.print(kk);
            Serial.print("/");
            Serial.print(PadMaxkey);
            Serial.print(")\n");
```

RFID 門禁管制機測試程式八(doorcontrol22)

```
        }
  int i = 0 ;
    if (PadMaxkey > 0 )
        for (i = 0 ; i < (PadMaxkey ) ; i ++)
            {
            //      if (debugmode == 1)
                        {
                                Serial.print("Compare internal passwords value is    :(");
                                Serial.print(i);
                                Serial.print(")");
                                Serial.print(PadKeylist[i]);
                              Serial.print("/\n");
                        }
                if ( kk == PadKeylist[i] )
                    {
                            Serial.println("Open Password comparee is successful");
                            return true ;
                    }
            }
        return false ;
}



String getcardnumber(byte c1, byte c2, byte c3, byte c4)
{
    String retstring = String("");
      retstring.concat(strzero(c1,2,16));
      retstring.concat(strzero(c2,2,16));
      retstring.concat(strzero(c3,2,16));
      retstring.concat(strzero(c4,2,16));
      return retstring;
}

void getAllKey(int controlarea, int keyarea)
{
      int i = 0;
```

RFID 門禁管制機測試程式八(doorcontrol22)

```
    Maxkey = getKeyinSizeCount(controlarea) ;
            if (debugmode == 1)
              {
                Serial.print("Max key is :(");
                Serial.print(Maxkey);
                Serial.print(")\n");
              }
   if ( Maxkey >0)
     {
         for(i = 0 ; i < (Maxkey); i++)
            {
                Keylist[i] = String(readkey(keyarea+(i*10) ) );
            if (debugmode == 1)
              {
                Serial.print("inter key is :(");
                Serial.print(i);
                Serial.print("/") ;
                Serial.print(Keylist[i] );
                Serial.print(")\n");
              }
            }
     }

}


void getAllPadKey(int controlarea, int keyarea)
{
    int i = 0;
    PadMaxkey = getPadKeyinSizeCount(controlarea) ;
            if (debugmode == 1)
              {
                Serial.print("Max key is :(");
                Serial.print(PadMaxkey);
                Serial.print(")\n");
              }
   if ( PadMaxkey >0)
```

RFID 門禁管制機測試程式八(doorcontrol22)

```
        {
                for(i = 0 ; i < (PadMaxkey); i++)
                  {
                        PadKeylist[i] = String(readpadkey(keyarea+(i*10) ) );
                 if (debugmode == 1)
                    {
                        Serial.print("inter key is :(");
                        Serial.print(i);
                        Serial.print("/") ;
                        Serial.print(PadKeylist[i] );
                        Serial.print(")\n");
                    }
                  }
        }

}



int getKeyinSizeCount(int keycontrol)
{
        if (debugmode == 1)
            {
                Serial.print("Read memory head is :(") ;
                Serial.print(keycontrol) ;
                Serial.print("/") ;
                Serial.print(EEPROM.read(keycontrol) ) ;
                Serial.print("/") ;
                Serial.print(EEPROM.read(keycontrol+2) ) ;
                Serial.print(")") ;
                Serial.print("\n") ;
            }
    int tmp = -1;
    if (EEPROM.read(keycontrol) == 100)
        {
            tmp = EEPROM.read(keycontrol+2) ;
             if (debugmode == 1)
```

RFID 門禁管制機測試程式八(doorcontrol22)

```
                {
                    Serial.print("key head is ok \n") ;
                    Serial.print("key count is :(") ;
                   Serial.print(tmp) ;
                   Serial.print(") \n") ;
                }
            return tmp ;
        }
        else
        {
            if (debugmode == 1)
                            Serial.print("key head is fail \n") ;
            tmp = -1 ;
        }
    // if (val)
    return tmp ;
}

int getPadKeyinSizeCount(int keycontrol)
{
        if (debugmode == 1)
            {
                Serial.print("Read Pad key memory head is :(") ;
                Serial.print(keycontrol) ;
                Serial.print("/") ;
                Serial.print(EEPROM.read(keycontrol) ) ;
                Serial.print("/") ;
                Serial.print(EEPROM.read(keycontrol+2) ) ;
                Serial.print(")") ;
                Serial.print("\n") ;
            }
    int tmp = -1;
    if (EEPROM.read(keycontrol) == 100)
        {
            tmp = EEPROM.read(keycontrol+2) ;
             if (debugmode == 1)
                {
```

RFID 門禁管制機測試程式八(doorcontrol22)

```
                    Serial.print("pad key head is ok \n") ;
                    Serial.print("pad key count is :(") ;
                  Serial.print(tmp) ;
                  Serial.print(") \n") ;
                }
            return tmp ;
        }
        else
        {
            if (debugmode == 1)
                            Serial.print("pad key head is fail \n") ;
            tmp = -1 ;
        }
  // if (val)
  return tmp ;
}



void decryptkey(String kk)
{
  int tmp1,tmp2,tmp3,tmp4 ;
  tmp1 = unstrzero(kk.substring(0, 2) ,16);
  tmp2 = unstrzero(kk.substring(2, 4) ,16);
  tmp3 = unstrzero(kk.substring(4, 6) ,16);
  tmp4 = unstrzero(kk.substring(6, 8) ,16);
  cardvalue[0] = tmp1 ;
  cardvalue[1] = tmp2 ;
  cardvalue[2] = tmp3 ;
  cardvalue[3] = tmp4 ;
          if (debugmode == 1)
          {
              Serial.print("decryptkey key : ");
              Serial.print("key1 =");
              Serial.print(kk);
              Serial.print(":(");
              Serial.println(tmp1,HEX);
```

RFID 門禁管制機測試程式八(doorcontrol22)

```
            Serial.print("/");
            Serial.print(tmp2,HEX);
            Serial.print("/");
            Serial.print(tmp3,HEX);
            Serial.print("/");
            Serial.print(tmp4,HEX);
            Serial.print(")");
            Serial.println("");
        }
}

String readkey(int keyarea)
{
    int k1,k2,k3,k4 ;
    k1 = EEPROM.read(keyarea);
    k2 = EEPROM.read(keyarea+1);
    k3 = EEPROM.read(keyarea+2);
    k4 = EEPROM.read(keyarea+3);
      if (debugmode == 1)
      {
            Serial.print("read key : ");
            Serial.print("key1 =(");
            Serial.println(k1,HEX);
            Serial.print("/");
            Serial.print(k2,HEX);
            Serial.print("/");
            Serial.print(k3,HEX);
            Serial.print("/");
            Serial.print(k4,HEX);
            Serial.print(")");
            Serial.println("");
      }
    return getcardnumber(k1,k2,k3,k4);
}

void writekey(int keyarea)
{
```

RFID 門禁管制機測試程式八(doorcontrol22)

```
    EEPROM.write(keyarea, cardvalue[0]);
    EEPROM.write(keyarea+1, cardvalue[1]);
    EEPROM.write(keyarea+2, cardvalue[2]);
    EEPROM.write(keyarea+3, cardvalue[3]);

}

String readpadkey(int keyarea)
{
    String tmpstr = String("");
    char        tmpchr ;
   int i = 0 ;
 if (debugmode == 1)
        {
            Serial.print("now read pad key data is :(");
             Serial.print(keyarea);
             Serial.print(")\n");
        }


    for(i = 0 ; i < 10 ; i++)
    {
          tmpchr =     EEPROM.read(keyarea + i);
          if (tmpchr != 0)
             {
          if (debugmode == 1)
                {
                      Serial.print("now read pad key str is :(");
                      Serial.print(i);
                      Serial.print("/");
                      Serial.print(tmpchr);
                      Serial.print("/");
                      Serial.print(tmpchr,HEX);
                      Serial.print(")\n");
                }
                  tmpstr.concat(tmpchr) ;
             }
```

RFID 門禁管制機測試程式八(doorcontrol22)

```
            else
            {
                break ;
            }


    }

    return tmpstr;
}

void writeAllPadKey()
{
   int i = 0 ;
  if (debugmode == 1)
        {
                Serial.print("now write pad key data is :(");
                Serial.print(keypadcontroladdress);
                Serial.print("/");
                Serial.print(PadMaxkey);
                Serial.print(")\n");
        }

    for(i = 0 ; i < PadMaxkey ; i++)
    {
        if (debugmode == 1)
                {
                        Serial.print("now write pad key str is :(");
                        Serial.print(i);
                        Serial.print("/");
                        Serial.print(PadKeylist[i]);
                        Serial.print(")\n");
                }
                writepadkey(keyspadtartaddress+(i*10),PadKeylist[i] );
                //                  EEPROM.write(keyarea + i, str.charAt(i));
    }

                writePadKeyHead(keypadcontroladdress,(byte)PadMaxkey );
```

RFID 門禁管制機測試程式八(doorcontrol22)

```
}

void writePadKeyHead(int keyarea, byte pk)
{
  EEPROM.write(keyarea, 100);    //mean activate key store function
  EEPROM.write(keyarea+2, pk);    //mean activate key store function

}

void writepadkey(int keyarea, String str)
{
  int i = 0 ;
 if (debugmode == 1)
        {
                Serial.print("now write pad key data is :(");
                Serial.print(keyarea);
                Serial.print("/");
                Serial.print(str);
                Serial.print(")\n");
        }

     for(i = 0 ; i < str.length() ; i++)
     {
         if (debugmode == 1)
              {
                    Serial.print("now write pad key str is :(");
                    Serial.print(i);
                    Serial.print("/");
                    Serial.print(str.charAt(i));
                    Serial.print(")\n");
              }
              EEPROM.write(keyarea + i, str.charAt(i));
     }
                  EEPROM.write(keyarea + str.length(),NULL);

}
```

RFID 門禁管制機測試程式八(doorcontrol22)

```
String strzero(long num, int len, int base)
{
   String retstring = String("");
   int ln = 1 ;
      int i = 0 ;
      char tmp[10] ;
      long tmpnum = num ;
      int tmpchr = 0 ;
      char hexcode[]={'0','1','2','3','4','5','6','7','8','9','A','B','C','D','E','F'} ;
      while (ln <= len)
      {
            tmpchr = (int)(tmpnum % base) ;
            tmp[ln-1] = hexcode[tmpchr] ;
            ln++ ;
             tmpnum = (long)(tmpnum/base) ;
/*
            Serial.print("tran :(");
            Serial.print(ln);
            Serial.print(")/(");
            Serial.print(hexcode[tmpchr] );
            Serial.print(")/(");
            Serial.print(tmpchr);
            Serial.println(")");
            */

      }
      for (i = len-1; i >= 0 ; i --)
         {
               retstring.concat(tmp[i]);
         }

   return retstring;
}

unsigned long unstrzero(String hexstr, int base)
{
```

RFID 門禁管制機測試程式八(doorcontrol22)

```
String chkstring    ;
int len = hexstr.length() ;
if (debugmode == 1)
    {
        Serial.print("String ");
        Serial.println(hexstr);
        Serial.print("len:");
        Serial.println(len);
    }
  unsigned int i = 0 ;
  unsigned int tmp = 0 ;
  unsigned int tmp1 = 0 ;
  unsigned long tmpnum = 0 ;
  String hexcode = String("0123456789ABCDEF") ;
  for (i = 0 ; i < (len ) ; i++)
  {
//        chkstring= hexstr.substring(i,i) ;
    hexstr.toUpperCase() ;
          tmp = hexstr.charAt(i) ;     // give i th char and return this char
          tmp1 = hexcode.indexOf(tmp) ;
    tmpnum = tmpnum + tmp1* POW(base,(len -i -1) )    ;

    if (debugmode == 1)
    {
            Serial.print("char:( ");
          Serial.print(i);
            Serial.print(")/(");
          Serial.print(hexstr);
            Serial.print(")/(");
          Serial.print(tmpnum);
            Serial.print(")/(");
          Serial.print((long)pow(16,(len -i -1)));
            Serial.print(")/(");
          Serial.print(pow(16,(len -i -1) ));
            Serial.print(")/(");
          Serial.print((char)tmp);
            Serial.print(")/(");
```

RFID 門禁管制機測試程式八(doorcontrol22)

```
              Serial.print(tmp1);
                  Serial.print(")");
                  Serial.println("");
         }
      }
   return tmpnum;
}

long POW(long num, int expo)
{
   long tmp =1 ;
   if (expo > 0)
   {
            for(int i = 0 ; i< expo ; i++)
               tmp = tmp * num ;
             return tmp ;
   }
   else
   {
     return tmp ;
   }
}

void testtone()
{
   for (int thisNote = 0; thisNote < 8; thisNote++) {

        // to calculate the note duration, take one second
        // divided by the note type.
        //e.g. quarter note = 1000 / 4, eighth note = 1000/8, etc.
        int noteDuration = 1000/noteDurations[thisNote];
        tone(tonepin, melody[thisNote],noteDuration);

        // to distinguish the notes, set a minimum time between them.
        // the note's duration + 30% seems to work well:
        int pauseBetweenNotes = noteDuration * 1.30;
        delay(pauseBetweenNotes);
```

RFID 門禁管制機測試程式八(doorcontrol22)

```
      // stop the tone playing:
      noTone(8);
    }

}

void passtone()
{
          tone(tonepin,NOTE_E5 ) ;
          delay(300);
          noTone(tonepin);

}

void nopasstone()
{
  int delaytime = 150 ;
  int i = 0 ;
  for (i = 0 ;i<3;i++)
        {
           tone(tonepin,NOTE_E5,delaytime) ;
    //        tone(tonepin,NOTE_C4,delaytime) ;
        //    tone(tonepin,NOTE_C5,delaytime ) ;
        delay(delaytime);
        }
      noTone(tonepin);
}

void keypadtone()
{
          tone(tonepin,NOTE_E5 ) ;
          delay(130);
          noTone(tonepin);

}

void keydowntone()
```

RFID 門禁管制機測試程式八(doorcontrol22)

{
tone(tonepin,NOTE_E5) ;
delay(130);
tone(tonepin,NOTE_E5) ;
delay(130);
noTone(tonepin);
 	
}

在程式一開始，我們判斷是否按下 Key Pad 的『D』鍵，如果是，進入 insertpassword()程序之中，每輸入一個密碼，用『#』鍵當成回歸鍵代表輸入結束，則將密碼存入 PadKeylist 字串陣列之中，如果要結束儲存密碼的在 Arduino 開發板的 EEPROM 之中(由圖 49 所示)。

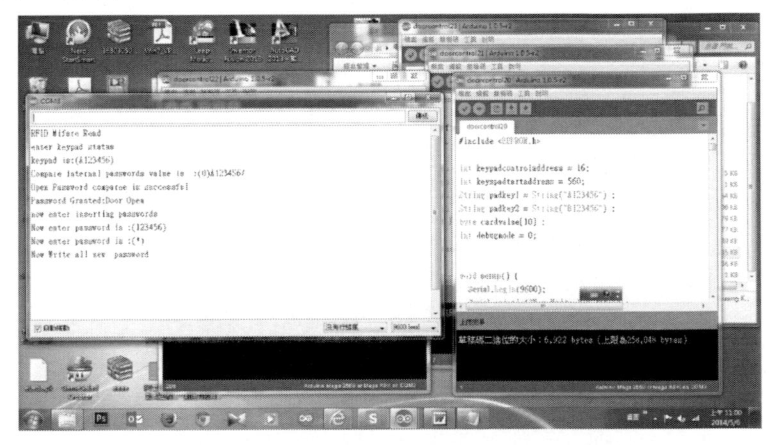

圖 49 RFID 門禁管制機測試程式八執行畫面

檢核儲存密碼

首先，我們必須檢核儲存密碼，判斷表 37 之 RFID 門禁管制機測試程式八是否成功，所以我們依照表 38 之 RFID 門禁管制機測試程式九進行程式攥寫的動作。

表 38 RFID 門禁管制機測試程式九

RFID 門禁管制機測試程式九(doorcontrol23)

```
#include <EEPROM.h>

int keypadcontroladdress = 16;
int keyspadtartaddress = 560;
byte cardvalue[10] ;
int debugmode = 0;
int Maxkey = 0 ;
int PadMaxkey = 0 ;
String Keylist[100] ;
String PadKeylist[100] ;

void setup() {
  Serial.begin(9600);
  Serial.println("Now Write key data") ;
  // 在 keycontroladdress = 20 上寫入數值 100
  if (EEPROM.read(keypadcontroladdress) == 100)
    {
        getAllPadKey(keypadcontroladdress ,keyspadtartaddress ) ;

            Serial.println("padkey data Stored in EEPROM") ;
            Serial.print(PadMaxkey) ;
            Serial.print("padkey(s) Stored in EEPROM") ;
            Serial.print("\n");
            listAllPadKey();
      }
    else
{
            Serial.println("No any pad key data Stored in EEPROM") ;
}

}
void loop() {
}
```

RFID 門禁管制機測試程式九(doorcontrol23)

```
void listAllPadKey()
{
      int i = 0;
            for(i = 0 ; i < (PadMaxkey); i++)
            {

                  Serial.print("Password(");
                  Serial.print(i);
                  Serial.print("):") ;
                  Serial.print(PadKeylist[i] );
                  Serial.print("/\n");
            }


}
void getAllPadKey(int controlarea, int keyarea)
{
      int i = 0;
      PadMaxkey = getPadKeyinSizeCount(controlarea) ;
                  if (debugmode == 1)
                  {
                        Serial.print("Max key is :(");
                        Serial.print(PadMaxkey);
                        Serial.print(")\n");
                  }
    if ( PadMaxkey >0)
      {
            for(i = 0 ; i < (PadMaxkey); i++)
              {
                        PadKeylist[i] = String(readpadkey(keyarea+(i*10) ) );
                  if (debugmode == 1)
                  {
                        Serial.print("inter key is :(");
                        Serial.print(i);
                        Serial.print("/") ;
                        Serial.print(PadKeylist[i] );
                        Serial.print(")\n");
```

RFID 門禁管制機測試程式九(doorcontrol23)

```
                }
              }
        }

}


int getPadKeyinSizeCount(int keycontrol)
{
          if (debugmode == 1)
                {
                        Serial.print("Read Pad key memory head is :(") ;
                        Serial.print(keycontrol) ;
                        Serial.print("/") ;
                        Serial.print(EEPROM.read(keycontrol) ) ;
                        Serial.print("/") ;
                        Serial.print(EEPROM.read(keycontrol+2) ) ;
                        Serial.print(")") ;
                        Serial.print("\n") ;
                }
     int tmp = -1;
     if (EEPROM.read(keycontrol) == 100)
        {
                tmp = EEPROM.read(keycontrol+2) ;
                 if (debugmode == 1)
                      {
                         Serial.print("pad key head is ok \n") ;
                         Serial.print("pad key count is :(") ;
                        Serial.print(tmp) ;
                        Serial.print(") \n") ;
                      }
                return tmp ;
        }
        else
        {
            if (debugmode == 1)
                              Serial.print("pad key head is fail \n") ;
```

RFID 門禁管制機測試程式九(doorcontrol23)

```
            tmp = -1 ;
        }
    // if (val)
    return tmp ;
}




String readpadkey(int keyarea)
{
      String tmpstr = String("");
      char          tmpchr ;
     int i = 0 ;
  if (debugmode == 1)
            {
                Serial.print("now read pad key data is :(");
                  Serial.print(keyarea);
                  Serial.print(")\n");
            }


      for(i = 0 ; i < 10 ; i++)
      {
            tmpchr =      EEPROM.read(keyarea + i);
            if (tmpchr != 0)
                {
            if (debugmode == 1)
                  {
                        Serial.print("now read pad key str is :(");
                        Serial.print(i);
                        Serial.print("/");
                        Serial.print(tmpchr);
                        Serial.print("/");
                        Serial.print(tmpchr,HEX);
                        Serial.print(")\n");
                  }
                    tmpstr.concat(tmpchr) ;
```

RFID 門禁管制機測試程式九(doorcontrol23)

```
            }
            else
            {
               break ;
            }


    }


    return tmpstr;
}
```

我們由圖 50 所示，可以看到之前輸入的密碼已經完全存入 Arduino 開發板的 EEPROM 之中了。

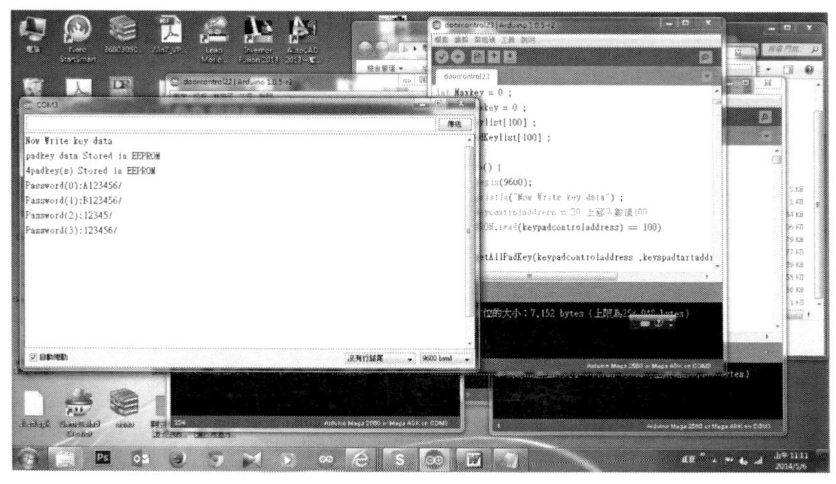

圖 50 RFID 門禁管制機測試程式九執行畫面

本書進展到此，可以發現已經設計出一個與商業上可以比擬的 RFID 門禁管制機之概略功能，包含內含 RFID 卡號來開門、控制電控鎖開門、密碼開門、使用者儲存密碼等功能，可以說是，麻雀雖小，五臟俱全的一個完整的商業 RFID 門禁管制機。

本書寫作到這裡已到最後的內容，到此告一段落，感謝讀者閱讀與指教。筆者不勝感激。

章節小結

到此作者已經介紹讀者如何開發一個門禁管制的裝置，相信讀者可以從本書『Arduino RFID 門禁管制機設計』見到許多與傳統教科書與網路上的範例不同的觀念與整合技術。

相信本書在有限的文字，透過一般 Arduino 開發板、整合 MF RC522 RFID 讀卡模組、繼電器模組、LCD 2004 顯示模組、電控鎖：如何使用 Arduino 開發板，配合 MF RC522 RFID 讀卡模組等、一步一步改造出完整功能的 RFID 門禁管制機設計，讀者可以很深刻的了解到如何將所學到的電子暨資訊技術應用到日常所見的產品研發上，本系列叢書並不是教大家完全創新一個產品，而是透過常見的商業產品設計、產品開發、並使用 Arduino 開發板進而重製與延伸設計的寫作方式，了解目前學習到的技術，是如何應用到開發產品的過程，進而落實所學的技術。

本書忠於『運用駭客觀點、相關技術進行產品設計與開發』的概念，一步一步模仿現有之門禁管制機，但沒有重建產品機構，針對其專用開發板，了解原有產品的運作原理與方法，進而使用 Arduino 開發板重製原有功能之外，並加入完整商業產品的功能，並整合到本書之設計主題：RFID 門禁管制機，如此一來，讀者就不會受限於任何產品套件的限制。相信讀者在對原有產品有了解之基礎上，在進行『Arduino RFID 門禁管制機設計計』過程之中，可以很有把握的了解自己正在進行什麼，而非針對許多邏輯化的需求進行開發。即使在進行中，許多需求轉化成實體的需求，讀者們仍然可以了解實體需求背後的技術領域，對於學習過程之中，因為實務需求導引著開發過程，讀者可以學習到，邏輯化思考與實務產出如何產生關連，透過產品認知可以更加了解其產品研發的技術領域與資訊技術應用，相信整個往後產品研發中，更有所助益。

附錄

LCD 1602 函式庫

本書使用的 LCD 1602，乃是 Adafruit Industries 在其 github 網站分享函式庫，讀者可以到 https://github.com/adafruit/LiquidCrystal 下載其函式庫(Adafruit_Industries, 2013)，提供的 Basic 16x2 LCD with Arduino2 所使用的 library，特感謝 Adafruit Industries 提供。

LiquidCrystal.cpp

```
#include "LiquidCrystal.h"

#include <stdio.h>
#include <string.h>
#include <inttypes.h>
#if ARDUINO >= 100
 #include "Arduino.h"
#else
 #include "WProgram.h"
#endif

// When the display powers up, it is configured as follows:
//
// 1. Display clear
// 2. Function set:
//       DL = 1; 8-bit interface data
//       N = 0; 1-line display
//       F = 0; 5x8 dot character font
// 3. Display on/off control:
//       D = 0; Display off
//       C = 0; Cursor off
//       B = 0; Blinking off
// 4. Entry mode set:
//       I/D = 1; Increment by 1
//       S = 0; No shift
```

LiquidCrystal.cpp

```
LiquidCrystal::LiquidCrystal(uint8_t rs, uint8_t rw, uint8_t enable,
                             uint8_t d0, uint8_t d1, uint8_t d2, uint8_t d3,
                             uint8_t d4, uint8_t d5, uint8_t d6, uint8_t d7)
    {
      init(0, rs, rw, enable, d0, d1, d2, d3, d4, d5, d6, d7);
    }

    LiquidCrystal::LiquidCrystal(uint8_t rs, uint8_t enable,
                             uint8_t d0, uint8_t d1, uint8_t d2, uint8_t d3,
                             uint8_t d4, uint8_t d5, uint8_t d6, uint8_t d7)
    {
      init(0, rs, 255, enable, d0, d1, d2, d3, d4, d5, d6, d7);
    }

    LiquidCrystal::LiquidCrystal(uint8_t rs, uint8_t rw, uint8_t enable,
                             uint8_t d0, uint8_t d1, uint8_t d2, uint8_t d3)
    {
  init(1, rs, rw, enable, d0, d1, d2, d3, 0, 0, 0, 0);
}

LiquidCrystal::LiquidCrystal(uint8_t rs,    uint8_t enable,
                         uint8_t d0, uint8_t d1, uint8_t d2, uint8_t d3)
{
  init(1, rs, 255, enable, d0, d1, d2, d3, 0, 0, 0, 0);
}
LiquidCrystal::LiquidCrystal(uint8_t i2caddr) {
  _i2cAddr = i2caddr;
_displayfunction = LCD_4BITMODE | LCD_1LINE | LCD_5x8DOTS;
  // the I/O expander pinout
  _rs_pin = 1;
  _rw_pin = 255;
  _enable_pin = 2;
  _data_pins[0] = 3;  // really d4
  _data_pins[1] = 4;  // really d5
  _data_pins[2] = 5;  // really d6
  _data_pins[3] = 6;  // really d7
```

LiquidCrystal.cpp

```
    // we can't begin() yet :(
  }
  LiquidCrystal::LiquidCrystal(uint8_t data, uint8_t clock, uint8_t latch ) {
    _i2cAddr = 255;
   _displayfunction = LCD_4BITMODE | LCD_1LINE | LCD_5x8DOTS;
    // the SPI expander pinout
    _rs_pin = 1;
    _rw_pin = 255;
    _enable_pin = 2;
    _data_pins[0] = 6;   // really d4
    _data_pins[1] = 5;   // really d5
    _data_pins[2] = 4;   // really d6
    _data_pins[3] = 3;   // really d7
    _SPIdata = data;
    _SPIclock = clock;
    _SPIlatch = latch;
    pinMode(_SPIdata, OUTPUT);
    pinMode(_SPIclock, OUTPUT);
    pinMode(_SPIlatch, OUTPUT);
    _SPIbuff = 0;
  // we can't begin() yet :(
    begin(16,1);
  }
  void LiquidCrystal::init(uint8_t fourbitmode, uint8_t rs, uint8_t rw, uint8_t enable,
                  uint8_t d0, uint8_t d1, uint8_t d2, uint8_t d3,
                  uint8_t d4, uint8_t d5, uint8_t d6, uint8_t d7)
  {
    _rs_pin = rs;
    _rw_pin = rw;
    _enable_pin = enable;

    _data_pins[0] = d0;
    _data_pins[1] = d1;
    _data_pins[2] = d2;
    _data_pins[3] = d3;
    _data_pins[4] = d4;
    _data_pins[5] = d5;
```

LiquidCrystal.cpp

```
    _data_pins[6] = d6;
    _data_pins[7] = d7;
   _i2cAddr = 255;
    _SPIclock = _SPIdata = _SPIlatch = 255;
  pinMode(_rs_pin, OUTPUT);
    // we can save 1 pin by not using RW. Indicate by passing 255 instead of pin#
    if (_rw_pin != 255) {
       pinMode(_rw_pin, OUTPUT);
    }
    pinMode(_enable_pin, OUTPUT);
     if (fourbitmode)
       _displayfunction = LCD_4BITMODE | LCD_1LINE | LCD_5x8DOTS;
    else
       _displayfunction = LCD_8BITMODE | LCD_1LINE | LCD_5x8DOTS;
    begin(16, 1);
}
void LiquidCrystal::begin(uint8_t cols, uint8_t lines, uint8_t dotsize) {
    // check if i2c
    if (_i2cAddr != 255) {
       _i2c.begin(_i2cAddr);
     _i2c.pinMode(7, OUTPUT); // backlight
       _i2c.digitalWrite(7, HIGH); // backlight
  for (uint8_t i=0; i<4; i++)
          _pinMode(_data_pins[i], OUTPUT);
    _i2c.pinMode(_rs_pin, OUTPUT);
       _i2c.pinMode(_enable_pin, OUTPUT);
    } else if (_SPIclock != 255) {
       _SPIbuff = 0x80; // backlight
    }
if (lines > 1) {
       _displayfunction |= LCD_2LINE;
    }
    _numlines = lines;
    _currline = 0;
// for some 1 line displays you can select a 10 pixel high font
    if ((dotsize != 0) && (lines == 1)) {
       _displayfunction |= LCD_5x10DOTS;
```

LiquidCrystal.cpp

```
    }
  // SEE PAGE 45/46 FOR INITIALIZATION SPECIFICATION!
    // according to datasheet, we need at least 40ms after power rises above 2.7V
    // before sending commands. Arduino can turn on way befer 4.5V so we'll wait
50
    delayMicroseconds(50000);
    // Now we pull both RS and R/W low to begin commands
    _digitalWrite(_rs_pin, LOW);
    _digitalWrite(_enable_pin, LOW);
    if (_rw_pin != 255) {
      _digitalWrite(_rw_pin, LOW);
    }
    //put the LCD into 4 bit or 8 bit mode
    if (! (_displayfunction & LCD_8BITMODE)) {
      // this is according to the hitachi HD44780 datasheet
      // figure 24, pg 46
    // we start in 8bit mode, try to set 4 bit mode
      write4bits(0x03);
      delayMicroseconds(4500); // wait min 4.1ms
   // second try
      write4bits(0x03);
      delayMicroseconds(4500); // wait min 4.1ms
      // third go!
      write4bits(0x03);
      delayMicroseconds(150);
  // finally, set to 8-bit interface
      write4bits(0x02);
    } else {
      // this is according to the hitachi HD44780 datasheet
    // page 45 figure 23
  // Send function set command sequence
      command(LCD_FUNCTIONSET | _displayfunction);
      delayMicroseconds(4500);   // wait more than 4.1ms
   // second try
      command(LCD_FUNCTIONSET | _displayfunction);
      delayMicroseconds(150);
   // third go
```

LiquidCrystal.cpp

```
        command(LCD_FUNCTIONSET | _displayfunction);
    }
    // finally, set # lines, font size, etc.
        command(LCD_FUNCTIONSET | _displayfunction);
    // turn the display on with no cursor or blinking default
        _displaycontrol = LCD_DISPLAYON | LCD_CURSOROFF |
LCD_BLINKOFF;
        display();
    // clear it off
        clear();
    // Initialize to default text direction (for romance languages)
        _displaymode = LCD_ENTRYLEFT | LCD_ENTRYSHIFTDECREMENT;
        // set the entry mode
        command(LCD_ENTRYMODESET | _displaymode);
    }
    /********** high level commands, for the user! */
    void LiquidCrystal::clear()
    {
        command(LCD_CLEARDISPLAY);  // clear display, set cursor posi-tion to
zero
        delayMicroseconds(2000);  // this command takes a long time!
    }
    void LiquidCrystal::home()
    {
        command(LCD_RETURNHOME);  // set cursor position to zero
        delayMicroseconds(2000);  // this command takes a long time!
    }
    void LiquidCrystal::setCursor(uint8_t col, uint8_t row)
    {
        int row_offsets[] = { 0x00, 0x40, 0x14, 0x54 };
        if ( row > _numlines ) {
            row = _numlines-1;      // we count rows starting w/0
        }
        command(LCD_SETDDRAMADDR | (col + row_offsets[row]));
    }
    // Turn the display on/off (quickly)
    void LiquidCrystal::noDisplay() {
```

LiquidCrystal.cpp

```
    _displaycontrol &= ~LCD_DISPLAYON;
    command(LCD_DISPLAYCONTROL | _displaycontrol);
  }
  void LiquidCrystal::display() {
    _displaycontrol |= LCD_DISPLAYON;
    command(LCD_DISPLAYCONTROL | _displaycontrol);
  }
  // Turns the underline cursor on/off
  void LiquidCrystal::noCursor() {
    _displaycontrol &= ~LCD_CURSORON;
    command(LCD_DISPLAYCONTROL | _displaycontrol);
  }
  void LiquidCrystal::cursor() {
    _displaycontrol |= LCD_CURSORON;
    command(LCD_DISPLAYCONTROL | _displaycontrol);
  }
  // Turn on and off the blinking cursor
  void LiquidCrystal::noBlink() {
    _displaycontrol &= ~LCD_BLINKON;
    command(LCD_DISPLAYCONTROL | _displaycontrol);
  }
  void LiquidCrystal::blink() {
    _displaycontrol |= LCD_BLINKON;
    command(LCD_DISPLAYCONTROL | _displaycontrol);
  }
  // These commands scroll the display without changing the RAM
  void LiquidCrystal::scrollDisplayLeft(void) {
    command(LCD_CURSORSHIFT | LCD_DISPLAYMOVE |
LCD_MOVELEFT);
  }
  void LiquidCrystal::scrollDisplayRight(void) {
    command(LCD_CURSORSHIFT | LCD_DISPLAYMOVE |
LCD_MOVERIGHT);
  }
  // This is for text that flows Left to Right
  void LiquidCrystal::leftToRight(void) {
    _displaymode |= LCD_ENTRYLEFT;
```

LiquidCrystal.cpp

```
    command(LCD_ENTRYMODESET | _displaymode);
}
// This is for text that flows Right to Left
void LiquidCrystal::rightToLeft(void) {
    _displaymode &= ~LCD_ENTRYLEFT;
    command(LCD_ENTRYMODESET | _displaymode);
}
// This will 'right justify' text from the cursor
void LiquidCrystal::autoscroll(void) {
    _displaymode |= LCD_ENTRYSHIFTINCREMENT;
    command(LCD_ENTRYMODESET | _displaymode);
}
// This will 'left justify' text from the cursor
void LiquidCrystal::noAutoscroll(void) {
    _displaymode &= ~LCD_ENTRYSHIFTINCREMENT;
    command(LCD_ENTRYMODESET | _displaymode);
}
// Allows us to fill the first 8 CGRAM locations
// with custom characters
void LiquidCrystal::createChar(uint8_t location, uint8_t charmap[]) {
    location &= 0x7; // we only have 8 locations 0-7
    command(LCD_SETCGRAMADDR | (location << 3));
    for (int i=0; i<8; i++) {
        write(charmap[i]);
    }
}
/*********** mid level commands, for sending data/cmds */
inline void LiquidCrystal::command(uint8_t value) {
    send(value, LOW);
}
#if ARDUINO >= 100
inline size_t LiquidCrystal::write(uint8_t value) {
    send(value, HIGH);
    return 1;
}
#else
inline void LiquidCrystal::write(uint8_t value) {
```

```
LiquidCrystal.cpp
  send(value, HIGH);
}
#endif
/************ low level data pushing commands **********/
// little wrapper for i/o writes
void  LiquidCrystal::_digitalWrite(uint8_t p, uint8_t d) {
  if (_i2cAddr != 255) {
    // an i2c command
    _i2c.digitalWrite(p, d);
  } else if (_SPIclock != 255) {
    if (d == HIGH)
      _SPIbuff |= (1 << p);
    else
      _SPIbuff &= ~(1 << p);
   digitalWrite(_SPIlatch, LOW);
    shiftOut(_SPIdata, _SPIclock, MSBFIRST,_SPIbuff);
    digitalWrite(_SPIlatch, HIGH);
  } else {
    // straightup IO
    digitalWrite(p, d);
  }
}
// Allows to set the backlight, if the LCD backpack is used
void LiquidCrystal::setBacklight(uint8_t status) {
  // check if i2c or SPI
  if ((_i2cAddr != 255) || (_SPIclock != 255)) {
    _digitalWrite(7, status); // backlight is on pin 7
  }
}
// little wrapper for i/o directions
void  LiquidCrystal::_pinMode(uint8_t p, uint8_t d) {
  if (_i2cAddr != 255) {
    // an i2c command
    _i2c.pinMode(p, d);
  } else if (_SPIclock != 255) {
    // nothing!
  } else {
```

LiquidCrystal.cpp

```
      // straightup IO
      pinMode(p, d);
    }
}
// write either command or data, with automatic 4/8-bit selection
void LiquidCrystal::send(uint8_t value, uint8_t mode) {
  _digitalWrite(_rs_pin, mode);
// if there is a RW pin indicated, set it low to Write
  if (_rw_pin != 255) {
     _digitalWrite(_rw_pin, LOW);
  }
  if (_displayfunction & LCD_8BITMODE) {
     write8bits(value);
  } else {
     write4bits(value>>4);
     write4bits(value);
  }
}
void LiquidCrystal::pulseEnable(void) {
  _digitalWrite(_enable_pin, LOW);
  delayMicroseconds(1);
  _digitalWrite(_enable_pin, HIGH);
  delayMicroseconds(1);      // enable pulse must be >450ns
  _digitalWrite(_enable_pin, LOW);
  delayMicroseconds(100);    // commands need > 37us to settle
}
void LiquidCrystal::write4bits(uint8_t value) {
  if (_i2cAddr != 255) {
     uint8_t out = 0;
    out = _i2c.readGPIO();
 // speed up for i2c since its sluggish
     for (int i = 0; i < 4; i++) {
        out &= ~_BV(_data_pins[i]);
        out |= ((value >> i) & 0x1) << _data_pins[i];
     }
// make sure enable is low
     out &= ~ _BV(_enable_pin);
```

LiquidCrystal.cpp

```
    _i2c.writeGPIO(out);
   // pulse enable
      delayMicroseconds(1);
      out |= _BV(_enable_pin);
      _i2c.writeGPIO(out);
      delayMicroseconds(1);
      out &= ~_BV(_enable_pin);
      _i2c.writeGPIO(out);
      delayMicroseconds(100);
   } else {
      for (int i = 0; i < 4; i++) {
         _pinMode(_data_pins[i], OUTPUT);
         _digitalWrite(_data_pins[i], (value >> i) & 0x01);
      }
      pulseEnable();
   }
}
void LiquidCrystal::write8bits(uint8_t value) {
   for (int i = 0; i < 8; i++) {
      _pinMode(_data_pins[i], OUTPUT);
      _digitalWrite(_data_pins[i], (value >> i) & 0x01);
   }
         pulseEnable();     }
```

資料來源：https://github.com/adafruit/LiquidCrystal

LiquidCrystal.h

```
#ifndef LiquidCrystal_h
#define LiquidCrystal_h
#include <inttypes.h>
#include "Print.h"
#include "Adafruit_MCP23008.h"
// commands
#define LCD_CLEARDISPLAY 0x01
```

LiquidCrystal.h

```
#define LCD_RETURNHOME 0x02
#define LCD_ENTRYMODESET 0x04
#define LCD_DISPLAYCONTROL 0x08
#define LCD_CURSORSHIFT 0x10
#define LCD_FUNCTIONSET 0x20
#define LCD_SETCGRAMADDR 0x40
#define LCD_SETDDRAMADDR 0x80
// flags for display entry mode
#define LCD_ENTRYRIGHT 0x00
#define LCD_ENTRYLEFT 0x02
#define LCD_ENTRYSHIFTINCREMENT 0x01
#define LCD_ENTRYSHIFTDECREMENT 0x00
// flags for display on/off control
#define LCD_DISPLAYON 0x04
#define LCD_DISPLAYOFF 0x00
#define LCD_CURSORON 0x02
#define LCD_CURSOROFF 0x00
#define LCD_BLINKON 0x01
#define LCD_BLINKOFF 0x00
// flags for display/cursor shift
#define LCD_DISPLAYMOVE 0x08
#define LCD_CURSORMOVE 0x00
#define LCD_MOVERIGHT 0x04
#define LCD_MOVELEFT 0x00
// flags for function set
#define LCD_8BITMODE 0x10
#define LCD_4BITMODE 0x00
#define LCD_2LINE 0x08
#define LCD_1LINE 0x00
#define LCD_5x10DOTS 0x04
#define LCD_5x8DOTS 0x00
class LiquidCrystal : public Print {
public:
  LiquidCrystal(uint8_t rs, uint8_t enable,
          uint8_t d0, uint8_t d1, uint8_t d2, uint8_t d3,
          uint8_t d4, uint8_t d5, uint8_t d6, uint8_t d7);
  LiquidCrystal(uint8_t rs, uint8_t rw, uint8_t enable,
```

LiquidCrystal.h

```
            uint8_t d0, uint8_t d1, uint8_t d2, uint8_t d3,
            uint8_t d4, uint8_t d5, uint8_t d6, uint8_t d7);
  LiquidCrystal(uint8_t rs, uint8_t rw, uint8_t enable,
            uint8_t d0, uint8_t d1, uint8_t d2, uint8_t d3);
  LiquidCrystal(uint8_t rs, uint8_t enable,
            uint8_t d0, uint8_t d1, uint8_t d2, uint8_t d3);
  LiquidCrystal(uint8_t i2cAddr);
  LiquidCrystal(uint8_t data, uint8_t clock, uint8_t latch);
  void init(uint8_t fourbitmode, uint8_t rs, uint8_t rw, uint8_t enable,
            uint8_t d0, uint8_t d1, uint8_t d2, uint8_t d3,
            uint8_t d4, uint8_t d5, uint8_t d6, uint8_t d7);
    void begin(uint8_t cols, uint8_t rows, uint8_t charsize = LCD_5x8DOTS);
  void clear();
  void home();
  void noDisplay();
  void display();
  void noBlink();
  void blink();
  void noCursor();
  void cursor();
  void scrollDisplayLeft();
  void scrollDisplayRight();
  void leftToRight();
  void rightToLeft();
  void autoscroll();
  void noAutoscroll();
  // only if using backpack
  void setBacklight(uint8_t status);
 void createChar(uint8_t, uint8_t[]);
  void setCursor(uint8_t, uint8_t);
#if ARDUINO >= 100
  virtual size_t write(uint8_t);
#else
  virtual void write(uint8_t);
#endif
  void command(uint8_t);
private:
```

LiquidCrystal.h

```
    void send(uint8_t, uint8_t);
    void write4bits(uint8_t);
    void write8bits(uint8_t);
    void pulseEnable();
    void _digitalWrite(uint8_t, uint8_t);
    void _pinMode(uint8_t, uint8_t);
  uint8_t _rs_pin; // LOW: command.    HIGH: character.
    uint8_t _rw_pin; // LOW: write to LCD.    HIGH: read from LCD.
    uint8_t _enable_pin; // activated by a HIGH pulse.
    uint8_t _data_pins[8];
  uint8_t _displayfunction;
    uint8_t _displaycontrol;
    uint8_t _displaymode;
  uint8_t _initialized;
uint8_t _numlines,_currline;
  uint8_t _SPIclock, _SPIdata, _SPIlatch;
    uint8_t _SPIbuff;
  uint8_t _i2cAddr;
    Adafruit_MCP23008 _i2c;
};
#endif
```

資料來源：https://github.com/adafruit/LiquidCrystal

DS1307 函式庫

本書使用的 DS1307，乃是 Michael Margolis 2009 提供的 DS1307RTC 時鐘模組所使用的 library，讀者可以到 http://www.pjrc.com/teensy/td_libs_DS1307RTC.html 下載(http://www.pjrc.com/teensy/arduino_libraries/DS1307RTC.zip)，特感謝 PJRC Store(http://www.pjrc.com/)提供。

DS1307RTC.cpp (Tiny RTC I2C 時鐘模組函式庫)

```
/*
 * DS1307RTC.h - library for DS1307 RTC

  Copyright (c) Michael Margolis 2009
  This library is intended to be uses with Arduino Time.h library functions

  The library is free software; you can redistribute it and/or
  modify it under the terms of the GNU Lesser General Public
  License as published by the Free Software Foundation; either
  version 2.1 of the License, or (at your option) any later version.

  This library is distributed in the hope that it will be useful,
  but WITHOUT ANY WARRANTY; without even the implied warranty of
  MERCHANTABILITY or FITNESS FOR A PARTICULAR PURPOSE.  See
the GNU
  Lesser General Public License for more details.

  You should have received a copy of the GNU Lesser General Public
  License along with this library; if not, write to the Free Software
  Foundation, Inc., 51 Franklin St, Fifth Floor, Boston, MA  02110-1301  USA

  30 Dec 2009 - Initial release
  5 Sep 2011 updated for Arduino 1.0
 */

#include <Wire.h>
#include "DS1307RTC.h"
```

DS1307RTC.cpp (Tiny RTC I2C 時鐘模組函式庫)

```
#define DS1307_CTRL_ID 0x68

DS1307RTC::DS1307RTC()
{
  Wire.begin();
}

// PUBLIC FUNCTIONS
time_t DS1307RTC::get()    // Aquire data from buffer and convert to time_t
{
  tmElements_t tm;
  if (read(tm) == false) return 0;
  return(makeTime(tm));
}

bool DS1307RTC::set(time_t t)
{
  tmElements_t tm;
  breakTime(t, tm);
  tm.Second |= 0x80;  // stop the clock
  write(tm);
  tm.Second &= 0x7f;  // start the clock
  write(tm);
}

// Aquire data from the RTC chip in BCD format
bool DS1307RTC::read(tmElements_t &tm)
{
  uint8_t sec;
  Wire.beginTransmission(DS1307_CTRL_ID);
#if ARDUINO >= 100
  Wire.write((uint8_t)0x00);
#else
  Wire.send(0x00);
#endif
  if (Wire.endTransmission() != 0) {
```

DS1307RTC.cpp (Tiny RTC I2C 時鐘模組函式庫)

```
        exists = false;
        return false;
    }
    exists = true;

    // request the 7 data fields    (secs, min, hr, dow, date, mth, yr)
    Wire.requestFrom(DS1307_CTRL_ID, tmNbrFields);
    if (Wire.available() < tmNbrFields) return false;
#if ARDUINO >= 100
    sec = Wire.read();
    tm.Second = bcd2dec(sec & 0x7f);
    tm.Minute = bcd2dec(Wire.read() );
    tm.Hour =    bcd2dec(Wire.read() & 0x3f);  // mask assumes 24hr clock
    tm.Wday = bcd2dec(Wire.read() );
    tm.Day = bcd2dec(Wire.read() );
    tm.Month = bcd2dec(Wire.read() );
    tm.Year = y2kYearToTm((bcd2dec(Wire.read())));
#else
    sec = Wire.receive();
    tm.Second = bcd2dec(sec & 0x7f);
    tm.Minute = bcd2dec(Wire.receive() );
    tm.Hour =    bcd2dec(Wire.receive() & 0x3f);  // mask assumes 24hr clock
    tm.Wday = bcd2dec(Wire.receive() );
    tm.Day = bcd2dec(Wire.receive() );
    tm.Month = bcd2dec(Wire.receive() );
    tm.Year = y2kYearToTm((bcd2dec(Wire.receive())));
#endif
    if (sec & 0x80) return false; // clock is halted
    return true;
}

bool DS1307RTC::write(tmElements_t &tm)
{
    Wire.beginTransmission(DS1307_CTRL_ID);
#if ARDUINO >= 100
    Wire.write((uint8_t)0x00); // reset register pointer
    Wire.write(dec2bcd(tm.Second)) ;
```

DS1307RTC.cpp (Tiny RTC I2C 時鐘模組函式庫)

```
  Wire.write(dec2bcd(tm.Minute));
  Wire.write(dec2bcd(tm.Hour));         // sets 24 hour format
  Wire.write(dec2bcd(tm.Wday));
  Wire.write(dec2bcd(tm.Day));
  Wire.write(dec2bcd(tm.Month));
  Wire.write(dec2bcd(tmYearToY2k(tm.Year)));
#else
  Wire.send(0x00); // reset register pointer
  Wire.send(dec2bcd(tm.Second)) ;
  Wire.send(dec2bcd(tm.Minute));
  Wire.send(dec2bcd(tm.Hour));          // sets 24 hour format
  Wire.send(dec2bcd(tm.Wday));
  Wire.send(dec2bcd(tm.Day));
  Wire.send(dec2bcd(tm.Month));
  Wire.send(dec2bcd(tmYearToY2k(tm.Year)));
#endif
  if (Wire.endTransmission() != 0) {
    exists = false;
    return false;
  }
  exists = true;
  return true;
}

// PRIVATE FUNCTIONS

// Convert Decimal to Binary Coded Decimal (BCD)
uint8_t DS1307RTC::dec2bcd(uint8_t num)
{
  return ((num/10 * 16) + (num % 10));
}

// Convert Binary Coded Decimal (BCD) to Decimal
uint8_t DS1307RTC::bcd2dec(uint8_t num)
{
  return ((num/16 * 10) + (num % 16));
}
```

DS1307RTC.cpp (Tiny RTC I2C 時鐘模組函式庫)

```
bool DS1307RTC::exists = false;

DS1307RTC RTC = DS1307RTC(); // create an instance for the user
```

資料來源：https://github.com/adafruit/RTClib

DS1307RTC.h (Tiny RTC I2C 時鐘模組 include 檔)

```
/*
 * DS1307RTC.h - library for DS1307 RTC
 * This library is intended to be uses with Arduino Time.h library functions
 */

#ifndef DS1307RTC_h
#define DS1307RTC_h

#include <Time.h>

// library interface description
class DS1307RTC
{
  // user-accessible "public" interface
  public:
    DS1307RTC();
    static time_t get();
    static bool set(time_t t);
    static bool read(tmElements_t &tm);
    static bool write(tmElements_t &tm);
    static bool chipPresent() { return exists; }

  private:
    static bool exists;
    static uint8_t dec2bcd(uint8_t num);
```

DS1307RTC.h (Tiny RTC I2C 時鐘模組 include 檔)

```
    static uint8_t bcd2dec(uint8_t num);
};

extern DS1307RTC RTC;

#endif
```

資料來源：https://github.com/adafruit/RTClib

四通道繼電器模組線路圖

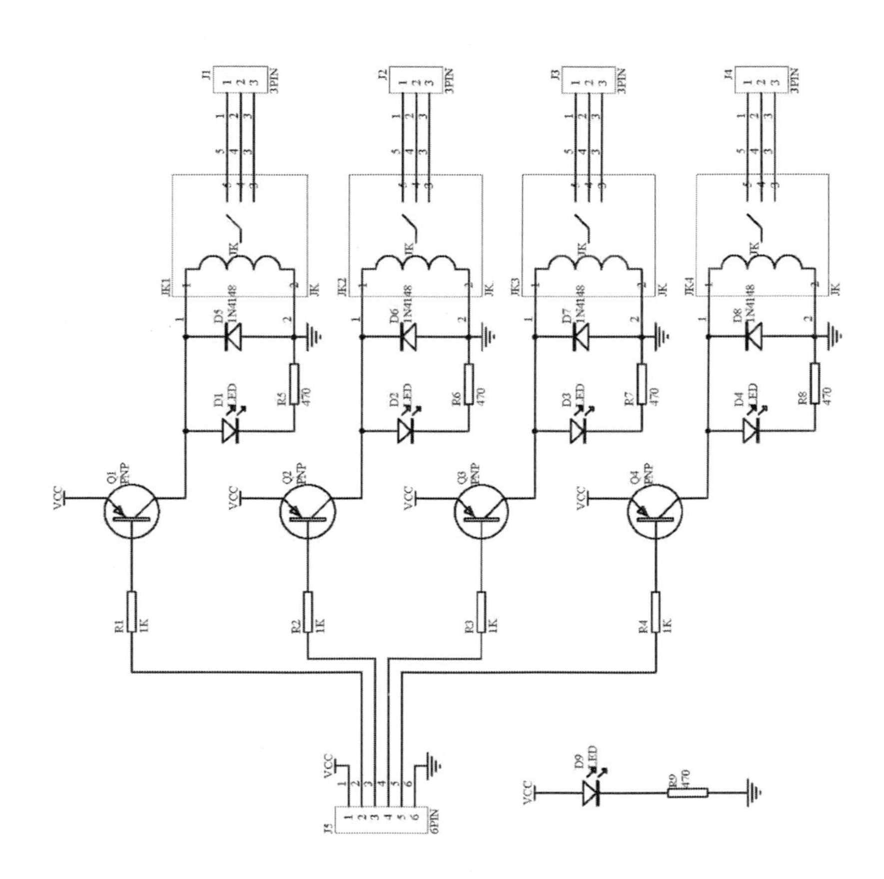

4 * 4 矩陣鍵盤函式庫

本書使用的 4*4 矩陣鍵盤的 Arduino 開發板函式庫，讀者可以到 Arduino 官網 http://playground.arduino.cc/Code/Keypad#Download 下載。

Keypad.Cpp (4*4 矩陣鍵盤 C++函式庫原始碼)

```
/*
||
|| @file Keypad.cpp
|| @version 3.1
|| @author Mark Stanley, Alexander Brevig
|| @contact mstanley@technologist.com, alexanderbrevig@gmail.com
||
|| @description
|| | This library provides a simple interface for using matrix
|| | keypads. It supports multiple keypresses while maintaining
|| | backwards compatibility with the old single key library.
|| | It also supports user selectable pins and definable keymaps.
|| #
||
|| @license
|| | This library is free software; you can redistribute it and/or
|| | modify it under the terms of the GNU Lesser General Public
|| | License as published by the Free Software Foundation; version
|| | 2.1 of the License.
|| |
|| | This library is distributed in the hope that it will be useful,
|| | but WITHOUT ANY WARRANTY; without even the implied warranty of
|| | MERCHANTABILITY or FITNESS FOR A PARTICULAR PURPOSE.  See the
GNU
|| | Lesser General Public License for more details.
|| |
|| | You should have received a copy of the GNU Lesser General Public
|| | License along with this library; if not, write to the Free Software
|| | Foundation, Inc., 51 Franklin St, Fifth Floor, Boston, MA  02110-1301  USA
|| #
```

Keypad.Cpp (4*4 矩陣鍵盤 C++函式庫原始碼)

```
||
*/
#include <Keypad.h>

// <<constructor>> Allows custom keymap, pin configuration, and keypad sizes.
Keypad::Keypad(char *userKeymap, byte *row, byte *col, byte numRows, byte
numCols) {
	rowPins = row;
	columnPins = col;
	sizeKpd.rows = numRows;
	sizeKpd.columns = numCols;

	begin(userKeymap);

	setDebounceTime(10);
	setHoldTime(500);
	keypadEventListener = 0;

	startTime = 0;
	single_key = false;
}

// Let the user define a keymap - assume the same row/column count as defined in con-
structor
void Keypad::begin(char *userKeymap) {
	keymap = userKeymap;
}

// Returns a single key only. Retained for backwards compatibility.
char Keypad::getKey() {
	single_key = true;

	if (getKeys() && key[0].stateChanged && (key[0].kstate==PRESSED))
		return key[0].kchar;

	single_key = false;
```

Keypad.Cpp (4*4 矩陣鍵盤 C++函式庫原始碼)

```
	return NO_KEY;
}

// Populate the key list.
bool Keypad::getKeys() {
	bool keyActivity = false;

	// Limit how often the keypad is scanned. This makes the loop() run 10 times as fast.
	if ( (millis()-startTime)>debounceTime ) {
		scanKeys();
		keyActivity = updateList();
		startTime = millis();
	}

	return keyActivity;
}

// Private : Hardware scan
void Keypad::scanKeys() {
	// Re-intialize the row pins. Allows sharing these pins with other hardware.
	for (byte r=0; r<sizeKpd.rows; r++) {
		pin_mode(rowPins[r],INPUT_PULLUP);
	}

	// bitMap stores ALL the keys that are being pressed.
	for (byte c=0; c<sizeKpd.columns; c++) {
		pin_mode(columnPins[c],OUTPUT);
		pin_write(columnPins[c], LOW);	// Begin column pulse output.
		for (byte r=0; r<sizeKpd.rows; r++) {
			bitWrite(bitMap[r], c, !pin_read(rowPins[r]));	// keypress is active low so invert to high.
		}
		// Set pin to high impedance input. Effectively ends column pulse.
		pin_write(columnPins[c],HIGH);
```

Keypad.Cpp (4*4 矩陣鍵盤 C++函式庫原始碼)

```
        pin_mode(columnPins[c],INPUT);
    }
}

// Manage the list without rearranging the keys. Returns true if any keys on the list
changed state.
bool Keypad::updateList() {

    bool anyActivity = false;

    // Delete any IDLE keys
    for (byte i=0; i<LIST_MAX; i++) {
        if (key[i].kstate==IDLE) {
            key[i].kchar = NO_KEY;
            key[i].kcode = -1;
            key[i].stateChanged = false;
        }
    }

    // Add new keys to empty slots in the key list.
    for (byte r=0; r<sizeKpd.rows; r++) {
        for (byte c=0; c<sizeKpd.columns; c++) {
            boolean button = bitRead(bitMap[r],c);
            char keyChar = keymap[r * sizeKpd.columns + c];
            int keyCode = r * sizeKpd.columns + c;
            int idx = findInList (keyCode);
            // Key is already on the list so set its next state.
            if (idx > -1)      {
                nextKeyState(idx, button);
            }
            // Key is NOT on the list so add it.
            if ((idx == -1) && button) {
                for (byte i=0; i<LIST_MAX; i++) {
                    if (key[i].kchar==NO_KEY) {         // Find an empty slot or
don't add key to list.
                        key[i].kchar = keyChar;
```

Keypad.Cpp (4*4 矩陣鍵盤 C++函式庫原始碼)

```
                        key[i].kcode = keyCode;
                        key[i].kstate = IDLE;           // Keys NOT on the list
have an initial state of IDLE.
                        nextKeyState (i, button);
                        break;      // Don't fill all the empty slots with the same
key.
                    }
                }
            }
        }
    }

    // Report if the user changed the state of any key.
    for (byte i=0; i<LIST_MAX; i++) {
        if (key[i].stateChanged) anyActivity = true;
    }

    return anyActivity;
}

// Private
// This function is a state machine but is also used for debouncing the keys.
void Keypad::nextKeyState(byte idx, boolean button) {
    key[idx].stateChanged = false;

    switch (key[idx].kstate) {
        case IDLE:
            if (button==CLOSED) {
                transitionTo (idx, PRESSED);
                holdTimer = millis(); }         // Get ready for next HOLD state.
            break;
        case PRESSED:
            if ((millis()-holdTimer)>holdTime)  // Waiting for a key HOLD...
                transitionTo (idx, HOLD);
            else if (button==OPEN)              // or for a key to be
RELEASED.
```

Keypad.Cpp (4*4 矩陣鍵盤 C++函式庫原始碼)

```
                transitionTo (idx, RELEASED);
            break;
        case HOLD:
            if (button==OPEN)
                transitionTo (idx, RELEASED);
            break;
        case RELEASED:
            transitionTo (idx, IDLE);
            break;
    }
}

// New in 2.1
bool Keypad::isPressed(char keyChar) {
    for (byte i=0; i<LIST_MAX; i++) {
        if ( key[i].kchar == keyChar ) {
            if ( (key[i].kstate == PRESSED) && key[i].stateChanged )
                return true;
        }
    }
    return false;    // Not pressed.
}

// Search by character for a key in the list of active keys.
// Returns -1 if not found or the index into the list of active keys.
int Keypad::findInList (char keyChar) {
    for (byte i=0; i<LIST_MAX; i++) {
        if (key[i].kchar == keyChar) {
            return i;
        }
    }
    return -1;
}

// Search by code for a key in the list of active keys.
// Returns -1 if not found or the index into the list of active keys.
```

Keypad.Cpp (4*4 矩陣鍵盤 C++函式庫原始碼)

```
int Keypad::findInList (int keyCode) {
	for (byte i=0; i<LIST_MAX; i++) {
		if (key[i].kcode == keyCode) {
			return i;
		}
	}
	return -1;
}

// New in 2.0
char Keypad::waitForKey() {
	char waitKey = NO_KEY;
	while( (waitKey = getKey()) == NO_KEY );	// Block everything while waiting
for a keypress.
	return waitKey;
}

// Backwards compatibility function.
KeyState Keypad::getState() {
	return key[0].kstate;
}

// The end user can test for any changes in state before deciding
// if any variables, etc. needs to be updated in their code.
bool Keypad::keyStateChanged() {
	return key[0].stateChanged;
}

// The number of keys on the key list, key[LIST_MAX], equals the number
// of bytes in the key list divided by the number of bytes in a Key object.
byte Keypad::numKeys() {
	return sizeof(key)/sizeof(Key);
}

// Minimum debounceTime is 1 mS. Any lower *will* slow down the loop().
void Keypad::setDebounceTime(uint debounce) {
```

Keypad.Cpp (4*4 矩陣鍵盤 C++函式庫原始碼)

```
	debounce<1 ? debounceTime=1 : debounceTime=debounce;
}

void Keypad::setHoldTime(uint hold) {
	holdTime = hold;
}

void Keypad::addEventListener(void (*listener)(char)){
	keypadEventListener = listener;
}

void Keypad::transitionTo(byte idx, KeyState nextState) {
	key[idx].kstate = nextState;
	key[idx].stateChanged = true;

	// Sketch used the getKey() function.
	// Calls keypadEventListener only when the first key in slot 0 changes state.
	if (single_key)	{
		if ( (keypadEventListener!=NULL) && (idx==0) )	{
			keypadEventListener(key[0].kchar);
		}
	}
	// Sketch used the getKeys() function.
	// Calls keypadEventListener on any key that changes state.
	else {
		if (keypadEventListener!=NULL)	{
			keypadEventListener(key[idx].kchar);
		}
	}
}

/*
|| @changelog
|| | 3.1 2013-01-15 - Mark Stanley		: Fixed missing RELEASED & IDLE status
when using a single key.
```

Keypad.Cpp (4*4 矩陣鍵盤 C++函式庫原始碼)

```
|| | 3.0 2012-07-12 - Mark Stanley        : Made library multi-keypress by default. (Back-
wards compatible)
|| | 3.0 2012-07-12 - Mark Stanley        : Modified pin functions to support Keypad_I2C
|| | 3.0 2012-07-12 - Stanley & Young     : Removed static variables. Fix for multiple key-
pad objects.
|| | 3.0 2012-07-12 - Mark Stanley        : Fixed bug that caused shorted pins when press-
ing multiple keys.
|| | 2.0 2011-12-29 - Mark Stanley        : Added waitForKey().
|| | 2.0 2011-12-23 - Mark Stanley        : Added the public function keyStateChanged().
|| | 2.0 2011-12-23 - Mark Stanley        : Added the private function scanKeys().
|| | 2.0 2011-12-23 - Mark Stanley        : Moved the Finite State Machine into the func-
tion getKeyState().
|| | 2.0 2011-12-23 - Mark Stanley        : Removed the member variable lastUdate. Not
needed after rewrite.
|| | 1.8 2011-11-21 - Mark Stanley        : Added decision logic to compile WProgram.h
or Arduino.h
|| | 1.8 2009-07-08 - Alexander Brevig : No longer uses arrays
|| | 1.7 2009-06-18 - Alexander Brevig : Every time a state changes the keypadEventLis-
tener will trigger, if set.
|| | 1.7 2009-06-18 - Alexander Brevig : Added setDebounceTime. setHoldTime specifies
the amount of
|| |                                          microseconds before a HOLD
state triggers
|| | 1.7 2009-06-18 - Alexander Brevig : Added transitionTo
|| | 1.6 2009-06-15 - Alexander Brevig : Added getState() and state variable
|| | 1.5 2009-05-19 - Alexander Brevig : Added setHoldTime()
|| | 1.4 2009-05-15 - Alexander Brevig : Added addEventListener
|| | 1.3 2009-05-12 - Alexander Brevig : Added lastUdate, in order to do simple debounc-
ing
|| | 1.2 2009-05-09 - Alexander Brevig : Changed getKey()
|| | 1.1 2009-04-28 - Alexander Brevig : Modified API, and made variables private
|| | 1.0 2007-XX-XX - Mark Stanley : Initial Release
|| #
*/
```

資料來源：Arduino 官網，http://playground.arduino.cc/Code/Keypad#Download

Keypad.h (4*4 矩陣鍵盤 C++函式庫包含檔)

```
/*
||
|| @file Keypad.h
|| @version 3.1
|| @author Mark Stanley, Alexander Brevig
|| @contact mstanley@technologist.com, alexanderbrevig@gmail.com
||
|| @description
|| | This library provides a simple interface for using matrix
|| | keypads. It supports multiple keypresses while maintaining
|| | backwards compatibility with the old single key library.
|| | It also supports user selectable pins and definable keymaps.
|| #
||
|| @license
|| | This library is free software; you can redistribute it and/or
|| | modify it under the terms of the GNU Lesser General Public
|| | License as published by the Free Software Foundation; version
|| | 2.1 of the License.
|| |
|| | This library is distributed in the hope that it will be useful,
|| | but WITHOUT ANY WARRANTY; without even the implied warranty of
|| | MERCHANTABILITY or FITNESS FOR A PARTICULAR PURPOSE.  See the
GNU
|| | Lesser General Public License for more details.
|| |
|| | You should have received a copy of the GNU Lesser General Public
|| | License along with this library; if not, write to the Free Software
|| | Foundation, Inc., 51 Franklin St, Fifth Floor, Boston, MA  02110-1301  USA
|| #
||
*/
```

Keypad.h (4*4 矩陣鍵盤 C++函式庫包含檔)

```
#ifndef KEYPAD_H
#define KEYPAD_H

#include "utility/Key.h"

// Arduino versioning.
#if defined(ARDUINO) && ARDUINO >= 100
#include "Arduino.h"
#else
#include "WProgram.h"
#endif

// bperrybap - Thanks for a well reasoned argument and the following macro(s).
// See http://arduino.cc/forum/index.php/topic,142041.msg1069480.html#msg1069480
#ifndef INPUT_PULLUP
#warning "Using  pinMode() INPUT_PULLUP AVR emulation"
#define INPUT_PULLUP 0x2
#define pinMode(_pin, _mode) _mypinMode(_pin, _mode)
#define _mypinMode(_pin, _mode)  \
do {                             \
    if(_mode == INPUT_PULLUP)        \
        pinMode(_pin, INPUT);    \
        digitalWrite(_pin, 1);   \
    if(_mode != INPUT_PULLUP)  \
        pinMode(_pin, _mode);    \
}while(0)
#endif


#define OPEN LOW
#define CLOSED HIGH

typedef char KeypadEvent;
typedef unsigned int uint;
typedef unsigned long ulong;
```

Keypad.h (4*4 矩陣鍵盤 C++函式庫包含檔)

```
// Made changes according to this post http://arduino.cc/forum/index.php?topic=58337.0
// by Nick Gammon. Thanks for the input Nick. It actually saved 78 bytes for me. :)
typedef struct {
	byte rows;
	byte columns;
} KeypadSize;

#define LIST_MAX 10		// Max number of keys on the active list.
#define MAPSIZE 10		// MAPSIZE is the number of rows (times 16 columns)
#define makeKeymap(x) ((char*)x)


//class Keypad : public Key, public HAL_obj {
class Keypad : public Key {
public:

	Keypad(char *userKeymap, byte *row, byte *col, byte numRows, byte numCols);

	virtual void pin_mode(byte pinNum, byte mode) { pinMode(pinNum, mode); }
	virtual void pin_write(byte pinNum, boolean level) { digitalWrite(pinNum, level); }
	virtual int  pin_read(byte pinNum) { return digitalRead(pinNum); }

	uint bitMap[MAPSIZE];	// 10 row x 16 column array of bits. Except Due which has
32 columns.
	Key key[LIST_MAX];
	unsigned long holdTimer;

	char getKey();
	bool getKeys();
	KeyState getState();
	void begin(char *userKeymap);
	bool isPressed(char keyChar);
	void setDebounceTime(uint);
	void setHoldTime(uint);
	void addEventListener(void (*listener)(char));
	int findInList(char keyChar);
```

Keypad.h (4*4 矩陣鍵盤 C++函式庫包含檔)

```
	int findInList(int keyCode);
	char waitForKey();
	bool keyStateChanged();
	byte numKeys();

private:
	unsigned long startTime;
	char *keymap;
	byte *rowPins;
	byte *columnPins;
	KeypadSize sizeKpd;
	uint debounceTime;
	uint holdTime;
	bool single_key;

	void scanKeys();
	bool updateList();
	void nextKeyState(byte n, boolean button);
	void transitionTo(byte n, KeyState nextState);
	void (*keypadEventListener)(char);
};

#endif

/*
|| @changelog
|| | 3.1 2013-01-15 - Mark Stanley		: Fixed missing RELEASED & IDLE status when
using a single key.
|| | 3.0 2012-07-12 - Mark Stanley		: Made library multi-keypress by default. (Back-
wards compatible)
|| | 3.0 2012-07-12 - Mark Stanley		: Modified pin functions to support Keypad_I2C
|| | 3.0 2012-07-12 - Stanley & Young	: Removed static variables. Fix for multiple key-
pad objects.
|| | 3.0 2012-07-12 - Mark Stanley		: Fixed bug that caused shorted pins when press-
ing multiple keys.
|| | 2.0 2011-12-29 - Mark Stanley		: Added waitForKey().
```

Keypad.h (4*4 矩陣鍵盤 C++函式庫包含檔)

```
|| | 2.0 2011-12-23 - Mark Stanley        : Added the public function keyStateChanged().
|| | 2.0 2011-12-23 - Mark Stanley        : Added the private function scanKeys().
|| | 2.0 2011-12-23 - Mark Stanley        : Moved the Finite State Machine into the func-
tion getKeyState().
|| | 2.0 2011-12-23 - Mark Stanley        : Removed the member variable lastUdate. Not
needed after rewrite.
|| | 1.8 2011-11-21 - Mark Stanley        : Added test to determine which header file to
compile,
|| |                                              WProgram.h or Arduino.h.
|| | 1.8 2009-07-08 - Alexander Brevig : No longer uses arrays
|| | 1.7 2009-06-18 - Alexander Brevig : This library is a Finite State Machine every time a
state changes
|| |                                              the keypadEventListener will
trigger, if set
|| | 1.7 2009-06-18 - Alexander Brevig : Added setDebounceTime setHoldTime specifies
the amount of
|| |                                              microseconds before a HOLD
state triggers
|| | 1.7 2009-06-18 - Alexander Brevig : Added transitionTo
|| | 1.6 2009-06-15 - Alexander Brevig : Added getState() and state variable
|| | 1.5 2009-05-19 - Alexander Brevig : Added setHoldTime()
|| | 1.4 2009-05-15 - Alexander Brevig : Added addEventListener
|| | 1.3 2009-05-12 - Alexander Brevig : Added lastUdate, in order to do simple debounc-
ing
|| | 1.2 2009-05-09 - Alexander Brevig : Changed getKey()
|| | 1.1 2009-04-28 - Alexander Brevig : Modified API, and made variables private
|| | 1.0 2007-XX-XX - Mark Stanley : Initial Release
|| #
*/
```

資料來源：Arduino 官網，http://playground.arduino.cc/Code/Keypad#Download

MFRC522 函式庫

本書使用的 MFRC522 式庫，乃是 **miguelbalboa** 在其 github 網站分享函式庫，讀者可以到 https://github.com/miguelbalboa/rfid 下載其函式庫，特感謝 **miguelbalboa** (參考網址：https://github.com/miguelbalboa/rfid) 。

PS.原始碼原始作者感謝其分享

- Based on code Dr.Leong (WWW.B2CQSHOP.COM)
- Created by Miguel Balboa (circuitito.com), Jan, 2012.
- Rewritten by Søren Thing Andersen (access.thing.dk), fall of 2013 (Translation to English, refactored, comments, anti collision, cascade levels.)

MFRC522.cpp

```
/*
* MFRC522.cpp - Library to use ARDUINO RFID MODULE KIT 13.56 MHZ WITH TAGS SPI W AND R BY COOQROBOT.
* _Please_ see the comments in MFRC522.h - they give useful hints and background.
* Released into the public domain.
*/

#include <Arduino.h>
#include <MFRC522.h>

/////////////////////////////////////////////////////////////////////////////////////
// Functions for setting up the Arduino
/////////////////////////////////////////////////////////////////////////////////////

/**
 * Constructor.
 * Prepares the output pins.
 */
```

MFRC522.cpp

```
MFRC522::MFRC522(    byte chipSelectPin,          ///< Arduino pin connected to MFRC522's SPI slave select input (Pin 24, NSS, active low)
                     byte resetPowerDownPin   ///< Arduino pin connected to MFRC522's reset and power down input (Pin 6, NRSTPD, active low)
                  ) {
    // Set the chipSelectPin as digital output, do not select the slave yet
    _chipSelectPin = chipSelectPin;
    pinMode(_chipSelectPin, OUTPUT);
    digitalWrite(_chipSelectPin, HIGH);

    // Set the resetPowerDownPin as digital output, do not reset or power down.
    _resetPowerDownPin = resetPowerDownPin;
    pinMode(_resetPowerDownPin, OUTPUT);
    digitalWrite(_resetPowerDownPin, LOW);

    // Set SPI bus to work with MFRC522 chip.
    setSPIConfig();
} // End constructor

/**
 * Set SPI bus to work with MFRC522 chip.
 * Please call this function if you have changed the SPI config since the MFRC522 constructor was run.
 */
void MFRC522::setSPIConfig() {
    SPI.setBitOrder(MSBFIRST);
    SPI.setDataMode(SPI_MODE0);
} // End setSPIConfig()

/////////////////////////////////////////////////////////////////////////////////////
// Basic interface functions for communicating with the MFRC522
/////////////////////////////////////////////////////////////////////////////////////

/**
 * Writes a byte to the specified register in the MFRC522 chip.
 * The interface is described in the datasheet section 8.1.2.
 */
```

MFRC522.cpp

```
void MFRC522::PCD_WriteRegister(	byte reg,		///< The register to write to. One of the PCD_Register enums.
								byte value		///< The value to write.
								) {
	digitalWrite(_chipSelectPin, LOW);		// Select slave
	SPI.transfer(reg & 0x7E);				// MSB == 0 is for writing. LSB is not used in address. Datasheet section 8.1.2.3.
	SPI.transfer(value);
	digitalWrite(_chipSelectPin, HIGH);		// Release slave again
} // End PCD_WriteRegister()

/**
 * Writes a number of bytes to the specified register in the MFRC522 chip.
 * The interface is described in the datasheet section 8.1.2.
 */
void MFRC522::PCD_WriteRegister(	byte reg,		///< The register to write to. One of the PCD_Register enums.
								byte count,			///< The number of bytes to write to the register
								byte *values	///< The values to write. Byte array.
								) {
	digitalWrite(_chipSelectPin, LOW);		// Select slave
	SPI.transfer(reg & 0x7E);				// MSB == 0 is for writing. LSB is not used in address. Datasheet section 8.1.2.3.
	for (byte index = 0; index < count; index++) {
		SPI.transfer(values[index]);
	}
	digitalWrite(_chipSelectPin, HIGH);		// Release slave again
} // End PCD_WriteRegister()

/**
 * Reads a byte from the specified register in the MFRC522 chip.
 * The interface is described in the datasheet section 8.1.2.
 */
byte MFRC522::PCD_ReadRegister(	byte reg	///< The register to read from. One of the PCD_Register enums.
```

MFRC522.cpp

```
                                        ) {
	byte value;
	digitalWrite(_chipSelectPin, LOW);		// Select slave
	SPI.transfer(0x80 | (reg & 0x7E));		// MSB == 1 is for reading. LSB is
not used in address. Datasheet section 8.1.2.3.
	value = SPI.transfer(0);			// Read the value back. Send 0 to
stop reading.
	digitalWrite(_chipSelectPin, HIGH);		// Release slave again
	return value;
} // End PCD_ReadRegister()

/**
 * Reads a number of bytes from the specified register in the MFRC522 chip.
 * The interface is described in the datasheet section 8.1.2.
 */
void MFRC522::PCD_ReadRegister(	byte reg,	///< The register to read from.
One of the PCD_Register enums.
				byte count,		///< The number of bytes
to read
				byte *values,	///< Byte array to store the val-
ues in.
				byte rxAlign	///< Only bit positions
rxAlign..7 in values[0] are updated.
				) {
	if (count == 0) {
		return;
	}
	//Serial.print("Reading ");	Serial.print(count); Serial.println(" bytes from regis-
ter.");
	byte address = 0x80 | (reg & 0x7E);		// MSB == 1 is for reading. LSB is not
used in address. Datasheet section 8.1.2.3.
	byte index = 0;					// Index in values array.
	digitalWrite(_chipSelectPin, LOW);	// Select slave
	count--;					// One read is performed outside of
the loop
	SPI.transfer(address);				// Tell MFRC522 which address we
want to read
```

MFRC522.cpp

```
	while (index < count) {
		if (index == 0 && rxAlign) { // Only update bit positions rxAlign..7 in val-
ues[0]
			// Create bit mask for bit positions rxAlign..7
			byte mask = 0;
			for (byte i = rxAlign; i <= 7; i++) {
				mask |= (1 << i);
			}
			// Read value and tell that we want to read the same address again.
			byte value = SPI.transfer(address);
			// Apply mask to both current value of values[0] and the new data in
value.
			values[0] = (values[index] & ~mask) | (value & mask);
		}
		else { // Normal case
			values[index] = SPI.transfer(address);	// Read value and tell that we
want to read the same address again.
		}
		index++;
	}
	values[index] = SPI.transfer(0);		// Read the final byte. Send 0 to stop
reading.
	digitalWrite(_chipSelectPin, HIGH);		// Release slave again
} // End PCD_ReadRegister()

/**
 * Sets the bits given in mask in register reg.
 */
void MFRC522::PCD_SetRegisterBitMask(	byte reg,	///< The register to update. One
of the PCD_Register enums.
					byte mask	///< The bits to set.
				) {
	byte tmp;
	tmp = PCD_ReadRegister(reg);
	PCD_WriteRegister(reg, tmp | mask);		// set bit mask
} // End PCD_SetRegisterBitMask()
```

MFRC522.cpp

```
/**
 * Clears the bits given in mask from register reg.
 */
void MFRC522::PCD_ClearRegisterBitMask( byte reg, ///< The register to update. One
of the PCD_Register enums.
                                        byte mask ///< The bits to clear.
                                        ) {
    byte tmp;
    tmp = PCD_ReadRegister(reg);
    PCD_WriteRegister(reg, tmp & (~mask));     // clear bit mask
} // End PCD_ClearRegisterBitMask()


/**
 * Use the CRC coprocessor in the MFRC522 to calculate a CRC_A.
 *
 * @return STATUS_OK on success, STATUS_??? otherwise.
 */
byte MFRC522::PCD_CalculateCRC(   byte *data,        ///< In: Pointer to the data
to transfer to the FIFO for CRC calculation.
                                  byte length,    ///< In: The number of bytes to
transfer.
                                  byte *result    ///< Out: Pointer to result
buffer. Result is written to result[0..1], low byte first.
                                  ) {
    PCD_WriteRegister(CommandReg, PCD_Idle);              // Stop any active
command.
    PCD_WriteRegister(DivIrqReg, 0x04);                   // Clear the CRCIRq
interrupt request bit
    PCD_SetRegisterBitMask(FIFOLevelReg, 0x80);       // FlushBuffer = 1, FIFO
initialization
    PCD_WriteRegister(FIFODataReg, length, data);     // Write data to the FIFO
    PCD_WriteRegister(CommandReg, PCD_CalcCRC);         // Start the calcula-
tion

    // Wait for the CRC calculation to complete. Each iteration of the while-loop takes
17.73s.
```

MFRC522.cpp

```
	word i = 5000;
	byte n;
	while (1) {
		n = PCD_ReadRegister(DivIrqReg); // DivIrqReg[7..0] bits are: Set2 reserved 
reserved MfinActIRq	reserved CRCIRq reserved reserved
		if (n & 0x04) {						// CRCIRq bit set - calculation done
			break;
		}
		if (--i == 0) {						// The emergency break. We will 
eventually terminate on this one after 89ms. Communication with the MFRC522 might 
be down.
			return STATUS_TIMEOUT;
		}
	}
	PCD_WriteRegister(CommandReg, PCD_Idle);		// Stop calculating 
CRC for new content in the FIFO.

	// Transfer the result from the registers to the result buffer
	result[0] = PCD_ReadRegister(CRCResultRegL);
	result[1] = PCD_ReadRegister(CRCResultRegH);
	return STATUS_OK;
} // End PCD_CalculateCRC()


/////////////////////////////////////////////////////////////////////////////////////
// Functions for manipulating the MFRC522
/////////////////////////////////////////////////////////////////////////////////////

/**
 * Initializes the MFRC522 chip.
 */
void MFRC522::PCD_Init() {
	if (digitalRead(_resetPowerDownPin) == LOW) {	//The MFRC522 chip is in power 
down mode.
		digitalWrite(_resetPowerDownPin, HIGH);		// Exit power down mode. This 
triggers a hard reset.
```

MFRC522.cpp

```
		// Section 8.8.2 in the datasheet says the oscillator start-up time is the start up time of the crystal + 37,74s. Let us be generous: 50ms.
		delay(50);
	}
	else { // Perform a soft reset
		PCD_Reset();
	}

	// When communicating with a PICC we need a timeout if something goes wrong.
	// f_timer = 13.56 MHz / (2*TPreScaler+1) where TPreScaler = [TPrescaler_Hi:TPrescaler_Lo].
	// TPrescaler_Hi are the four low bits in TModeReg. TPrescaler_Lo is TPrescalerReg.
	PCD_WriteRegister(TModeReg, 0x80);			// TAuto=1; timer starts automatically at the end of the transmission in all communication modes at all speeds
	PCD_WriteRegister(TPrescalerReg, 0xA9);		// TPreScaler = TModeReg[3..0]:TPrescalerReg, ie 0x0A9 = 169 => f_timer=40kHz, ie a timer period of 25s.
	PCD_WriteRegister(TReloadRegH, 0x03);		// Reload timer with 0x3E8 = 1000, ie 25ms before timeout.
	PCD_WriteRegister(TReloadRegL, 0xE8);

	PCD_WriteRegister(TxASKReg, 0x40);		// Default 0x00. Force a 100 % ASK modulation independent of the ModGsPReg register setting
	PCD_WriteRegister(ModeReg, 0x3D);		// Default 0x3F. Set the preset value for the CRC coprocessor for the CalcCRC command to 0x6363 (ISO 14443-3 part 6.2.4)
	PCD_AntennaOn();						// Enable the antenna driver pins TX1 and TX2 (they were disabled by the reset)
} // End PCD_Init()

/**
 * Performs a soft reset on the MFRC522 chip and waits for it to be ready again.
 */
void MFRC522::PCD_Reset() {
	PCD_WriteRegister(CommandReg, PCD_SoftReset);	// Issue the SoftReset command.
	// The datasheet does not mention how long the SoftRest command takes to complete.
```

MFRC522.cpp

```
	// But the MFRC522 might have been in soft power-down mode (triggered by bit 4
of CommandReg)
// Section 8.8.2 in the datasheet says the oscillator start-up time is the start up time of the
			crystal + 37,74s. Let us be generous: 50ms.
	delay(50);
	// Wait for the PowerDown bit in CommandReg to be cleared
	while (PCD_ReadRegister(CommandReg) & (1<<4)) {
		// PCD still restarting - unlikely after waiting 50ms, but better safe than sorry.
	}
} // End PCD_Reset()

/**
 * Turns the antenna on by enabling pins TX1 and TX2.
 * After a reset these pins disabled.
 */
void MFRC522::PCD_AntennaOn() {
	byte value = PCD_ReadRegister(TxControlReg);
	if ((value & 0x03) != 0x03) {
		PCD_WriteRegister(TxControlReg, value | 0x03);
	}
} // End PCD_AntennaOn()

/////////////////////////////////////////////////////////////////////////////////////
// Functions for communicating with PICCs
/////////////////////////////////////////////////////////////////////////////////////

/**
 * Executes the Transceive command.
 * CRC validation can only be done if backData and backLen are specified.
 *
 * @return STATUS_OK on success, STATUS_??? otherwise.
 */
byte MFRC522::PCD_TransceiveData(	byte *sendData,		///< Pointer to the
data to transfer to the FIFO.
						byte sendLen,		///< Number of bytes
to transfer to the FIFO.
```

MFRC522.cpp

```
                                        byte *backData,        ///< NULL or
pointer to buffer if data should be read back after executing the command.
                                        byte *backLen,      ///< In: Max number
of bytes to write to *backData. Out: The number of bytes returned.
                                        byte *validBits,///< In/Out: The number
of valid bits in the last byte. 0 for 8 valid bits. Default NULL.
                                        byte rxAlign,       ///< In: Defines the
bit position in backData[0] for the first bit received. Default 0.
                                        bool checkCRC          ///< In: True
=> The last two bytes of the response is assumed to be a CRC_A that must be validated.
                                     ) {
    byte waitIRq = 0x30;            // RxIRq and IdleIRq
    return PCD_CommunicateWithPICC(PCD_Transceive, waitIRq, sendData,
sendLen, backData, backLen, validBits, rxAlign, checkCRC);
} // End PCD_TransceiveData()

/**
 * Transfers data to the MFRC522 FIFO, executes a commend, waits for completion and
transfers data back from the FIFO.
 * CRC validation can only be done if backData and backLen are specified.
 *
 * @return STATUS_OK on success, STATUS_??? otherwise.
 */
byte MFRC522::PCD_CommunicateWithPICC(    byte command,      ///< The com-
mand to execute. One of the PCD_Command enums.
                                          byte waitIRq,       ///< The bits in
the ComIrqReg register that signals successful completion of the command.
                                          byte *sendData,         ///<
Pointer to the data to transfer to the FIFO.
                                          byte sendLen,       ///< Number of
bytes to transfer to the FIFO.
                                          byte *backData,         ///<
NULL or pointer to buffer if data should be read back after executing the command.
                                          byte *backLen,      ///< In: Max
number of bytes to write to *backData. Out: The number of bytes returned.
                                          byte *validBits,///< In/Out: The
number of valid bits in the last byte. 0 for 8 valid bits.
```

MFRC522.cpp

```
                                        byte rxAlign,          ///< In: Defines
the bit position in backData[0] for the first bit received. Default 0.
                                        bool checkCRC          ///< In:
True => The last two bytes of the response is assumed to be a CRC_A that must be vali-
dated.
                                    ) {
    byte n, _validBits;
    unsigned int i;

    // Prepare values for BitFramingReg
    byte txLastBits = validBits ? *validBits : 0;
    byte bitFraming       = (rxAlign << 4) + txLastBits;        // RxAlign = BitFram-
ingReg[6..4]. TxLastBits = BitFramingReg[2..0]

    PCD_WriteRegister(CommandReg, PCD_Idle);                   // Stop any active
command.
    PCD_WriteRegister(ComIrqReg, 0x7F);                        // Clear all seven in-
terrupt request bits
    PCD_SetRegisterBitMask(FIFOLevelReg, 0x80);           // FlushBuffer = 1, FIFO
initialization
    PCD_WriteRegister(FIFODataReg, sendLen, sendData);  // Write sendData to the
FIFO
    PCD_WriteRegister(BitFramingReg, bitFraming);         // Bit adjustments
    PCD_WriteRegister(CommandReg, command);                    // Execute the com-
mand
    if (command == PCD_Transceive)  {
        PCD_SetRegisterBitMask(BitFramingReg, 0x80);   // StartSend=1, transmis-
sion of data starts
    }

    // Wait for the command to complete.
    // In PCD_Init() we set the TAuto flag in TModeReg. This means the timer auto-
matically starts when the PCD stops transmitting.

    [illegible]
    i = 2000;
    while (1) {
```

MFRC522.cpp

```
		n = PCD_ReadRegister(ComIrqReg);	// ComIrqReg[7..0] bits are: Set1 TxIRq RxIRq IdleIRq	HiAlertIRq LoAlertIRq ErrIRq TimerIRq
		if (n & waitIRq) {					// One of the interrupts that signal success has been set.
			break;
		}
		if (n & 0x01) {						// Timer interrupt - nothing received in 25ms
			return STATUS_TIMEOUT;
		}
		if (--i == 0) {						// The emergency break. If all other condions fail we will eventually terminate on this one after 35.7ms. Communication with the MFRC522 might be down.
			return STATUS_TIMEOUT;
		}
	}

	// Stop now if any errors except collisions were detected.
	byte errorRegValue = PCD_ReadRegister(ErrorReg); // ErrorReg[7..0] bits are: WrErr TempErr reserved BufferOvfl	CollErr CRCErr ParityErr ProtocolErr
	if (errorRegValue & 0x13) {		// BufferOvfl ParityErr ProtocolErr
		return STATUS_ERROR;
	}

	// If the caller wants data back, get it from the MFRC522.
	if (backData && backLen) {
		n = PCD_ReadRegister(FIFOLevelReg);							// Number of bytes in the FIFO
		if (n > *backLen) {
			return STATUS_NO_ROOM;
		}
		*backLen = n;												// Number of bytes returned
		PCD_ReadRegister(FIFODataReg, n, backData, rxAlign);		// Get received data from FIFO
```

MFRC522.cpp

```
		_validBits = PCD_ReadRegister(ControlReg) & 0x07;		// RxLastBits[2:0]
indicates the number of valid bits in the last received byte. If this value is 000b, the
whole byte is valid.
		if (validBits) {
			*validBits = _validBits;
		}
	}

	// Tell about collisions
	if (errorRegValue & 0x08) { // CollErr
		return STATUS_COLLISION;
	}

	// Perform CRC_A validation if requested.
	if (backData && backLen && checkCRC) {
		// In this case a MIFARE Classic NAK is not OK.
		if (*backLen == 1 && _validBits == 4) {
			return STATUS_MIFARE_NACK;
		}
		// We need at least the CRC_A value and all 8 bits of the last byte must be re-
ceived.
		if (*backLen < 2 || _validBits != 0) {
			return STATUS_CRC_WRONG;
		}
		// Verify CRC_A - do our own calculation and store the control in control-
Buffer.
		byte controlBuffer[2];
		n = PCD_CalculateCRC(&backData[0], *backLen - 2, &controlBuffer[0]);
		if (n != STATUS_OK) {
			return n;
		}
		if ((backData[*backLen - 2] != controlBuffer[0]) || (backData[*backLen -
1] != controlBuffer[1])) {
			return STATUS_CRC_WRONG;
		}
	}
```

MFRC522.cpp

```
	return STATUS_OK;
} // End PCD_CommunicateWithPICC()

/**
 * Transmits a REQuest command, Type A. Invites PICCs in state IDLE to go to
READY and prepare for anticollision or selection. 7 bit frame.
 * Beware: When two PICCs are in the field at the same time I often get
STATUS_TIMEOUT - probably due do bad antenna design.
 *
 * @return STATUS_OK on success, STATUS_??? otherwise.
 */
byte MFRC522::PICC_RequestA(byte *bufferATQA,	///< The buffer to store the
ATQA (Answer to request) in
							byte *bufferSize	///< Buffer size, at least two
bytes. Also number of bytes returned if STATUS_OK.
							) {
	return PICC_REQA_or_WUPA(PICC_CMD_REQA, bufferATQA, bufferSize);
} // End PICC_RequestA()

/**
 * Transmits a Wake-UP command, Type A. Invites PICCs in state IDLE and HALT to
go to READY(*) and prepare for anticollision or selection. 7 bit frame.
 * Beware: When two PICCs are in the field at the same time I often get
STATUS_TIMEOUT - probably due do bad antenna design.
 *
 * @return STATUS_OK on success, STATUS_??? otherwise.
 */
byte MFRC522::PICC_WakeupA(	byte *bufferATQA,	///< The buffer to store the
ATQA (Answer to request) in
							byte *bufferSize	///< Buffer size, at least two
bytes. Also number of bytes returned if STATUS_OK.
							) {
	return PICC_REQA_or_WUPA(PICC_CMD_WUPA, bufferATQA, bufferSize);
} // End PICC_WakeupA()

/**
 * Transmits REQA or WUPA commands.
```

MFRC522.cpp

```
 * Beware: When two PICCs are in the field at the same time I often get
STATUS_TIMEOUT - probably due do bad antenna design.
 *
 * @return STATUS_OK on success, STATUS_??? otherwise.
 */
byte MFRC522::PICC_REQA_or_WUPA(     byte command,          ///< The com-
mand to send - PICC_CMD_REQA or PICC_CMD_WUPA
                                     byte *bufferATQA,  ///< The buffer to
store the ATQA (Answer to request) in
                                     byte *bufferSize      ///< Buffer size, at
least two bytes. Also number of bytes returned if STATUS_OK.
                                  ) {
	byte validBits;
	byte status;

	if (bufferATQA == NULL || *bufferSize < 2) {	// The ATQA response is 2 bytes
long.
		return STATUS_NO_ROOM;
	}
	PCD_ClearRegisterBitMask(CollReg, 0x80);		// ValuesAfterColl=1 =>
Bits received after collision are cleared.
	validBits = 7;									// For REQA and
WUPA we need the short frame format - transmit only 7 bits of the last (and only) byte.
TxLastBits = BitFramingReg[2..0]
	status = PCD_TransceiveData(&command, 1, bufferATQA, bufferSize, &valid-
Bits);
	if (status != STATUS_OK) {
		return status;
	}
	if (*bufferSize != 2 || validBits != 0) {		// ATQA must be exactly 16 bits.
		return STATUS_ERROR;
	}
	return STATUS_OK;
} // End PICC_REQA_or_WUPA()

/**
 * Transmits SELECT/ANTICOLLISION commands to select a single PICC.
```

MFRC522.cpp

```
 * Before calling this function the PICCs must be placed in the READY(*) state by call-
ing PICC_RequestA() or PICC_WakeupA().
 * On success:
 *         - The chosen PICC is in state ACTIVE(*) and all other PICCs have returned
to state IDLE/HALT. (Figure 7 of the ISO/IEC 14443-3 draft.)
 *         - The UID size and value of the chosen PICC is returned in *uid along with
the SAK.
 *
 * A PICC UID consists of 4, 7 or 10 bytes.
 * Only 4 bytes can be specified in a SELECT command, so for the longer UIDs two or
three iterations are used:
 *         UID size  Number of UID bytes         Cascade levels        Example of
PICC
 *         ========   ====================         ==============
    ================
 *         single              4                          1
    MIFARE Classic
 *         double              7                          2
    MIFARE Ultralight
 *         triple          10                         3                    Not
currently in use?
 *
 * @return STATUS_OK on success, STATUS_??? otherwise.
 */
byte MFRC522::PICC_Select( Uid *uid,             ///< Pointer to Uid struct. Normally
output, but can also be used to supply a known UID.
                                byte validBits        ///< The number of known UID
bits supplied in *uid. Normally 0. If set you must also supply uid->size.
                              ) {
    bool uidComplete;
    bool selectDone;
    bool useCascadeTag;
    byte cascadeLevel   = 1;
    byte result;
    byte count;
    byte index;
```

MFRC522.cpp

```
	byte uidIndex;				// The first index in uid->uidByte[] that is used in the current Cascade Level.
	char currentLevelKnownBits;		// The number of known UID bits in the current Cascade Level.
	byte buffer[9];				// The SELECT/ANTICOLLISION commands uses a 7 byte standard frame + 2 bytes CRC_A
	byte bufferUsed;			// The number of bytes used in the buffer, ie the number of bytes to transfer to the FIFO.
	byte rxAlign;				// Used in BitFramingReg. Defines the bit position for the first bit received.
	byte txLastBits;			// Used in BitFramingReg. The number of valid bits in the last transmitted byte.
	byte *responseBuffer;
	byte responseLength;

	// Description of buffer structure:
	//		Byte 0: SEL				Indicates the Cascade Level: PICC_CMD_SEL_CL1, PICC_CMD_SEL_CL2 or PICC_CMD_SEL_CL3
	//		Byte 1: NVB				Number of Valid Bits (in complete command, not just the UID): High nibble: complete bytes, Low nibble: Extra bits.
	//		Byte 2: UID-data or CT		See explanation below. CT means Cascade Tag.
	//		Byte 3: UID-data
	//		Byte 4: UID-data
	//		Byte 5: UID-data
	//		Byte 6: BCC				Block Check Character - XOR of bytes 2-5
	//		Byte 7: CRC_A
	//		Byte 8: CRC_A
	// The BCC and CRC_A is only transmitted if we know all the UID bits of the current Cascade Level.
	//
	// Description of bytes 2-5: (Section 6.5.4 of the ISO/IEC 14443-3 draft: UID contents and cascade levels)
	//		UID size	Cascade level	Byte2	Byte3	Byte4	Byte5
	//		========	=============	=====	=====	=====	=====
```

MFRC522.cpp

```
	//		4 bytes		1			uid0 uid1 uid2 uid3
	//		7 bytes		1			CT	uid0 uid1 uid2
	//						2		uid3 uid4 uid5 uid6
	//		10 bytes		1			CT	uid0 uid1 uid2
	//						2		CT	uid3 uid4 uid5
	//						3		uid6 uid7 uid8 uid9

	// Sanity checks
	if (validBits > 80) {
		return STATUS_INVALID;
	}

	// Prepare MFRC522
	PCD_ClearRegisterBitMask(CollReg, 0x80);			// ValuesAfterColl=1 =>
Bits received after collision are cleared.

	// Repeat Cascade Level loop until we have a complete UID.
	uidComplete = false;
	while ( ! uidComplete) {
		// Set the Cascade Level in the SEL byte, find out if we need to use the Cas-
cade Tag in byte 2.
		switch (cascadeLevel) {
			case 1:
				buffer[0] = PICC_CMD_SEL_CL1;
				uidIndex = 0;
				useCascadeTag = validBits && uid->size > 4; // When we know
that the UID has more than 4 bytes
				break;

			case 2:
				buffer[0] = PICC_CMD_SEL_CL2;
				uidIndex = 3;
				useCascadeTag = validBits && uid->size > 7; // When we know
that the UID has more than 7 bytes
				break;

			case 3:
```

MFRC522.cpp

```
                    buffer[0] = PICC_CMD_SEL_CL3;
                    uidIndex = 6;
                    useCascadeTag = false;                                  // Never used
in CL3.
                    break;

               default:
                    return STATUS_INTERNAL_ERROR;
                    break;
          }

          // How many UID bits are known in this Cascade Level?
          currentLevelKnownBits = validBits - (8 * uidIndex);
          if (currentLevelKnownBits < 0) {
               currentLevelKnownBits = 0;
          }
          // Copy the known bits from uid->uidByte[] to buffer[]
          index = 2; // destination index in buffer[]
          if (useCascadeTag) {
               buffer[index++] = PICC_CMD_CT;
          }
          byte bytesToCopy = currentLevelKnownBits / 8 + (currentLevelKnownBits %
8 ? 1 : 0); // The number of bytes needed to represent the known bits for this level.
          if (bytesToCopy) {
               byte maxBytes = useCascadeTag ? 3 : 4; // Max 4 bytes in each Cascade
Level. Only 3 left if we use the Cascade Tag
               if (bytesToCopy > maxBytes) {
                    bytesToCopy = maxBytes;
               }
               for (count = 0; count < bytesToCopy; count++) {
                    buffer[index++] = uid->uidByte[uidIndex + count];
               }
          }
          // Now that the data has been copied we need to include the 8 bits in CT in
currentLevelKnownBits
          if (useCascadeTag) {
               currentLevelKnownBits += 8;
```

MFRC522.cpp

```
		}

		// Repeat anti collision loop until we can transmit all UID bits + BCC and re-
ceive a SAK - max 32 iterations.
		selectDone = false;
		while ( ! selectDone) {
			// Find out how many bits and bytes to send and receive.
			if (currentLevelKnownBits >= 32) { // All UID bits in this Cascade Level
are known. This is a SELECT.
				//Serial.print("SELECT: currentLevelKnownBits="); Se-
rial.println(currentLevelKnownBits, DEC);
				buffer[1] = 0x70; // NVB - Number of Valid Bits: Seven whole
bytes
				// Calulate BCC - Block Check Character
				buffer[6] = buffer[2] ^ buffer[3] ^ buffer[4] ^ buffer[5];
				// Calculate CRC_A
				result = PCD_CalculateCRC(buffer, 7, &buffer[7]);
				if (result != STATUS_OK) {
					return result;
				}
				txLastBits		= 0; // 0 => All 8 bits are valid.
				bufferUsed		= 9;
				// Store response in the last 3 bytes of buffer (BCC and CRC_A -
not needed after tx)
				responseBuffer = &buffer[6];
				responseLength= 3;
			}
			else { // This is an ANTICOLLISION.
				//Serial.print("ANTICOLLISION: currentLevelKnownBits="); Se-
rial.println(currentLevelKnownBits, DEC);
				txLastBits		= currentLevelKnownBits % 8;
				count			= currentLevelKnownBits / 8;	// Number of
whole bytes in the UID part.
				index			= 2 + count;				// Number
of whole bytes: SEL + NVB + UIDs
				buffer[1]		= (index << 4) + txLastBits;	// NVB - Number of
Valid Bits
```

MFRC522.cpp

```
				bufferUsed		= index + (txLastBits ? 1 : 0);
				// Store response in the unused part of buffer
				responseBuffer = &buffer[index];
				responseLength= sizeof(buffer) - index;
			}

			// Set bit adjustments
			rxAlign = txLastBits;
		// Having a seperate variable is overkill. But it makes the next line easier to
read.
			PCD_WriteRegister(BitFramingReg, (rxAlign << 4) + txLastBits);	//
RxAlign = BitFramingReg[6..4]. TxLastBits = BitFramingReg[2..0]

			// Transmit the buffer and receive the response.
			result = PCD_TransceiveData(buffer, bufferUsed, responseBuffer, &re-
sponseLength, &txLastBits, rxAlign);
			if (result == STATUS_COLLISION) { // More than one PICC in the
field => collision.
				result = PCD_ReadRegister(CollReg); // CollReg[7..0] bits are: Val-
uesAfterColl reserved CollPosNotValid CollPos[4:0]
				if (result & 0x20) { // CollPosNotValid
					return STATUS_COLLISION; // Without a valid collision po-
sition we cannot continue
				}
				byte collisionPos = result & 0x1F; // Values 0-31, 0 means bit 32.
				if (collisionPos == 0) {
					collisionPos = 32;
				}
				if (collisionPos <= currentLevelKnownBits) { // No progress -
should not happen
					return STATUS_INTERNAL_ERROR;
				}
				// Choose the PICC with the bit set.
				currentLevelKnownBits = collisionPos;
				count			= (currentLevelKnownBits - 1) % 8; // The bit
to modify
```

MFRC522.cpp

```
				index				= 1 + (currentLevelKnownBits / 8) + (count ?
1 : 0); // First byte is index 0.
				buffer[index]	|= (1 << count);
			}
			else if (result != STATUS_OK) {
				return result;
			}
			else { // STATUS_OK
				if (currentLevelKnownBits >= 32) { // This was a SELECT.
					selectDone = true; // No more anticollision
					// We continue below outside the while.
				}
				else { // This was an ANTICOLLISION.
					// We now have all 32 bits of the UID in this Cascade Level
					currentLevelKnownBits = 32;
					// Run loop again to do the SELECT.
				}
			}
		} // End of while ( ! selectDone)

		// We do not check the CBB - it was constructed by us above.

		// Copy the found UID bytes from buffer[] to uid->uidByte[]
		index			= (buffer[2] == PICC_CMD_CT) ? 3 : 2; // source index
in buffer[]
		bytesToCopy		= (buffer[2] == PICC_CMD_CT) ? 3 : 4;
		for (count = 0; count < bytesToCopy; count++) {
			uid->uidByte[uidIndex + count] = buffer[index++];
		}

		// Check response SAK (Select Acknowledge)
		if (responseLength != 3 || txLastBits != 0) {		// SAK must be exactly
24 bits (1 byte + CRC_A).
			return STATUS_ERROR;
		}
		// Verify CRC_A - do our own calculation and store the control in buffer[2..3]
- those bytes are not needed anymore.
```

MFRC522.cpp

```
			result = PCD_CalculateCRC(responseBuffer, 1, &buffer[2]);
			if (result != STATUS_OK) {
				return result;
			}
			if ((buffer[2] != responseBuffer[1]) || (buffer[3] != responseBuffer[2])) {
				return STATUS_CRC_WRONG;
			}
			if (responseBuffer[0] & 0x04) { // Cascade bit set - UID not complete yes
				cascadeLevel++;
			}
			else {
				uidComplete = true;
				uid->sak = responseBuffer[0];
			}
		} // End of while ( ! uidComplete)

		// Set correct uid->size
		uid->size = 3 * cascadeLevel + 1;

		return STATUS_OK;
} // End PICC_Select()

/**
 * Instructs a PICC in state ACTIVE(*) to go to state HALT.
 *
 * @return STATUS_OK on success, STATUS_??? otherwise.
 */
byte MFRC522::PICC_HaltA() {
		byte result;
		byte buffer[4];

		// Build command buffer
		buffer[0] = PICC_CMD_HLTA;
		buffer[1] = 0;
		// Calculate CRC_A
		result = PCD_CalculateCRC(buffer, 2, &buffer[2]);
		if (result != STATUS_OK) {
```

MFRC522.cpp

```
		return result;
	}

	// Send the command.
	// The standard says:
	//		If the PICC responds with any modulation during a period of 1 ms after the end of the frame containing the
	//		HLTA command, this response shall be interpreted as 'not acknowledge'.
	// We interpret that this way: Only STATUS_TIMEOUT is an success.
	result = PCD_TransceiveData(buffer, sizeof(buffer), NULL, 0);
	if (result == STATUS_TIMEOUT) {
		return STATUS_OK;
	}
	if (result == STATUS_OK) { // That is ironically NOT ok in this case ;-)
		return STATUS_ERROR;
	}
	return result;
} // End PICC_HaltA()


/////////////////////////////////////////////////////////////////////////////////////
// Functions for communicating with MIFARE PICCs
/////////////////////////////////////////////////////////////////////////////////////

/**
 * Executes the MFRC522 MFAuthent command.
 * This command manages MIFARE authentication to enable a secure communication to any MIFARE Mini, MIFARE 1K and MIFARE 4K card.
 * The authentication is described in the MFRC522 datasheet section 10.3.1.9 and http://www.nxp.com/documents/data_sheet/MF1S503x.pdf section 10.1.
 * For use with MIFARE Classic PICCs.
 * The PICC must be selected - ie in state ACTIVE(*) - before calling this function.
 * Remember to call PCD_StopCrypto1() after communicating with the authenticated PICC - otherwise no new communications can start.
 *
 * All keys are set to FFFFFFFFFFFFh at chip delivery.
 *
```

MFRC522.cpp

```
 * @return STATUS_OK on success, STATUS_??? otherwise. Probably
STATUS_TIMEOUT if you supply the wrong key.
 */
byte MFRC522::PCD_Authenticate(byte command,		///<
PICC_CMD_MF_AUTH_KEY_A or PICC_CMD_MF_AUTH_KEY_B
						byte blockAddr,	///< The block number.
See numbering in the comments in the .h file.
						MIFARE_Key *key,///< Pointer to the
Crypteo1 key to use (6 bytes)
						Uid *uid		///< Pointer to Uid struct.
The first 4 bytes of the UID is used.
						) {
	byte waitIRq = 0x10;		// IdleIRq

	// Build command buffer
	byte sendData[12];
	sendData[0] = command;
	sendData[1] = blockAddr;
	for (byte i = 0; i < MF_KEY_SIZE; i++) {	// 6 key bytes
		sendData[2+i] = key->keyByte[i];
	}
	for (byte i = 0; i < 4; i++) {				// The first 4 bytes of the UID
		sendData[8+i] = uid->uidByte[i];
	}

	// Start the authentication.
	return PCD_CommunicateWithPICC(PCD_MFAuthent, waitIRq, &sendData[0],
sizeof(sendData));
} // End PCD_Authenticate()

/**
 * Used to exit the PCD from its authenticated state.
 * Remember to call this function after communicating with an authenticated PICC -
otherwise no new communications can start.
 */
void MFRC522::PCD_StopCrypto1() {
	// Clear MFCrypto1On bit
```

MFRC522.cpp

```
	PCD_ClearRegisterBitMask(Status2Reg, 0x08); // Status2Reg[7..0] bits are: TempSensClear I2CForceHS reserved reserved	MFCrypto1On ModemState[2:0]
} // End PCD_StopCrypto1()

/**
 * Reads 16 bytes (+ 2 bytes CRC_A) from the active PICC.
 *
 * For MIFARE Classic the sector containing the block must be authenticated before calling this function.
 *
 * For MIFARE Ultralight only addresses 00h to 0Fh are decoded.
 * The MF0ICU1 returns a NAK for higher addresses.
 * The MF0ICU1 responds to the READ command by sending 16 bytes starting from the page address defined by the command argument.
 * For example; if blockAddr is 03h then pages 03h, 04h, 05h, 06h are returned.
 * A roll-back is implemented: If blockAddr is 0Eh, then the contents of pages 0Eh, 0Fh, 00h and 01h are returned.
 *
 * The buffer must be at least 18 bytes because a CRC_A is also returned.
 * Checks the CRC_A before returning STATUS_OK.
 *
 * @return STATUS_OK on success, STATUS_??? otherwise.
 */
byte MFRC522::MIFARE_Read(	byte blockAddr,		///< MIFARE Classic: The block (0-0xff) number. MIFARE Ultralight: The first page to return data from.
							byte *buffer,		///< The buffer to store the data in
							byte *bufferSize	///< Buffer size, at least 18 bytes. Also number of bytes returned if STATUS_OK.
						) {
	byte result;

	// Sanity check
	if (buffer == NULL || *bufferSize < 18) {
		return STATUS_NO_ROOM;
	}
```

MFRC522.cpp

```
	// Build command buffer
	buffer[0] = PICC_CMD_MF_READ;
	buffer[1] = blockAddr;
	// Calculate CRC_A
	result = PCD_CalculateCRC(buffer, 2, &buffer[2]);
	if (result != STATUS_OK) {
		return result;
	}

	// Transmit the buffer and receive the response, validate CRC_A.
	return PCD_TransceiveData(buffer, 4, buffer, bufferSize, NULL, 0, true);
} // End MIFARE_Read()

/**
 * Writes 16 bytes to the active PICC.
 *
 * For MIFARE Classic the sector containing the block must be authenticated before
calling this function.
 *
 * For MIFARE Ultralight the opretaion is called "COMPATIBILITY WRITE".
 * Even though 16 bytes are transferred to the Ultralight PICC, only the least significant
4 bytes (bytes 0 to 3)
 * are written to the specified address. It is recommended to set the remaining bytes 04h
to 0Fh to all logic 0.
 * *
 * @return STATUS_OK on success, STATUS_??? otherwise.
 */
byte MFRC522::MIFARE_Write(	bytc blockAddr, ///< MIFARE Classic: The block
(0-0xff) number. MIFARE Ultralight: The page (2-15) to write to.
				byte *buffer,	///< The 16 bytes to write to the
PICC
				byte bufferSize ///< Buffer size, must be at least 16
bytes. Exactly 16 bytes are written.
				) {
	byte result;

	// Sanity check
```

```
MFRC522.cpp
	if (buffer == NULL || bufferSize < 16) {
		return STATUS_INVALID;
	}

	// Mifare Classic protocol requires two communications to perform a write.
	// Step 1: Tell the PICC we want to write to block blockAddr.
	byte cmdBuffer[2];
	cmdBuffer[0] = PICC_CMD_MF_WRITE;
	cmdBuffer[1] = blockAddr;
	result = PCD_MIFARE_Transceive(cmdBuffer, 2); // Adds CRC_A and checks that
the response is MF_ACK.
	if (result != STATUS_OK) {
		return result;
	}

	// Step 2: Transfer the data
	result = PCD_MIFARE_Transceive( buffer, bufferSize); // Adds CRC_A and
checks that the response is MF_ACK.
	if (result != STATUS_OK) {
		return result;
	}

	return STATUS_OK;
} // End MIFARE_Write()

/**
 * Writes a 4 byte page to the active MIFARE Ultralight PICC.
 *
 * @return STATUS_OK on success, STATUS_??? otherwise.
 */
byte MFRC522::MIFARE_Ultralight_Write(	byte page,		///< The page (2-15)
to write to.
						byte *buffer,	///< The 4 bytes to
write to the PICC
						byte bufferSize	///< Buffer size,
must be at least 4 bytes. Exactly 4 bytes are written.
					) {
```

MFRC522.cpp

```
	byte result;

	// Sanity check
	if (buffer == NULL || bufferSize < 4) {
		return STATUS_INVALID;
	}

	// Build commmand buffer
	byte cmdBuffer[6];
	cmdBuffer[0] = PICC_CMD_UL_WRITE;
	cmdBuffer[1] = page;
	memcpy(&cmdBuffer[2], buffer, 4);

	// Perform the write
	result = PCD_MIFARE_Transceive(cmdBuffer, 6); // Adds CRC_A and checks that
the response is MF_ACK.
	if (result != STATUS_OK) {
		return result;
	}
	return STATUS_OK;
} // End MIFARE_Ultralight_Write()

/**
 * MIFARE Decrement subtracts the delta from the value of the addressed block, and
stores the result in a volatile memory.
 * For MIFARE Classic only. The sector containing the block must be authenticated be-
fore calling this function.
 * Only for blocks in "value block" mode, ie with access bits [C1 C2 C3] = [110] or
[001].
 * Use MIFARE_Transfer() to store the result in a block.
 *
 * @return STATUS_OK on success, STATUS_??? otherwise.
 */
byte MFRC522::MIFARE_Decrement(	byte blockAddr, ///< The block (0-0xff) num-
ber.
								long delta		///< This number is subtracted
from the value of block blockAddr.
```

MFRC522.cpp

```
                                    ) {
        return MIFARE_TwoStepHelper(PICC_CMD_MF_DECREMENT, blockAddr,
delta);
} // End MIFARE_Decrement()

/**
 * MIFARE Increment adds the delta to the value of the addressed block, and stores the
result in a volatile memory.
 * For MIFARE Classic only. The sector containing the block must be authenticated be-
fore calling this function.
 * Only for blocks in "value block" mode, ie with access bits [C1 C2 C3] = [110] or
[001].
 * Use MIFARE_Transfer() to store the result in a block.
 *
 * @return STATUS_OK on success, STATUS_??? otherwise.
 */
byte MFRC522::MIFARE_Increment(     byte blockAddr, ///< The block (0-0xff) num-
ber.
                                    long delta      ///< This number is added to
the value of block blockAddr.
                                    ) {
        return MIFARE_TwoStepHelper(PICC_CMD_MF_INCREMENT, blockAddr,
delta);
} // End MIFARE_Increment()

/**
 * MIFARE Restore copies the value of the addressed block into a volatile memory.
 * For MIFARE Classic only. The sector containing the block must be authenticated be-
fore calling this function.
 * Only for blocks in "value block" mode, ie with access bits [C1 C2 C3] = [110] or
[001].
 * Use MIFARE_Transfer() to store the result in a block.
 *
 * @return STATUS_OK on success, STATUS_??? otherwise.
 */
byte MFRC522::MIFARE_Restore( byte blockAddr ///< The block (0-0xff) number.
                                    ) {
```

MFRC522.cpp

```
	// The datasheet describes Restore as a two step operation, but does not explain what data to transfer in step 2.
	// Doing only a single step does not work, so I chose to transfer 0L in step two.
	return MIFARE_TwoStepHelper(PICC_CMD_MF_RESTORE, blockAddr, 0L);
} // End MIFARE_Restore()

/**
 * Helper function for the two-step MIFARE Classic protocol operations Decrement, Increment and Restore.
 *
 * @return STATUS_OK on success, STATUS_??? otherwise.
 */
byte MFRC522::MIFARE_TwoStepHelper(	byte command, ///< The command to use
									byte blockAddr,		///< The block (0-0xff) number.
									long data			///< The data to transfer in step 2
									) {
	byte result;
	byte cmdBuffer[2]; // We only need room for 2 bytes.

	// Step 1: Tell the PICC the command and block address
	cmdBuffer[0] = command;
	cmdBuffer[1] = blockAddr;
	result = PCD_MIFARE_Transceive( cmdBuffer, 2); // Adds CRC_A and checks that the response is MF_ACK.
	if (result != STATUS_OK) {
		return result;
	}

	// Step 2: Transfer the data
	result = PCD_MIFARE_Transceive( (byte *)&data, 4, true); // Adds CRC_A and accept timeout as success.
	if (result != STATUS_OK) {
		return result;
	}
```

```
MFRC522.cpp
	return STATUS_OK;
} // End MIFARE_TwoStepHelper()

/**
 * MIFARE Transfer writes the value stored in the volatile memory into one MIFARE Classic block.
 * For MIFARE Classic only. The sector containing the block must be authenticated before calling this function.
 * Only for blocks in "value block" mode, ie with access bits [C1 C2 C3] = [110] or [001].
 *
 * @return STATUS_OK on success, STATUS_??? otherwise.
 */
byte MFRC522::MIFARE_Transfer(byte blockAddr ///< The block (0-0xff) number.
								) {
	byte result;
	byte cmdBuffer[2]; // We only need room for 2 bytes.

	// Tell the PICC we want to transfer the result into block blockAddr.
	cmdBuffer[0] = PICC_CMD_MF_TRANSFER;
	cmdBuffer[1] = blockAddr;
	result = PCD_MIFARE_Transceive( cmdBuffer, 2); // Adds CRC_A and checks that the response is MF_ACK.
	if (result != STATUS_OK) {
		return result;
	}
	return STATUS_OK;
} // End MIFARE_Transfer()


/////////////////////////////////////////////////////////////////////////////////////
// Support functions
/////////////////////////////////////////////////////////////////////////////////////

/**
 * Wrapper for MIFARE protocol communication.
```

MFRC522.cpp

```
 * Adds CRC_A, executes the Transceive command and checks that the response is
MF_ACK or a timeout.
 *
 * @return STATUS_OK on success, STATUS_??? otherwise.
 */
byte MFRC522::PCD_MIFARE_Transceive(    byte *sendData,             ///< Pointer to
the data to transfer to the FIFO. Do NOT include the CRC_A.
                                        byte sendLen,               ///< Number of
bytes in sendData.
                                        bool acceptTimeout  ///< True => A
timeout is also success
                                    ) {
	byte result;
	byte cmdBuffer[18]; // We need room for 16 bytes data and 2 bytes CRC_A.

	// Sanity check
	if (sendData == NULL || sendLen > 16) {
		return STATUS_INVALID;
	}

	// Copy sendData[] to cmdBuffer[] and add CRC_A
	memcpy(cmdBuffer, sendData, sendLen);
	result = PCD_CalculateCRC(cmdBuffer, sendLen, &cmdBuffer[sendLen]);
	if (result != STATUS_OK) {
		return result;
	}
	sendLen += 2;

	// Transceive the data, store the reply in cmdBuffer[]
	byte waitIRq = 0x30;		// RxIRq and IdleIRq
	byte cmdBufferSize = sizeof(cmdBuffer);
	byte validBits = 0;
	result = PCD_CommunicateWithPICC(PCD_Transceive, waitIRq, cmdBuffer,
sendLen, cmdBuffer, &cmdBufferSize, &validBits);
	if (acceptTimeout && result == STATUS_TIMEOUT) {
		return STATUS_OK;
	}
```

```
MFRC522.cpp
	if (result != STATUS_OK) {
		return result;
	}
	// The PICC must reply with a 4 bit ACK
	if (cmdBufferSize != 1 || validBits != 4) {
		return STATUS_ERROR;
	}
	if (cmdBuffer[0] != MF_ACK) {
		return STATUS_MIFARE_NACK;
	}
	return STATUS_OK;
} // End PCD_MIFARE_Transceive()

/**
 * Returns a string pointer to a status code name.
 *
 */
const char *MFRC522::GetStatusCodeName(byte code	///< One of the StatusCode
enums.
										) {
	switch (code) {
		case STATUS_OK:				return "Success."; break;
		case STATUS_ERROR:			return "Error in communication."; break;
		case STATUS_COLLISION:		return "Collission detected."; break;
		case STATUS_TIMEOUT:		return "Timeout in communication.";
break;
		case STATUS_NO_ROOM:		return "A buffer is not big enough.";
break;
		case STATUS_INTERNAL_ERROR:	return "Internal error in the code.
Should not happen."; break;
		case STATUS_INVALID:		return "Invalid argument."; break;
		case STATUS_CRC_WRONG:		return "The CRC_A does not
match."; break;
		case STATUS_MIFARE_NACK:	return "A MIFARE PICC responded with
NAK."; break;
		default:
			return "Unknown error";
```

MFRC522.cpp

```
			break;
	}
} // End GetStatusCodeName()

/**
 * Translates the SAK (Select Acknowledge) to a PICC type.
 *
 * @return PICC_Type
 */
byte MFRC522::PICC_GetType(byte sak		///< The SAK byte returned from
PICC_Select().
					) {
	if (sak & 0x04) { // UID not complete
		return PICC_TYPE_NOT_COMPLETE;
	}

	switch (sak) {
		case 0x09:	return PICC_TYPE_MIFARE_MINI;	break;
		case 0x08:	return PICC_TYPE_MIFARE_1K;	break;
		case 0x18:	return PICC_TYPE_MIFARE_4K;	break;
		case 0x00:	return PICC_TYPE_MIFARE_UL;	break;
		case 0x10:
		case 0x11:	return PICC_TYPE_MIFARE_PLUS;	break;
		case 0x01:	return PICC_TYPE_TNP3XXX;	break;
		default:	break;
	}

	if (sak & 0x20) {
		return PICC_TYPE_ISO_14443_4;
	}

	if (sak & 0x40) {
		return PICC_TYPE_ISO_18092;
	}

	return PICC_TYPE_UNKNOWN;
} // End PICC_GetType()
```

MFRC522.cpp

```
/**
 * Returns a string pointer to the PICC type name.
 *
 */
const char *MFRC522::PICC_GetTypeName(byte piccType    ///< One of the
PICC_Type enums.
                                                        ) {
    switch (piccType) {
        case PICC_TYPE_ISO_14443_4:        return "PICC compliant with
ISO/IEC 14443-4";        break;
        case PICC_TYPE_ISO_18092:      return "PICC compliant with ISO/IEC
18092 (NFC)"; break;
        case PICC_TYPE_MIFARE_MINI:      return "MIFARE Mini, 320 bytes";
                    break;
        case PICC_TYPE_MIFARE_1K:        return "MIFARE 1KB";
                        break;
        case PICC_TYPE_MIFARE_4K:        return "MIFARE 4KB";
                        break;
        case PICC_TYPE_MIFARE_UL:        return "MIFARE Ultralight or Ul-
tralight C";            break;
        case PICC_TYPE_MIFARE_PLUS:      return "MIFARE Plus";
                        break;
        case PICC_TYPE_TNP3XXX:          return "MIFARE TNP3XXX";
                        break;
        case PICC_TYPE_NOT_COMPLETE:  return "SAK indicates UID is not
complete.";          break;
        case PICC_TYPE_UNKNOWN:
        default:                       return "Unknown type";
                    break;
    }
} // End PICC_GetTypeName()

/**
 * Dumps debug info about the selected PICC to Serial.
 * On success the PICC is halted after dumping the data.
 * For MIFARE Classic the factory default key of 0xFFFFFFFFFFFF is tried.
```

MFRC522.cpp

```
 */
void MFRC522::PICC_DumpToSerial(Uid *uid      ///< Pointer to Uid struct returned
from a successful PICC_Select().
                                                  ) {
    MIFARE_Key key;

    // UID
    Serial.print("Card UID:");
    for (byte i = 0; i < uid->size; i++) {
        Serial.print(uid->uidByte[i] < 0x10 ? " 0" : " ");
        Serial.print(uid->uidByte[i], HEX);
    }
    Serial.println();

    // PICC type
    byte piccType = PICC_GetType(uid->sak);
    Serial.print("PICC type: ");
    Serial.println(PICC_GetTypeName(piccType));

    // Dump contents
    switch (piccType) {
        case PICC_TYPE_MIFARE_MINI:
        case PICC_TYPE_MIFARE_1K:
        case PICC_TYPE_MIFARE_4K:
            // All keys are set to FFFFFFFFFFFFh at chip delivery from the factory.
            for (byte i = 0; i < 6; i++) {
                key.keyByte[i] = 0xFF;
            }
            PICC_DumpMifareClassicToSerial(uid, piccType, &key);
            break;

        case PICC_TYPE_MIFARE_UL:
            PICC_DumpMifareUltralightToSerial();
            break;

        case PICC_TYPE_ISO_14443_4:
        case PICC_TYPE_ISO_18092:
```

MFRC522.cpp

```
		case PICC_TYPE_MIFARE_PLUS:
		case PICC_TYPE_TNP3XXX:
			Serial.println("Dumping memory contents not implemented for that PICC
type.");
			break;

		case PICC_TYPE_UNKNOWN:
		case PICC_TYPE_NOT_COMPLETE:
		default:
			break; // No memory dump here
	}

	Serial.println();
	PICC_HaltA(); // Already done if it was a MIFARE Classic PICC.
} // End PICC_DumpToSerial()

/**
 * Dumps memory contents of a MIFARE Classic PICC.
 * On success the PICC is halted after dumping the data.
 */
void MFRC522::PICC_DumpMifareClassicToSerial(	Uid *uid,		///< Pointer to
Uid struct returned from a successful PICC_Select().
											byte piccType,	///< One
of the PICC_Type enums.
											MIFARE_Key *key	///<
Key A used for all sectors.
										) {
	byte no_of_sectors = 0;
	switch (piccType) {
		case PICC_TYPE_MIFARE_MINI:
			// Has 5 sectors * 4 blocks/sector * 16 bytes/block = 320 bytes.
			no_of_sectors = 5;
			break;

		case PICC_TYPE_MIFARE_1K:
			// Has 16 sectors * 4 blocks/sector * 16 bytes/block = 1024 bytes.
			no_of_sectors = 16;
```

MFRC522.cpp

```
				break;

			case PICC_TYPE_MIFARE_4K:
				// Has (32 sectors * 4 blocks/sector + 8 sectors * 16 blocks/sector) * 16
bytes/block = 4096 bytes.
				no_of_sectors = 40;
				break;

			default: // Should not happen. Ignore.
				break;
	}

	// Dump sectors, highest address first.
	if (no_of_sectors) {
		Serial.println("Sector Block   0  1  2  3   4  5  6  7   8  9 10 11
12 13 14 15  AccessBits");
		for (char i = no_of_sectors - 1; i >= 0; i--) {
			PICC_DumpMifareClassicSectorToSerial(uid, key, i);
		}
	}
	PICC_HaltA(); // Halt the PICC before stopping the encrypted session.
	PCD_StopCrypto1();
} // End PICC_DumpMifareClassicToSerial()

/**
 * Dumps memory contents of a sector of a MIFARE Classic PICC.
 * Uses PCD_Authenticate(), MIFARE_Read() and PCD_StopCrypto1.
 * Always uses PICC_CMD_MF_AUTH_KEY_A because only Key A can always read
the sector trailer access bits.
 */
void MFRC522::PICC_DumpMifareClassicSectorToSerial(Uid *uid,			///<
Pointer to Uid struct returned from a successful PICC_Select().
													MIFARE_Key *key,
	///< Key A for the sector.
													byte sector
		///< The sector to dump, 0..39.
													) {
```

MFRC522.cpp

```
	byte status;
	byte firstBlock;		// Address of lowest address to dump actually last block
dumped)
	byte no_of_blocks;		// Number of blocks in sector
	bool isSectorTrailer; // Set to true while handling the "last" (ie highest address) in
the sector.

	// The access bits are stored in a peculiar fashion.
	// There are four groups:
	//		g[3]	Access bits for the sector trailer, block 3 (for sectors 0-31) or block
15 (for sectors 32-39)
	//		g[2]	Access bits for block 2 (for sectors 0-31) or blocks 10-14 (for sec-
tors 32-39)
	//		g[1]	Access bits for block 1 (for sectors 0-31) or blocks 5-9 (for sectors
32-39)
	//		g[0]	Access bits for block 0 (for sectors 0-31) or blocks 0-4 (for sectors
32-39)
	// Each group has access bits [C1 C2 C3]. In this code C1 is MSB and C3 is LSB.
	// The four CX bits are stored together in a nible cx and an inverted nible cx_.
	byte c1, c2, c3;		// Nibbles
	byte c1_, c2_, c3_;		// Inverted nibbles
	bool invertedError;		// True if one of the inverted nibbles did not match
	byte g[4];			// Access bits for each of the four groups.
	byte group;				// 0-3 - active group for access bits
	bool firstInGroup;		// True for the first block dumped in the group

	// Determine position and size of sector.
	if (sector < 32) { // Sectors 0..31 has 4 blocks each
		no_of_blocks = 4;
		firstBlock = sector * no_of_blocks;
	}
	else if (sector < 40) { // Sectors 32-39 has 16 blocks each
		no_of_blocks = 16;
		firstBlock = 128 + (sector - 32) * no_of_blocks;
	}
	else { // Illegal input, no MIFARE Classic PICC has more than 40 sectors.
		return;
```

```
MFRC522.cpp
	}

	// Dump blocks, highest address first.
	byte byteCount;
	byte buffer[18];
	byte blockAddr;
	isSectorTrailer = true;
	for (char blockOffset = no_of_blocks - 1; blockOffset >= 0; blockOffset--) {
		blockAddr = firstBlock + blockOffset;
		// Sector number - only on first line
		if (isSectorTrailer) {
			Serial.print(sector < 10 ? "   " : "  "); // Pad with spaces
			Serial.print(sector);
			Serial.print("   ");
		}
		else {
			Serial.print("       ");
		}
		// Block number
		Serial.print(blockAddr < 10 ? "   " : (blockAddr < 100 ? "  " : " ")); // Pad
with spaces
		Serial.print(blockAddr);
		Serial.print("  ");
		// Establish encrypted communications before reading the first block
		if (isSectorTrailer) {
			status = PCD_Authenticate(PICC_CMD_MF_AUTH_KEY_A,
firstBlock, key, uid);
			if (status != STATUS_OK) {
				Serial.print("PCD_Authenticate() failed: ");
				Serial.println(GetStatusCodeName(status));
				return;
			}
		}
		// Read block
		byteCount = sizeof(buffer);
		status = MIFARE_Read(blockAddr, buffer, &byteCount);
		if (status != STATUS_OK) {
```

MFRC522.cpp

```
			Serial.print("MIFARE_Read() failed: ");
			Serial.println(GetStatusCodeName(status));
			continue;
		}
		// Dump data
		for (byte index = 0; index < 16; index++) {
			Serial.print(buffer[index] < 0x10 ? " 0" : " ");
			Serial.print(buffer[index], HEX);
			if ((index % 4) == 3) {
				Serial.print(" ");
			}
		}
		// Parse sector trailer data
		if (isSectorTrailer) {
			c1  = buffer[7] >> 4;
			c2  = buffer[8] & 0xF;
			c3  = buffer[8] >> 4;
			c1_ = buffer[6] & 0xF;
			c2_ = buffer[6] >> 4;
			c3_ = buffer[7] & 0xF;
			invertedError = (c1 != (~c1_ & 0xF)) || (c2 != (~c2_ & 0xF)) || (c3 != 
(~c3_ & 0xF));
			g[0] = ((c1 & 1) << 2) | ((c2 & 1) << 1) | ((c3 & 1) << 0);
			g[1] = ((c1 & 2) << 1) | ((c2 & 2) << 0) | ((c3 & 2) >> 1);
			g[2] = ((c1 & 4) << 0) | ((c2 & 4) >> 1) | ((c3 & 4) >> 2);
			g[3] = ((c1 & 8) >> 1) | ((c2 & 8) >> 2) | ((c3 & 8) >> 3);
			isSectorTrailer = false;
		}

		// Which access group is this block in?
		if (no_of_blocks == 4) {
			group = blockOffset;
			firstInGroup = true;
		}
		else {
			group = blockOffset / 5;
			firstInGroup = (group == 3) || (group != (blockOffset + 1) / 5);
```

MFRC522.cpp

```
			}

			if (firstInGroup) {
				// Print access bits
				Serial.print(" [ ");
				Serial.print((g[group] >> 2) & 1, DEC); Serial.print(" ");
				Serial.print((g[group] >> 1) & 1, DEC); Serial.print(" ");
				Serial.print((g[group] >> 0) & 1, DEC);
				Serial.print(" ] ");
				if (invertedError) {
					Serial.print(" Inverted access bits did not match! ");
				}
			}

			if (group != 3 && (g[group] == 1 || g[group] == 6)) { // Not a sector trailer, a
value block
				long value = (long(buffer[3])<<24) | (long(buffer[2])<<16) |
(long(buffer[1])<<8) | long(buffer[0]);
				Serial.print(" Value=0x"); Serial.print(value, HEX);
				Serial.print(" Adr=0x"); Serial.print(buffer[12], HEX);
			}
			Serial.println();
		}

	return;
} // End PICC_DumpMifareClassicSectorToSerial()

/**
 * Dumps memory contents of a MIFARE Ultralight PICC.
 */
void MFRC522::PICC_DumpMifareUltralightToSerial() {
	byte status;
	byte byteCount;
	byte buffer[18];
	byte i;

	Serial.println("Page  0  1  2  3");
```

MFRC522.cpp

```
	// Try the mpages of the original Ultralight. Ultralight C has more pages.
	for (byte page = 0; page < 16; page +=4) { // Read returns data for 4 pages at a
time.
		// Read pages
		byteCount = sizeof(buffer);
		status = MIFARE_Read(page, buffer, &byteCount);
		if (status != STATUS_OK) {
			Serial.print("MIFARE_Read() failed: ");
			Serial.println(GetStatusCodeName(status));
			break;
		}
		// Dump data
		for (byte offset = 0; offset < 4; offset++) {
			i = page + offset;
			Serial.print(i < 10 ? "    " : " "); // Pad with spaces
			Serial.print(i);
			Serial.print("    ");
			for (byte index = 0; index < 4; index++) {
				i = 4 * offset + index;
				Serial.print(buffer[i] < 0x10 ? " 0" : " ");
				Serial.print(buffer[i], HEX);
			}
			Serial.println();
		}
	}
} // End PICC_DumpMifareUltralightToSerial()

/**
 * Calculates the bit pattern needed for the specified access bits. In the [C1 C2 C3] tup-
ples C1 is MSB (=4) and C3 is LSB (=1).
 */
void MFRC522::MIFARE_SetAccessBits(	byte *accessBitBuffer,	///< Pointer to
byte 6, 7 and 8 in the sector trailer. Bytes [0..2] will be set.
					byte g0,		///< Access bits
[C1 C2 C3] for block 0 (for sectors 0-31) or blocks 0-4 (for sectors 32-39)
					byte g1,		///< Access bits
C1 C2 C3] for block 1 (for sectors 0-31) or blocks 5-9 (for sectors 32-39)
```

```
MFRC522.cpp
                                    byte g2,                    ///< Access bits
C1 C2 C3] for block 2 (for sectors 0-31) or blocks 10-14 (for sectors 32-39)
                                    byte g3                     ///< Ac-
cess bits C1 C2 C3] for the sector trailer, block 3 (for sectors 0-31) or block 15 (for sec-
tors 32-39)
                                ) {
    byte c1 = ((g3 & 4) << 1) | ((g2 & 4) << 0) | ((g1 & 4) >> 1) | ((g0 & 4) >> 2);
    byte c2 = ((g3 & 2) << 2) | ((g2 & 2) << 1) | ((g1 & 2) << 0) | ((g0 & 2) >> 1);
    byte c3 = ((g3 & 1) << 3) | ((g2 & 1) << 2) | ((g1 & 1) << 1) | ((g0 & 1) << 0);

    accessBitBuffer[0] = (~c2 & 0xF) << 4 | (~c1 & 0xF);
    accessBitBuffer[1] =            c1 << 4 | (~c3 & 0xF);
    accessBitBuffer[2] =            c3 << 4 | c2;
} // End MIFARE_SetAccessBits()

/////////////////////////////////////////////////////////////////////////////////////
// Convenience functions - does not add extra functionality
/////////////////////////////////////////////////////////////////////////////////////

/**
 * Returns true if a PICC responds to PICC_CMD_REQA.
 * Only "new" cards in state IDLE are invited. Sleeping cards in state HALT are ig-
nored.
 *
 * @return bool
 */
bool MFRC522::PICC_IsNewCardPresent() {
    byte bufferATQA[2];
    byte bufferSize = sizeof(bufferATQA);
    byte result = PICC_RequestA(bufferATQA, &bufferSize);
    return (result == STATUS_OK || result == STATUS_COLLISION);
} // End PICC_IsNewCardPresent()

/**
 * Simple wrapper around PICC_Select.
 * Returns true if a UID could be read.
```

MFRC522.cpp

```
 * Remember to call PICC_IsNewCardPresent(), PICC_RequestA() or
PICC_WakeupA() first.
 * The read UID is available in the class variable uid.
 *
 * @return bool
 */
bool MFRC522::PICC_ReadCardSerial() {
	byte result = PICC_Select(&uid);
	return (result == STATUS_OK);
} // End PICC_ReadCardSerial()
```

資料來源：https://github.com/miguelbalboa/rfid

MFRC522.h

```
/**
 * MFRC522.h - Library to use ARDUINO RFID MODULE KIT 13.56 MHZ WITH
TAGS SPI W AND R BY COOQROBOT.
 * Based on code Dr.Leong     ( WWW.B2CQSHOP.COM )
 * Created by Miguel Balboa (circuitito.com), Jan, 2012.
 * Rewritten by Søren Thing Andersen (access.thing.dk), fall of 2013 (Translation to
English, refactored, comments, anti collision, cascade levels.)
 * Released into the public domain.
 *
 * Please read this file for an overview and then MFRC522.cpp for comments on the
specific functions.
 * Search for "mf-rc522" on ebay.com to purchase the MF-RC522 board.
 *
 * There are three hardware components involved:
 * 1) The micro controller: An Arduino
 * 2) The PCD (short for Proximity Coupling Device): NXP MFRC522 Contactless
Reader IC
 * 3) The PICC (short for Proximity Integrated Circuit Card): A card or tag using the
ISO 14443A interface, eg Mifare or NTAG203.
```

MFRC522.h

```
 *
 * The microcontroller and card reader uses SPI for communication.
 * The protocol is described in the MFRC522 datasheet: http://www.nxp.com/documents/data_sheet/MFRC522.pdf
 *
 * The card reader and the tags communicate using a 13.56MHz electromagnetic field.
 * The protocol is defined in ISO/IEC 14443-3 Identification cards -- Contactless integrated circuit cards -- Proximity cards -- Part 3: Initialization and anticollision".
 * A free version of the final draft can be found at
http://wg8.de/wg8n1496_17n3613_Ballot_FCD14443-3.pdf
 * Details are found in chapter 6, Type A ??Initialization and anticollision.
 *
 * If only the PICC UID is wanted, the above documents has all the needed information.
 * To read and write from MIFARE PICCs, the MIFARE protocol is used after the PICC has been selected.
 * The MIFARE Classic chips and protocol is described in the datasheets:
 *         1K:     http://www.nxp.com/documents/data_sheet/MF1S503x.pdf
 *         4K:     http://www.nxp.com/documents/data_sheet/MF1S703x.pdf
 *         Mini: http://www.idcardmarket.com/download/mifare_S20_datasheet.pdf
 * The MIFARE Ultralight chip and protocol is described in the datasheets:
 *         Ultralight:     http://www.nxp.com/documents/data_sheet/MF0ICU1.pdf
 *         Ultralight C: http://www.nxp.com/documents/short_data_sheet/MF0ICU2_SDS.pdf
 *
 * MIFARE Classic 1K (MF1S503x):
 *         Has 16 sectors * 4 blocks/sector * 16 bytes/block = 1024 bytes.
 *         The blocks are numbered 0-63.
 *         Block 3 in each sector is the Sector Trailer. See http://www.nxp.com/documents/data_sheet/MF1S503x.pdf sections 8.6 and 8.7:
 *                 Bytes 0-5:    Key A
 *                 Bytes 6-8:    Access Bits
 *                 Bytes 9:      User data
 *                 Bytes 10-15: Key B (or user data)
 *         Block 0 is read only manufacturer data.
 *         To access a block, an authentication using a key from the block's sector must be performed first.
```

MFRC522.h

```
 *       Example: To read from block 10, first authenticate using a key from sector 3
(blocks 8-11).
 *       All keys are set to FFFFFFFFFFFFh at chip delivery.
 *       Warning: Please read section 8.7 "Memory Access". It includes this text: if the
PICC detects a format violation the whole sector is irreversibly blocked.
 *       To use a block in "value block" mode (for Increment/Decrement operations)
you need to change the sector trailer. Use PICC_SetAccessBits() to calculate the bit pat-
terns.
 * MIFARE Classic 4K (MF1S703x):
 *       Has (32 sectors * 4 blocks/sector + 8 sectors * 16 blocks/sector) * 16
bytes/block = 4096 bytes.
 *       The blocks are numbered 0-255.
 *       The last block in each sector is the Sector Trailer like above.
 * MIFARE Classic Mini (MF1 IC S20):
 *       Has 5 sectors * 4 blocks/sector * 16 bytes/block = 320 bytes.
 *       The blocks are numbered 0-19.
 *       The last block in each sector is the Sector Trailer like above.
 *
 * MIFARE Ultralight (MF0ICU1):
 *       Has 16 pages of 4 bytes = 64 bytes.
 *       Pages 0 + 1 is used for the 7-byte UID.
 *       Page 2 contains the last chech digit for the UID, one byte manufacturer inter-
nal data, and the lock bytes (see http://www.nxp.com/docu-
ments/data_sheet/MF0ICU1.pdf section 8.5.2)
 *       Page 3 is OTP, One Time Programmable bits. Once set to 1 they cannot revert
to 0.
 *       Pages 4-15 are read/write unless blocked by the lock bytes in page 2.
 * MIFARE Ultralight C (MF0ICU2):
 *       Has 48 pages of 4 bytes = 64 bytes.
 *       Pages 0 + 1 is used for the 7-byte UID.
 *       Page 2 contains the last chech digit for the UID, one byte manufacturer inter-
nal data, and the lock bytes (see http://www.nxp.com/docu-
ments/data_sheet/MF0ICU1.pdf section 8.5.2)
 *       Page 3 is OTP, One Time Programmable bits. Once set to 1 they cannot revert
to 0.
 *       Pages 4-39 are read/write unless blocked by the lock bytes in page 2.
 *       Page 40 Lock bytes
```

MFRC522.h

```
 *          Page 41 16 bit one way counter
 *          Pages 42-43 Authentication configuration
 *          Pages 44-47 Authentication key
 */
#ifndef MFRC522_h
#define MFRC522_h

#include <Arduino.h>
#include <SPI.h>

class MFRC522 {
public:
	// MFRC522 registers. Described in chapter 9 of the datasheet.
	// When using SPI all addresses are shifted one bit left in the "SPI address byte"
(section 8.1.2.3)
	enum PCD_Register {
		// Page 0: Command and status
		//						0x00			// reserved for future use
		CommandReg				= 0x01 << 1,	// starts and stops command
execution
		ComIEnReg				= 0x02 << 1,	// enable and disable interrupt
request control bits
		DivIEnReg				= 0x03 << 1,	// enable and disable interrupt
request control bits
		ComIrqReg				= 0x04 << 1,	// interrupt request bits
		DivIrqReg				= 0x05 << 1,	// interrupt request bits
		ErrorReg			= 0x06 << 1,	// error bits showing the error status
of the last command executed
		Status1Reg				= 0x07 << 1,	// communication status bits
		Status2Reg				= 0x08 << 1,	// receiver and transmitter sta-
tus bits
		FIFODataReg				= 0x09 << 1,	// input and output of 64 byte
FIFO buffer
		FIFOLevelReg			= 0x0A << 1,	// number of bytes stored in the
FIFO buffer
		WaterLevelReg			= 0x0B << 1,	// level for FIFO underflow and
overflow warning
```

MFRC522.h

```
		ControlReg			= 0x0C << 1,	// miscellaneous control regis-
ters
		BitFramingReg		= 0x0D << 1,	// adjustments for bit-oriented
frames
		CollReg				= 0x0E << 1,	// bit position of the first bit-
collision detected on the RF interface
		//					0x0F		// reserved for future use

		// Page 1:Command
		//					0x10		// reserved for future use
		ModeReg				= 0x11 << 1,	// defines general modes for
transmitting and receiving
		TxModeReg			= 0x12 << 1,	// defines transmission data
rate and framing
		RxModeReg			= 0x13 << 1,	// defines reception data rate
and framing
		TxControlReg		= 0x14 << 1,	// controls the logical behavior of
the antenna driver pins TX1 and TX2
		TxASKReg			= 0x15 << 1,	// controls the setting of the
transmission modulation
		TxSelReg			= 0x16 << 1,	// selects the internal sources for the
antenna driver
		RxSelReg			= 0x17 << 1,	// selects internal receiver settings
		RxThresholdReg		= 0x18 << 1,	// selects thresholds for the bit
decoder
		DemodReg			= 0x19 << 1,	// defines demodulator settings
		//					0x1A		// reserved for future use
		//					0x1B		// reserved for future use
		MfTxReg				= 0x1C << 1,	// controls some MIFARE
communication transmit parameters
		MfRxReg				= 0x1D << 1,	// controls some MIFARE
communication receive parameters
		//					0x1E		// reserved for future use
		SerialSpeedReg		= 0x1F << 1,	// selects the speed of the serial
UART interface

		// Page 2: Configuration
```

MFRC522.h

```
		//						0x20			// reserved for future use
		CRCResultRegH			= 0x21 << 1,	// shows the MSB and LSB
values of the CRC calculation
		CRCResultRegL			= 0x22 << 1,
		//						0x23			// reserved for future use
		ModWidthReg				= 0x24 << 1,	// controls the ModWidth set-
ting?
		//						0x25			// reserved for future use
		RFCfgReg				= 0x26 << 1,	// configures the receiver gain
		GsNReg					= 0x27 << 1,	// selects the conductance of
the antenna driver pins TX1 and TX2 for modulation
		CWGsPReg				= 0x28 << 1,	// defines the conductance of
the p-driver output during periods of no modulation
		ModGsPReg				= 0x29 << 1,	// defines the conductance of
the p-driver output during periods of modulation
		TModeReg				= 0x2A << 1,	// defines settings for the inter-
nal timer
		TPrescalerReg			= 0x2B << 1,	// the lower 8 bits of the TPrescaler
value. The 4 high bits are in TModeReg.
		TReloadRegH				= 0x2C << 1,	// defines the 16-bit timer re-
load value
		TReloadRegL				= 0x2D << 1,
		TCounterValueRegH		= 0x2E << 1,	// shows the 16-bit timer value
		TCounterValueRegL		= 0x2F << 1,

		// Page 3:Test Registers
		//						0x30			// reserved for future use
		TestSel1Reg				= 0x31 << 1,	// general test signal configura-
tion
		TestSel2Reg				= 0x32 << 1,	// general test signal configura-
tion
		TestPinEnReg			= 0x33 << 1,	// enables pin output driver on pins
D1 to D7
		TestPinValueReg			= 0x34 << 1,	// defines the values for D1 to
D7 when it is used as an I/O bus
		TestBusReg				= 0x35 << 1,	// shows the status of the inter-
nal test bus
```

MFRC522.h

```
		AutoTestReg			= 0x36 << 1,	// controls the digital self test
		VersionReg			= 0x37 << 1,	// shows the software version
		AnalogTestReg		= 0x38 << 1,	// controls the pins AUX1 and 
AUX2
		TestDAC1Reg			= 0x39 << 1,	// defines the test value for 
TestDAC1
		TestDAC2Reg			= 0x3A << 1,	// defines the test value for 
TestDAC2
		TestADCReg			= 0x3B << 1		// shows the value of 
ADC I and Q channels
		//					0x3C			// reserved for production 
tests
		//					0x3D			// reserved for production 
tests
		//					0x3E			// reserved for production 
tests
		//					0x3F			// reserved for production 
tests
	};

	// MFRC522 comands. Described in chapter 10 of the datasheet.
	enum PCD_Command {
		PCD_Idle			= 0x00,		// no action, cancels current com-
mand execution
		PCD_Mem					= 0x01,		// stores 25 bytes into the 
internal buffer
		PCD_GenerateRandomID= 0x02,		// generates a 10-byte random ID 
number
		PCD_CalcCRC			= 0x03,		// activates the CRC coproces-
sor or performs a self test
		PCD_Transmit		= 0x04,		// transmits data from the FIFO 
buffer
		PCD_NoCmdChange			= 0x07,		// no command change, 
can be used to modify the CommandReg register bits without affecting the command, for 
example, the PowerDown bit
		PCD_Receive			= 0x08,		// activates the receiver circuits
```

MFRC522.h

```
		PCD_Transceive			= 0x0C,		// transmits data from FIFO
buffer to antenna and automatically activates the receiver after transmission
		PCD_MFAuthent			= 0x0E,		// performs the MIFARE stand-
ard authentication as a reader
		PCD_SoftReset		= 0x0F		// resets the MFRC522
	};

	// Commands sent to the PICC.
	enum PICC_Command {
		// The commands used by the PCD to manage communication with several
PICCs (ISO 14443-3, Type A, section 6.4)
		PICC_CMD_REQA			= 0x26,		// REQuest command, Type A.
Invites PICCs in state IDLE to go to READY and prepare for anticollision or selection. 7
bit frame.
		PICC_CMD_WUPA			= 0x52,		// Wake-UP command, Type
A. Invites PICCs in state IDLE and HALT to go to READY(*) and prepare for anticolli-
sion or selection. 7 bit frame.
		PICC_CMD_CT				= 0x88,		// Cascade Tag. Not really
a command, but used during anti collision.
		PICC_CMD_SEL_CL1		= 0x93,		// Anti collision/Select, Cas-
cade Level 1
		PICC_CMD_SEL_CL2		= 0x95,		// Anti collision/Select, Cas-
cade Level 1
		PICC_CMD_SEL_CL3		= 0x97,		// Anti collision/Select, Cas-
cade Level 1
		PICC_CMD_HLTA			= 0x50,		// HaLT command, Type A. In-
structs an ACTIVE PICC to go to state HALT.
		// The commands used for MIFARE Classic (from http://www.nxp.com/docu-
ments/data_sheet/MF1S503x.pdf, Section 9)
		// Use PCD_MFAuthent to authenticate access to a sector, then use these com-
mands to read/write/modify the blocks on the sector.
		// The read/write commands can also be used for MIFARE Ultralight.
		PICC_CMD_MF_AUTH_KEY_A	= 0x60,		// Perform authentication
with Key A
		PICC_CMD_MF_AUTH_KEY_B	= 0x61,		// Perform authentication
with Key B
```

MFRC522.h

```
		PICC_CMD_MF_READ		= 0x30,		// Reads one 16 byte block
from the authenticated sector of the PICC. Also used for MIFARE Ultralight.
		PICC_CMD_MF_WRITE		= 0xA0,		// Writes one 16 byte block to
the authenticated sector of the PICC. Called "COMPATIBILITY WRITE" for MIFARE
Ultralight.
		PICC_CMD_MF_DECREMENT	= 0xC0,		// Decrements the con-
tents of a block and stores the result in the internal data register.
		PICC_CMD_MF_INCREMENT	= 0xC1,		// Increments the contents
of a block and stores the result in the internal data register.
		PICC_CMD_MF_RESTORE		= 0xC2,		// Reads the contents of a
block into the internal data register.
		PICC_CMD_MF_TRANSFER = 0xB0,		// Writes the contents of the in-
ternal data register to a block.
		// The commands used for MIFARE Ultralight (from
http://www.nxp.com/documents/data_sheet/MF0ICU1.pdf, Section 8.6)
		// The PICC_CMD_MF_READ and PICC_CMD_MF_WRITE can also be
used for MIFARE Ultralight.
		PICC_CMD_UL_WRITE		= 0xA2		// Writes one 4 byte page to the
PICC.
	};

	// MIFARE constants that does not fit anywhere else
	enum MIFARE_Misc {
		MF_ACK				= 0xA,		// The MIFARE Classic uses a
4 bit ACK/NAK. Any other value than 0xA is NAK.
		MF_KEY_SIZE				= 6		// A Mifare Crypto1 key
is 6 bytes.
	};

	// PICC types we can detect. Remember to update PICC_GetTypeName() if you
add more.
	enum PICC_Type {
		PICC_TYPE_UNKNOWN		= 0,
		PICC_TYPE_ISO_14443_4	= 1,	// PICC compliant with ISO/IEC 14443-4
		PICC_TYPE_ISO_18092		= 2,	// PICC compliant with ISO/IEC 18092
(NFC)
		PICC_TYPE_MIFARE_MINI	= 3,	// MIFARE Classic protocol, 320 bytes
```

MFRC522.h

```
		PICC_TYPE_MIFARE_1K		= 4,	// MIFARE Classic protocol, 1KB
		PICC_TYPE_MIFARE_4K		= 5,	// MIFARE Classic protocol, 4KB
		PICC_TYPE_MIFARE_UL		= 6,	// MIFARE Ultralight or Ultralight
C
		PICC_TYPE_MIFARE_PLUS = 7,	// MIFARE Plus
		PICC_TYPE_TNP3XXX	= 8,	// Only mentioned in NXP AN 10833
MIFARE Type Identification Procedure
		PICC_TYPE_NOT_COMPLETE	= 255	// SAK indicates UID is not
complete.
	};

	// Return codes from the functions in this class. Remember to update GetStatus-
CodeName() if you add more.
	enum StatusCode {
		STATUS_OK			= 1,	// Success
		STATUS_ERROR		= 2,	// Error in communication
		STATUS_COLLISION	= 3,	// Collission detected
		STATUS_TIMEOUT			= 4,	// Timeout in communication.
		STATUS_NO_ROOM			= 5,	// A buffer is not big enough.
		STATUS_INTERNAL_ERROR	= 6,	// Internal error in the code. Should
not happen ;-)
		STATUS_INVALID		= 7,	// Invalid argument.
		STATUS_CRC_WRONG	= 8,	// The CRC_A does not match
		STATUS_MIFARE_NACK		= 9	// A MIFARE PICC responded
with NAK.
	};

	// A struct used for passing the UID of a PICC.
	typedef struct {
		byte	size;		// Number of bytes in the UID. 4, 7 or 10.
		byte	uidByte[10];
		byte	sak;		// The SAK (Select acknowledge) byte returned
from the PICC after successful selection.
	} Uid;

	// A struct used for passing a MIFARE Crypto1 key
	typedef struct {
```

MFRC522.h

```
        byte        keyByte[MF_KEY_SIZE];
    } MIFARE_Key;

    // Member variables
    Uid uid;                                        // Used by PICC_ReadCardSerial().

    // Size of the MFRC522 FIFO
    static const byte FIFO_SIZE = 64;           // The FIFO is 64 bytes.

    /////////////////////////////////////////////////////////////////////////////////////
    // Functions for setting up the Arduino
    /////////////////////////////////////////////////////////////////////////////////////
    MFRC522(byte chipSelectPin, byte resetPowerDownPin);
    void setSPIConfig();

    /////////////////////////////////////////////////////////////////////////////////////
    // Basic interface functions for communicating with the MFRC522
    /////////////////////////////////////////////////////////////////////////////////////
    void PCD_WriteRegister(byte reg, byte value);
    void PCD_WriteRegister(byte reg, byte count, byte *values);
    byte PCD_ReadRegister(byte reg);
    void PCD_ReadRegister(byte reg, byte count, byte *values, byte rxAlign = 0);
    void setBitMask(unsigned char reg, unsigned char mask);
    void PCD_SetRegisterBitMask(byte reg, byte mask);
    void PCD_ClearRegisterBitMask(byte reg, byte mask);
    byte PCD_CalculateCRC(byte *data, byte length, byte *result);

    /////////////////////////////////////////////////////////////////////////////////////
    // Functions for manipulating the MFRC522
    /////////////////////////////////////////////////////////////////////////////////////
    void PCD_Init();
    void PCD_Reset();
    void PCD_AntennaOn();

    /////////////////////////////////////////////////////////////////////////////////////
    // Functions for communicating with PICCs
    /////////////////////////////////////////////////////////////////////////////////////
```

MFRC522.h

```
	byte PCD_TransceiveData(byte *sendData, byte sendLen, byte *backData, byte
*backLen, byte *validBits = NULL, byte rxAlign = 0, bool checkCRC = false);
	byte PCD_CommunicateWithPICC(byte command, byte waitIRq, byte *sendData,
byte sendLen, byte *backData = NULL, byte *backLen = NULL, byte *validBits =
NULL, byte rxAlign = 0, bool checkCRC = false);

	byte PICC_RequestA(byte *bufferATQA, byte *bufferSize);
	byte PICC_WakeupA(byte *bufferATQA, byte *bufferSize);
	byte PICC_REQA_or_WUPA( byte command, byte *bufferATQA, byte *buffer-
Size);
	byte PICC_Select(Uid *uid, byte validBits = 0);
	byte PICC_HaltA();

	/////////////////////////////////////////////////////////////////////////////////////
	// Functions for communicating with MIFARE PICCs
	/////////////////////////////////////////////////////////////////////////////////////
	byte PCD_Authenticate(byte command, byte blockAddr, MIFARE_Key *key, Uid
*uid);
	void PCD_StopCrypto1();
	byte MIFARE_Read(byte blockAddr, byte *buffer, byte *bufferSize);
	byte MIFARE_Write(byte blockAddr, byte *buffer, byte bufferSize);
	byte MIFARE_Decrement(byte blockAddr, long delta);
	byte MIFARE_Increment(byte blockAddr, long delta);
	byte MIFARE_Restore(byte blockAddr);
	byte MIFARE_Transfer(byte blockAddr);
	byte MIFARE_Ultralight_Write(byte page, byte *buffer, byte bufferSize);

	/////////////////////////////////////////////////////////////////////////////////////
	// Support functions
	/////////////////////////////////////////////////////////////////////////////////////
	byte PCD_MIFARE_Transceive(	byte *sendData, byte sendLen, bool ac-
ceptTimeout = false);
	const char *GetStatusCodeName(byte code);
	byte PICC_GetType(byte sak);
	const char *PICC_GetTypeName(byte type);
	void PICC_DumpToSerial(Uid *uid);
```

MFRC522.h

```
	void PICC_DumpMifareClassicToSerial(Uid *uid, byte piccType, MIFARE_Key *key);
	void PICC_DumpMifareClassicSectorToSerial(Uid *uid, MIFARE_Key *key, byte sector);
	void PICC_DumpMifareUltralightToSerial();
	void MIFARE_SetAccessBits(byte *accessBitBuffer, byte g0, byte g1, byte g2, byte g3);

	/////////////////////////////////////////////////////////////////////////////////////
	// Convenience functions - does not add extra functionality
	/////////////////////////////////////////////////////////////////////////////////////
	bool PICC_IsNewCardPresent();
	bool PICC_ReadCardSerial();

private:
	byte _chipSelectPin;		// Arduino pin connected to MFRC522's SPI slave select input (Pin 24, NSS, active low)
	byte _resetPowerDownPin;	// Arduino pin connected to MFRC522's reset and power down input (Pin 6, NRSTPD, active low)
	byte MIFARE_TwoStepHelper(byte command, byte blockAddr,	long data);
};

#endif
```

資料來源：https://github.com/miguelbalboa/rfid

RFID 函式庫

rfid.cpp

```
/*
 * RFID.cpp - Library to use ARDUINO RFID MODULE KIT 13.56 MHZ WITH TAGS
SPI W AND R BY COOQROBOT.
 * Based on code Dr.Leong    ( WWW.B2CQSHOP.COM )
 * Created by Miguel Balboa, Jan, 2012.
 * Released into the public domain.
 */

/**************************************************************************
*****
 * Includes

**************************************************************************
*****/
#include <Arduino.h>
#include <RFID.h>

/**************************************************************************
*****
 * User API

**************************************************************************
*****/

/**
 * Construct RFID
 * int chipSelectPin RFID /ENABLE pin
 */
RFID::RFID(int chipSelectPin, int NRSTPD)
{
	_chipSelectPin = chipSelectPin;

   pinMode(_chipSelectPin,OUTPUT);          // Set digital as OUTPUT to connect
it to the RFID /ENABLE pin
```

```
rfid.cpp
  digitalWrite(_chipSelectPin, LOW);


  pinMode(NRSTPD,OUTPUT);                              // Set digital pin, Not Reset and
Power-down
  digitalWrite(NRSTPD, HIGH);
  _NRSTPD = NRSTPD;
}
/***************************************************************************
*****
 * User API
***************************************************************************
*****/

 bool RFID::isCard()
 {
     unsigned char status;
     unsigned char str[MAX_LEN];

     status = MFRC522Request(PICC_REQIDL, str);
     if (status == MI_OK) {
          return true;
     } else {
          return false;
     }
 }

 bool RFID::readCardSerial(){

     unsigned char status;
     unsigned char str[MAX_LEN];

     // Anti-colisi 鍊, devuelva el n    ero de serie de tarjeta de 4 bytes
     status = anticoll(str);
     memcpy(serNum, str, 5);
```

rfid.cpp

```
	if (status == MI_OK) {
		return true;
	} else {
		return false;
	}

}

/*************************************************************************
*****
 * Dr.Leong	( WWW.B2CQSHOP.COM )

*************************************************************************
*****/

void RFID::init()
{
	digitalWrite(_NRSTPD,HIGH);

	reset();

	//Timer: TPrescaler*TreloadVal/6.78MHz = 24ms
	writeMFRC522(TModeReg, 0x8D);		//Tauto=1; f(Timer) = 6.78MHz/TPreScaler
	writeMFRC522(TPrescalerReg, 0x3E);	//TModeReg[3..0] + TPrescalerReg
	writeMFRC522(TReloadRegL, 30);
	writeMFRC522(TReloadRegH, 0);

	writeMFRC522(TxAutoReg, 0x40);		//100%ASK
	writeMFRC522(ModeReg, 0x3D);		// CRC valor inicial de 0x6363

	//ClearBitMask(Status2Reg, 0x08);	//MFCrypto1On=0
	//writeMFRC522(RxSelReg, 0x86);		//RxWait = RxSelReg[5..0]
	//writeMFRC522(RFCfgReg, 0x7F);		//RxGain = 48dB

	antennaOn();		//Abre	la antena
```

rfid.cpp

```
}
void RFID::reset()
{
    writeMFRC522(CommandReg, PCD_RESETPHASE);
}

void RFID::writeMFRC522(unsigned char addr, unsigned char val)
{
    digitalWrite(_chipSelectPin, LOW);

    //0XXXXXX0 formato de direcci 鎌
    SPI.transfer((addr<<1)&0x7E);
    SPI.transfer(val);

    digitalWrite(_chipSelectPin, HIGH);
}

void RFID::antennaOn(void)
{
    unsigned char temp;

    temp = readMFRC522(TxControlReg);
    if (!(temp & 0x03))
    {
        setBitMask(TxControlReg, 0x03);
    }
}

/*
 *  Read_MFRC522 Nombre de la funci 鎌: Read_MFRC522
 *  Descripci 鎌: Desde el MFRC522 leer un byte de un registro de datos
 *  Los par 婷 etros de entrada: addr - la direcci 鎌  de registro
 *  Valor de retorno: Devuelve un byte de datos de lectura
 */
unsigned char RFID::readMFRC522(unsigned char addr)
{
    unsigned char val;
```

rfid.cpp

```
	digitalWrite(_chipSelectPin, LOW);
	SPI.transfer(((addr<<1)&0x7E) | 0x80);
	val =SPI.transfer(0x00);
	digitalWrite(_chipSelectPin, HIGH);
	return val;
}

void RFID::setBitMask(unsigned char reg, unsigned char mask)
{
	unsigned char tmp;
	tmp = readMFRC522(reg);
	writeMFRC522(reg, tmp | mask);   // set bit mask
}

void RFID::clearBitMask(unsigned char reg, unsigned char mask)
{
	unsigned char tmp;
	tmp = readMFRC522(reg);
	writeMFRC522(reg, tmp & (~mask));   // clear bit mask
}

void RFID::calculateCRC(unsigned char *pIndata, unsigned char len, unsigned char
*pOutData)
{
	unsigned char i, n;

	clearBitMask(DivIrqReg, 0x04);                  //CRCIrq = 0
	setBitMask(FIFOLevelReg, 0x80);                 //Claro puntero FIFO
	//Write_MFRC522(CommandReg, PCD_IDLE);

	//Escribir datos en el FIFO
	for (i=0; i<len; i++)
	{
		writeMFRC522(FIFODataReg, *(pIndata+i));
	}
	writeMFRC522(CommandReg, PCD_CALCCRC);
```

rfid.cpp

```
    // Esperar a la finalizaci 鏮 de c 嫟 culo del CRC
    i = 0xFF;
    do
    {
        n = readMFRC522(DivIrqReg);
        i--;
    }
    while ((i!=0) && !(n&0x04));                //CRCIrq = 1

    //Lea el c 嫟 culo de CRC
    pOutData[0] = readMFRC522(CRCResultRegL);
    pOutData[1] = readMFRC522(CRCResultRegM);
}

unsigned char RFID::MFRC522ToCard(unsigned char command, unsigned char
*sendData, unsigned char sendLen, unsigned char *backData, unsigned int *backLen)
{
    unsigned char status = MI_ERR;
    unsigned char irqEn = 0x00;
    unsigned char waitIRq = 0x00;
    unsigned char lastBits;
    unsigned char n;
    unsigned int i;

    switch (command)
    {
        case PCD_AUTHENT:          // Tarjetas de certificaci 鏮 cerca
        {
            irqEn = 0x12;
            waitIRq = 0x10;
            break;
        }
        case PCD_TRANSCEIVE:       //La transmisi 鏮 de datos FIFO
        {
            irqEn = 0x77;
            waitIRq = 0x30;
            break;
```

rfid.cpp

```
            }
            default:
                break;
        }

        writeMFRC522(CommIEnReg, irqEn|0x80);   //De solicitud de interrupci 鎌
        clearBitMask(CommIrqReg, 0x80);          // Borrar todos los bits de petici 鎌
de interrupci 鎌
        setBitMask(FIFOLevelReg, 0x80);          //FlushBuffer=1, FIFO de inicializaci
鎌

        writeMFRC522(CommandReg, PCD_IDLE);   //NO action;Y cancelar el comando

        //Escribir datos en el FIFO
        for (i=0; i<sendLen; i++)
        {
            writeMFRC522(FIFODataReg, sendData[i]);
        }

        //???? ejecutar el comando
        writeMFRC522(CommandReg, command);
        if (command == PCD_TRANSCEIVE)
        {
            setBitMask(BitFramingReg, 0x80);      //StartSend=1,transmission of data
starts
        }

        // A la espera de recibir datos para completar
        i = 2000;  //i????????,??M1???????25ms  ??? i De acuerdo con el ajuste de frecuen-
cia de reloj, el tiempo m 嫞 imo de espera operaci 鎌  M1 25ms tarjeta??
        do
        {
            //CommIrqReg[7..0]
            //Set1 TxIRq RxIRq IdleIRq HiAlerIRq LoAlertIRq ErrIRq TimerIRq
            n = readMFRC522(CommIrqReg);
            i--;
        }
```

rfid.cpp

```
	while ((i!=0) && !(n&0x01) && !(n&waitIRq));

	clearBitMask(BitFramingReg, 0x80);			//StartSend=0

	if (i != 0)
	{
		if(!(readMFRC522(ErrorReg) & 0x1B))	//BufferOvfl Collerr CRCErr Pro-
tecolErr
		{
			status = MI_OK;
			if (n & irqEn & 0x01)
			{
				status = MI_NOTAGERR;			//??
			}

			if (command == PCD_TRANSCEIVE)
			{
				n = readMFRC522(FIFOLevelReg);
				lastBits = readMFRC522(ControlReg) & 0x07;
				if (lastBits)
				{
					*backLen = (n-1)*8 + lastBits;
				}
				else
				{
					*backLen = n*8;
				}

				if (n == 0)
				{
					n = 1;
				}
				if (n > MAX_LEN)
				{
					n = MAX_LEN;
				}
```

```
rfid.cpp
                        //??FIFO??????? Lea los datos recibidos en el FIFO
                        for (i=0; i<n; i++)
                        {
                            backData[i] = readMFRC522(FIFODataReg);
                        }
                    }
                }
                else
                {
                    status = MI_ERR;
                }

        }

        //SetBitMask(ControlReg,0x80);                    //timer stops
        //Write_MFRC522(CommandReg, PCD_IDLE);

        return status;
}



/*
 *   Nombre de la funci 鍊: MFRC522_Request
 *   Descripci 鍊: Buscar las cartas, leer el n    ero de tipo de tarjeta
 *   Los par 婷 etros de entrada: reqMode - encontrar el modo de tarjeta,
 *                      Tagtype - Devuelve el tipo de tarjeta
 *                       0x4400 = Mifare_UltraLight
 *                       0x0400 = Mifare_One(S50)
 *                       0x0200 = Mifare_One(S70)
 *                       0x0800 = Mifare_Pro(X)
 *                       0x4403 = Mifare_DESFire
 *   Valor de retorno: el retorno exitoso MI_OK
 */
unsigned char    RFID::MFRC522Request(unsigned char reqMode, unsigned char *Tag-
Type)
{
        unsigned char status;
```

rfid.cpp

```
    unsigned int backBits;              //    Recibi?bits de datos

    writeMFRC522(BitFramingReg, 0x07);          //TxLastBists = BitFramingReg[2..0]
    ???

    TagType[0] = reqMode;
    status = MFRC522ToCard(PCD_TRANSCEIVE, TagType, 1, TagType, &backBits);

    if ((status != MI_OK) || (backBits != 0x10))
    {
        status = MI_ERR;
    }

    return status;
}

/**
 *   MFRC522Anticoll -> anticoll
 *   Anti-detecci 鍊 de colisiones, la lectura del n   ero de serie de la tarjeta de tarjeta
 *   @param serNum - devuelve el n   ero de tarjeta 4 bytes de serie, los primeros 5
bytes de bytes de paridad
 *   @return retorno exitoso MI_OK
 */
unsigned char RFID::anticoll(unsigned char *serNum)
{
    unsigned char status;
    unsigned char i;
    unsigned char serNumCheck=0;
    unsigned int unLen;


    //ClearBitMask(Status2Reg, 0x08);           //TempSensclear
    //ClearBitMask(CollReg,0x80);               //ValuesAfterColl
    writeMFRC522(BitFramingReg, 0x00);          //TxLastBists = BitFramingReg[2..0]

    serNum[0] = PICC_ANTICOLL;
    serNum[1] = 0x20;
```

rfid.cpp

```
	status = MFRC522ToCard(PCD_TRANSCEIVE, serNum, 2, serNum, &unLen);

	if (status == MI_OK)
	{
		//?????? Compruebe el n    ero de serie de la tarjeta
		for (i=0; i<4; i++)
		{
			serNumCheck ^= serNum[i];
		}
		if (serNumCheck != serNum[i])
		{
			status = MI_ERR;
		}
	}

	//SetBitMask(CollReg, 0x80);		//ValuesAfterColl=1

	return status;
}

/*
 * MFRC522Auth -> auth
 * Verificar la contrase 鍘 de la tarjeta
 * Los par 壙 etros de entrada: AuthMode - Modo de autenticaci 鍊 de contrase 鍘
                          0x60 = A 0x60 = validaci 鍊 KeyA
                          0x61 = B 0x61 = validaci 鍊 KeyB
                   BlockAddr--    bloque de direcciones
                   Sectorkey-- sector contrase 鍘
                   serNum--,4? Tarjeta de n    ero de serie, 4 bytes
 * MI_OK Valor de retorno: el retorno exitoso MI_OK
 */
unsigned char RFID::auth(unsigned char authMode, unsigned char BlockAddr, unsigned
char *Sectorkey, unsigned char *serNum)
{
	unsigned char status;
	unsigned int recvBits;
	unsigned char i;
```

```
rfid.cpp
	unsigned char buff[12];

	//????+???+????+???? Verifique la direcci 鍊  de comandos de bloques del sector + + contrase 鏰  + n    ero de la tarjeta de serie
	buff[0] = authMode;
	buff[1] = BlockAddr;
	for (i=0; i<6; i++)
	{
		buff[i+2] = *(Sectorkey+i);
	}
	for (i=0; i<4; i++)
	{
		buff[i+8] = *(serNum+i);
	}
	status = MFRC522ToCard(PCD_AUTHENT, buff, 12, buff, &recvBits);

	if ((status != MI_OK) || (!(readMFRC522(Status2Reg) & 0x08)))
	{
		status = MI_ERR;
	}

	return status;
}

/*
 * MFRC522Read -> read
 * Lectura de datos de bloque
 * Los par 嫥 etros de entrada: blockAddr - direcci 鍊  del bloque; recvData - leer un bloque de datos
 * MI_OK Valor de retorno: el retorno exitoso MI_OK
 */
unsigned char RFID::read(unsigned char blockAddr, unsigned char *recvData)
{
	unsigned char status;
	unsigned int unLen;

	recvData[0] = PICC_READ;
```

rfid.cpp

```
	recvData[1] = blockAddr;
	calculateCRC(recvData,2, &recvData[2]);
	status = MFRC522ToCard(PCD_TRANSCEIVE, recvData, 4, recvData, &unLen);

	if ((status != MI_OK) || (unLen != 0x90))
	{
		status = MI_ERR;
	}

	return status;
}

/*
 * MFRC522Write -> write
 * La escritura de datos de bloque
 * blockAddr - direcci 鍊 del bloque; WriteData - para escribir 16 bytes del bloque de
datos
 * Valor de retorno: el retorno exitoso MI_OK
 */
unsigned char RFID::write(unsigned char blockAddr, unsigned char *writeData)
{
	unsigned char status;
	unsigned int recvBits;
	unsigned char i;
	unsigned char buff[18];

	buff[0] = PICC_WRITE;
	buff[1] = blockAddr;
	calculateCRC(buff, 2, &buff[2]);
	status = MFRC522ToCard(PCD_TRANSCEIVE, buff, 4, buff, &recvBits);

	if ((status != MI_OK) || (recvBits != 4) || ((buff[0] & 0x0F) != 0x0A))
	{
		status = MI_ERR;
	}

	if (status == MI_OK)
```

rfid.cpp

```
    {
        for (i=0; i<16; i++)        //?FIFO?16Byte?? Datos a la FIFO 16Byte escribir
        {
            buff[i] = *(writeData+i);
        }
        calculateCRC(buff, 16, &buff[16]);
        status = MFRC522ToCard(PCD_TRANSCEIVE, buff, 18, buff, &recvBits);

        if ((status != MI_OK) || (recvBits != 4) || ((buff[0] & 0x0F) != 0x0A))
        {
            status = MI_ERR;
        }
    }

    return status;
}


/*
 * MFRC522Halt -> halt
 * Cartas de Mando para dormir
 * Los par 嫥 etros de entrada: Ninguno
 * Valor devuelto: Ninguno
 */
void RFID::halt()
{
    unsigned char status;
    unsigned int unLen;
    unsigned char buff[4];

    buff[0] = PICC_HALT;
    buff[1] = 0;
    calculateCRC(buff, 2, &buff[2]);

    status = MFRC522ToCard(PCD_TRANSCEIVE, buff, 4, buff,&unLen);
}
```

rfid.h

```
/* RFID.h - Library to use ARDUINO RFID MODULE KIT 13.56 MHZ WITH TAGS
SPI W AND R BY COOQROBOT.
 * Based on code Dr.Leong     ( WWW.B2CQSHOP.COM )
 * Created by Miguel Balboa (circuitito.com), Jan, 2012.
 */
#ifndef RFID_h
#define RFID_h

#include <Arduino.h>
#include <SPI.h>



/******************************************************************************
*****
 * Definitions

******************************************************************************
*****/
#define MAX_LEN 16       // Largo m 媾 imo de la matriz

//MF522 comando palabra
#define PCD_IDLE                  0x00                      // NO action; Y cancelar el
comando
#define PCD_AUTHENT               0x0E                      // autenticaci 鏮  de clave
#define PCD_RECEIVE               0x08                      // recepci 鏮  de datos
#define PCD_TRANSMIT              0x04                      // Enviar datos
#define PCD_TRANSCEIVE            0x0C                      // Enviar y recibir datos
#define PCD_RESETPHASE            0x0F                      // reajustar
#define PCD_CALCCRC               0x03                      // CRC calcular

//Mifare_One    Tarjeta Mifare_One comando palabra
#define PICC_REQIDL               0x26                      //  臆 ea de la antena no
est?tratando de entrar en el estado de reposo
```

rfid.h

```
#define PICC_REQALL                 0x52                      // Todas las cartas para en-
contrar el 嫫ea de la antena
#define PICC_ANTICOLL               0x93                      // anti-colisi 鍊
#define PICC_SElECTTAG              0x93                      // elecci 鍊 de tarjeta
#define PICC_AUTHENT1A               0x60                      // verificaci 鍊 key A
#define PICC_AUTHENT1B               0x61                      // verificaci 鍊 Key B
#define PICC_READ                   0x30                      // leer bloque
#define PICC_WRITE                  0xA0                      // Escribir en el bloque
#define PICC_DECREMENT               0xC0                      // cargo
#define PICC_INCREMENT               0xC1                      // recargar
#define PICC_RESTORE                0xC2                      // Transferencia de datos
de bloque de buffer
#define PICC_TRANSFER                0xB0                      // Guardar los datos en el
b    er
#define PICC_HALT                   0x50                      // inactividad

//MF522 C 鍼igo de error de comunicaci 鍊 cuando regres?
#define MI_OK                       0
#define MI_NOTAGERR                   1
#define MI_ERR                      2

//----------------- MFRC522 registro---------------
//Page 0:Command and Status
#define        Reserved00               0x00
#define        CommandReg                  0x01
#define        CommIEnReg                  0x02
#define        DivlEnReg                 0x03
#define        CommIrqReg                  0x04
#define        DivIrqReg                0x05
#define        ErrorReg                 0x06
#define        Status1Reg              0x07
#define        Status2Reg              0x08
#define        FIFODataReg               0x09
#define        FIFOLevelReg              0x0A
#define        WaterLevelReg            0x0B
#define        ControlReg               0x0C
#define        BitFramingReg            0x0D
```

rfid.h

```
#define    CollReg              0x0E
#define    Reserved01           0x0F
//Page 1:Command
#define    Reserved10           0x10
#define    ModeReg              0x11
#define    TxModeReg            0x12
#define    RxModeReg            0x13
#define    TxControlReg         0x14
#define    TxAutoReg            0x15
#define    TxSelReg             0x16
#define    RxSelReg             0x17
#define    RxThresholdReg       0x18
#define    DemodReg             0x19
#define    Reserved11           0x1A
#define    Reserved12           0x1B
#define    MifareReg            0x1C
#define    Reserved13           0x1D
#define    Reserved14           0x1E
#define    SerialSpeedReg       0x1F
//Page 2:CFG
#define    Reserved20           0x20
#define    CRCResultRegM        0x21
#define    CRCResultRegL        0x22
#define    Reserved21           0x23
#define    ModWidthReg          0x24
#define    Reserved22           0x25
#define    RFCfgReg             0x26
#define    GsNReg               0x27
#define    CWGsPReg             0x28
#define    ModGsPReg            0x29
#define    TModeReg             0x2A
#define    TPrescalerReg        0x2B
#define    TReloadRegH          0x2C
#define    TReloadRegL          0x2D
#define    TCounterValueRegH    0x2E
#define    TCounterValueRegL    0x2F
//Page 3:TestRegister
```

rfid.h

```
#define     Reserved30          0x30
#define     TestSel1Reg         0x31
#define     TestSel2Reg         0x32
#define     TestPinEnReg        0x33
#define     TestPinValueReg     0x34
#define     TestBusReg          0x35
#define     AutoTestReg         0x36
#define     VersionReg          0x37
#define     AnalogTestReg       0x38
#define     TestDAC1Reg         0x39
#define     TestDAC2Reg         0x3A
#define     TestADCReg          0x3B
#define     Reserved31          0x3C
#define     Reserved32          0x3D
#define     Reserved33          0x3E
#define     Reserved34          0x3F
//---------------------------------------------

class RFID
{
  public:
    RFID(int chipSelectPin, int NRSTPD);

    bool isCard();
    bool readCardSerial();

    void init();
    void reset();
    void writeMFRC522(unsigned char addr, unsigned char val);
    void antennaOn(void);
    unsigned char readMFRC522(unsigned char addr);
    void setBitMask(unsigned char reg, unsigned char mask);
    void clearBitMask(unsigned char reg, unsigned char mask);
    void calculateCRC(unsigned char *pIndata, unsigned char len, unsigned char *pOut-
Data);
    unsigned char MFRC522Request(unsigned char reqMode, unsigned char *TagType);
```

rfid.h

```
    unsigned char MFRC522ToCard(unsigned char command, unsigned char *sendData,
unsigned char sendLen, unsigned char *backData, unsigned int *backLen);
    unsigned char anticoll(unsigned char *serNum);
    unsigned char auth(unsigned char authMode, unsigned char BlockAddr, unsigned
char *Sectorkey, unsigned char *serNum);
    unsigned char read(unsigned char blockAddr, unsigned char *recvData);
    unsigned char write(unsigned char blockAddr, unsigned char *writeData);
    void halt();

    unsigned char serNum[5];          // Constante para guardar el numero de serie leido.
    unsigned char AserNum[5];         // Constante para guardar el numero d serie de la
secion actual.

  private:
    int _chipSelectPin;
    int _NRSTPD;

};

#endif
```

MFRC-522 模組線路圖

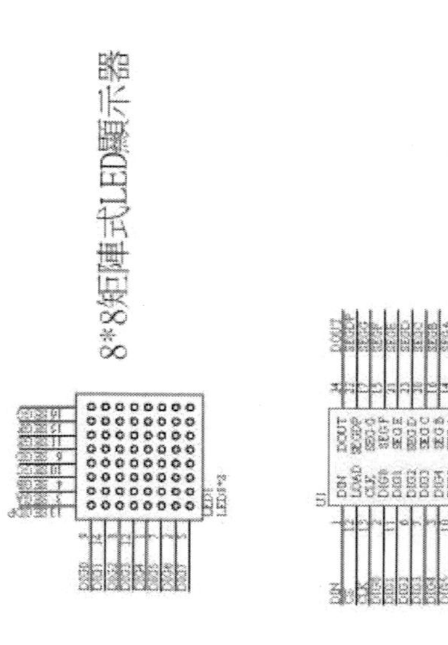

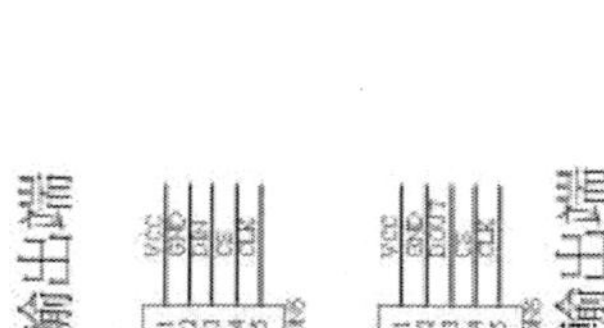

參考文獻

Adafruit_Industries. (2013). LiquidCrystal library for arduino. Retrieved 2013.7.3, 2013, from https://github.com/adafruit/LiquidCrystal

Anderson, R., & Cervo, D. (2013). *Pro Arduino*: Apress.

Arduino. (2013). Arduino official website. Retrieved 2013.7.3, 2013, from http://www.arduino.cc/

Atmel_Corporation. (2013). Atmel Corporation Website. Retrieved 2013.6.17, 2013, from http://www.atmel.com/

Banzi, M. (2009). *Getting Started with arduino*: Make.

Boxall, J. (2013). *Arduino Workshop: A Hands-on Introduction With 65 Projects*: No Starch Press.

Creative_Commons. (2013). Creative Commons. Retrieved 2013.7.3, 2013, from http://en.wikipedia.org/wiki/Creative_Commons

DFRobot. (2013). Arduino LCD KeyPad Shield Retrieved 2013.7.3, 2013, from http://www.dfrobot.com/wiki/index.php/Arduino_LCD_KeyPad_Shield_(SKU:_DFR0009)

Faludi, R. (2010). *Building wireless sensor networks: with ZigBee, XBee, arduino, and processing*: O'reilly.

Guangzhou_Tinsharp_Industrial_Corp._Ltd. (2013). TC1602A DataSheet. Retrieved 2013.7.7, 2013, from http://www.tinsharp.com/

Interaction_Design_Lab. (2013). Fritzing Retrieved 2013.7.22, 2013, from http://fritzing.org/

Jeelab. (2013). A fork of Jeelab's fantastic RTC library. Retrieved 2013.7.10, 2013, from https://github.com/adafruit/RTClib

Margolis, M. (2011). *Arduino cookbook*: O'Reilly Media.

Margolis, M. (2012). *Make an Arduino-controlled robot*: O'Reilly.

Maxim_Integrated. (2013). Serial, I²C Real-Time Clock. Retrieved 2013.7.13, 2013, from http://www.maximintegrated.com/datasheet/index.mvp/id/2688

McRoberts, M. (2010). *Beginning Arduino*: Apress.

Minns, P. D. (2013). *C Programming For the PC the MAC and the Arduino Microcontroller System*: AuthorHouse.

Monk, S. (2010). 30 Arduino Projects for the Evil Genius, 2/e.

Monk, S. (2012). *Programming Arduino: Getting Started with Sketches*: McGraw-Hill.

Ningbo_songle_relay_corp._ltd. (2013). SRS Relay. Retrieved 2013.7.22, 2013, from http://www.songle.com/en/

Oxer, J., & Blemings, H. (2009). *Practical Arduino: cool projects for open source hardware*: Apress.

Reas, B. F. a. C. (2013). Processing. Retrieved 2013.6.17, 2013, from http://www.processing.org/

Reas, C., & Fry, B. (2007). *Processing: a programming handbook for visual designers and artists* (Vol. 6812): Mit Press.

Reas, C., & Fry, B. (2010). *Getting Started with Processing*: Make.

Stockman, H. (1948). Communication by means of reflected power. *Proceedings of the IRE, 36*(10), 1196-1204.

Warren, J.-D., Adams, J., & Molle, H. (2011). *Arduino for Robotics*: Springer.

Wilcher, D. (2012). *Learn electronics with Arduino*: Apress.

曹永忠, 許智誠, & 蔡英德. (2013a). *Arduino 超音波測距機設計與製作: The Design and Development of a Distance Measurement Equipment by Using Ultrasonic Sensors based on Arduino Technology*: 渥瑪數位有限公司.

曹永忠, 許智誠, & 蔡英德. (2013b). *Arduino 電子秤設計與製作: The design and development of an electronic scale*: 渥瑪數位有限公司.

曹永忠, 許智誠, & 蔡英德. (2013c). *Arduino 電風扇設計與製作: The Design and Development of an Electronic Fan by Arduino Technology*: 渥瑪數位有限公司.

維基百科-繼電器. (2013). 繼電器. Retrieved 2013.7.22, 2013, from https://zh.wikipedia.org/wiki/%E7%BB%A7%E7%94%B5%E5%99%A8

Arduino RFID 門禁管制機設計
The Design of an Entry Access Control Device based on RFID Technology

作　　者：曹永忠、許智誠、蔡英德
發 行 人：黃振庭
出 版 者：崧燁文化事業有限公司
發 行 者：崧燁文化事業有限公司
E-mail：sonbookservice@gmail.com
粉 絲 頁：https://www.facebook.com/sonbookss/
網　　址：https://sonbook.net/
地　　址：台北市中正區重慶南路一段六十一號八樓 815 室
Rm. 815, 8F., No.61, Sec. 1, Chongqing S. Rd., Zhongzheng Dist., Taipei City 100, Taiwan
電　　話：(02) 2370-3310
傳　　真：(02) 2388-1990
印　　刷：京峯彩色印刷有限公司（京峰數位）
律師顧問：廣華律師事務所 張珮琦律師

定　　價：550 元
發行日期：2022 年 3 月第一版
◎本書以 POD 印製

國家圖書館出版品預行編目資料

Arduino RFID 門禁管制機設計 = The design of an entry access control device based on RFID technology / 曹永忠, 許智誠, 蔡英德著. -- 第一版. -- 臺北市：崧燁文化事業有限公司, 2022.03
　面；　公分
POD 版
ISBN 978-626-332-070-3(平裝)
1.CST: 微電腦 2.CST: 電腦程式語言
471.516　111001384

官網

臉書